石油教材出版基金资助项目

石油高等院校特色规划教材

石油石化虚拟仿真实训简明教程

时保宏　张君涛　主编

石油工业出版社

内 容 提 要

本书为陕西省石油石化虚拟仿真实验教学中心实训配套教材。全书以石油工业生产流程为主线,以学生工程实践能力培养为核心要义,在理论讲解基础上,以实训项目的形式介绍了虚拟仿真技术在石油石化实践教学领域的相关应用。本书还介绍了 HSE 管理方法及部分现场急救措施,以满足相关专业校内实训教学所需。本书注重理论与实操相结合,虚拟与现实相结合,便于学生学习掌握。

本书可作为石油石化行业高等院校虚拟仿真实训教学用书,也可供从事虚拟仿真教学资源研发、管理等相关工作人员参考使用。

图书在版编目(CIP)数据

石油石化虚拟仿真实训简明教程/时保宏,张君涛主编.
—北京:石油工业出版社,2023.3
石油高等院校特色规划教材
ISBN 978-7-5183-5925-7

Ⅰ.①石… Ⅱ.①时…②张…③赵… Ⅲ.①石油化工-计算机仿真-高等学校-教材 Ⅳ.①TE65-39

中国国家版本馆 CIP 数据核字(2023)第 038916 号

出版发行:石油工业出版社
　　　　　(北京市朝阳区安华里2区1号楼　100011)
　　　　　网　址:www.petropub.com
　　　　　编辑部:(010)64251362
　　　　　图书营销中心:(010)64523633　　(010)64523731
经　　销:全国新华书店
排　　版:三河市聚拓图文制作有限公司
印　　刷:北京中石油彩色印刷有限责任公司

2023 年 3 月第 1 版　　2023 年 3 月第 1 次印刷
787 毫米×1092 毫米　　开本:1/16　　印张:16.25
字数:416 千字

定价:40.00 元
(如发现印装质量问题,我社图书营销中心负责调换)
版权所有,翻印必究

前言

PREFACE

2018年全国教育大会召开以来，以"全面提高人才培养能力"为核心的本科教育质量提升工程，已成为高等院校建设发展的出发点和着力点。党的二十大报告提出，"推进教育数字化，建设全民终身学习的学习型社会、学习型大国。"数字化时代扑面而来，在与此密切相关的新一轮高教改革的浪潮中，具有互动性和逼真性的VR（虚拟现实）、MR（混合现实）等虚拟仿真技术与教育教学深度融合。应运而生的虚拟仿真实验教学中心因其独特的人才培养模式和丰富的实训项目获得了更多关注与支持。特别是近年来，随着国家级虚拟仿真实验教学中心、实训课程（项目）认定工作的渐次开展和国家虚拟仿真实验教学项目共享平台——实验空间（www.ilab-x.com）的建成、运行，虚拟仿真实验教学逐渐成为高校本科教育实践教学的重要方式之一。

在此背景下，依托西安石油大学工程训练中心建设的陕西省石油石化虚拟仿真实验教学中心，为满足学校教学需要开展了石油石化全产业链的虚拟仿真实验教学项目建设，为钻井、炼化等涉及高危极端环境，操作不可及、不可逆以及高成本、高消耗的教学内容，提供可靠、安全、经济的实训项目。

本书由时保宏、张君涛担任主编，具体编写分工如下：时保宏编写第一、二章；赵栋编写第三、四、五、十二章；张磊、李斌、陈计衡编写第六章；赵栋、马岚婷编写第七、八章；张君涛、申志兵编写第九、十章；张君涛、陈子恒、李庆本编写第十一章。全书由时保宏、张君涛、赵栋统稿，陈军斌教授主审。

本教材在编写过程中得到了西安石油大学教务处、中国石油大学（华东）石油工业训练中心、西安盘相数字科技有限公司的大力支持，获得了袁士宝教授，王玥平、王纯、单诗琪、张佳敏、刘力玮、陈潇、徐慧峰等同学的无私帮助，在此一并表示感谢。

由于编者水平所限，书中错误和不足之处在所难免，敬请各位专家和读者批评指正。

编者

2022 年 11 月

目 录
CONTENTS

第一篇 岩矿与油气地质基础

第一章 岩矿基础 … 001
第一节 矿物概述 … 001
第二节 岩浆岩基础 … 013
第三节 变质岩基础 … 018
第四节 沉积岩基础 … 025

第二章 油气地质基础 … 032
第一节 烃源岩 … 032
第二节 储集层及其孔隙特征 … 037
第三节 盖层及其封闭性 … 041
第四节 岩心整理与描述 … 045

第三章 岩矿与油气地质基础实训 … 053
项目一 观察矿物手标本 … 053
项目二 观察岩浆岩 … 054
项目三 观察变质岩 … 055
项目四 观察沉积岩 … 056
项目五 分析沉积构造 … 057
项目六 岩心描述 … 059
项目七 观察原油性质 … 060

第二篇 石油钻采工程及装备基础

第四章 钻井工程与装备基础 … 062
第一节 旋转钻井系统基本构成 … 062

第二节　钻井基本工艺过程 075

第五章　采油工程与装备基础 079
　　第一节　有杆泵采油基础 079
　　第二节　示功图分析 084
　　第三节　其他人工举升方法概述 088

第六章　石油钻采工程实训 098
　　项目一　钻井现场基础认知 098
　　项目二　正常钻进接单根操作 106
　　项目三　正常钻进井控 111
　　项目四　顶驱正常钻进接立柱训练 114
　　项目五　顶驱正常钻进井控训练 119
　　项目六　采油工程全景认知 122
　　项目七　抽油机拆装实训 124
　　项目八　井下管柱拆装实训 127
　　项目九　抽油机示功图分析 129
　　项目十　电泵井电流卡片分析 131

第三篇　油气集输与催化裂化

第七章　油气集输工艺及装备基础 133
　　第一节　油气集输基础 133
　　第二节　联合站 138
　　第三节　常见油气集输设备 140

第八章　油气田采出污水处理 147
　　第一节　油气田采出污水性质 147
　　第二节　油气田采出污水处理工艺 148

第九章　催化裂化工艺基础 154
　　第一节　催化裂化工艺流程 154
　　第二节　催化裂化过程中的化学反应 157
　　第三节　催化剂 160
　　第四节　催化裂化工艺的主要操作条件 163
　　第五节　原料和产品质量指标 166

第十章　油气集输及催化裂化实训 169
　　项目一　油气集输全景认知 169

  项目二 手动量油测气 …… 170
  项目三 油气集输基本流程认知 …… 173
  项目四 催化裂化冷态开工 …… 181
  项目五 催化裂化系列事故处置 …… 204

第四篇 HSE管理与现场急救

第十一章 石油工程 HSE 概述 …… 210
  第一节 HSE 概述 …… 210
  第二节 石油工程共同 HSE 风险 …… 212
  第三节 石油工程作业特殊 HSE 风险 …… 215
  第四节 案例分析 …… 220

第十二章 现场急救 …… 226
  第一节 现场急救概述 …… 226
  第二节 现场急救基本技术 …… 227
  第三节 心肺复苏 …… 236
  第四节 现场常见伤害事故急救处置 …… 241
  第五节 空气呼吸器的使用 …… 243
  第六节 应急处置实训 …… 247

附录 实训注意事项 …… 251

参考文献 …… 252

第一篇

岩矿与油气地质基础

第一章　岩矿基础

第一节　矿物概述

一、矿物的概念

矿物是地壳中的化学元素在地质作用下形成的自然产物,具有一定的化学成分和物理性质,是岩石的基本组成单位。目前已发现的矿物有3300余种,常见矿物约200余种,但主要造岩矿物仅有40余种。

二、矿物的形态

矿物的形态包括矿物的单体形态和集合体形态。所谓单体,是指矿物的单个晶体。所谓集合体,是指同种矿物多个单体聚集在一起形成的整体。

1. 矿物的单体形态

矿物的单体形态包括理想晶体形态、实际晶体形态等。

1)理想晶体形态

在理想条件下,晶体常生长成规则的几何多面体形状,多面体外表的规则平面称为晶面,相邻晶面相交的直线称为晶棱,不平行的晶棱的相交点称为角顶。这些晶面或晶棱、角顶在空间上的分布是有规律的。

理想晶体形态可分为两类:一类是由同形等大的晶面构成的晶体形态——单形,常见的单形有12种(图1-1);另一类是由两个或两个以上的单形相聚合而成的晶体形态——聚形。绝大部分自然界产出的晶体都是聚形晶体。

图 1-1 常见晶体单形

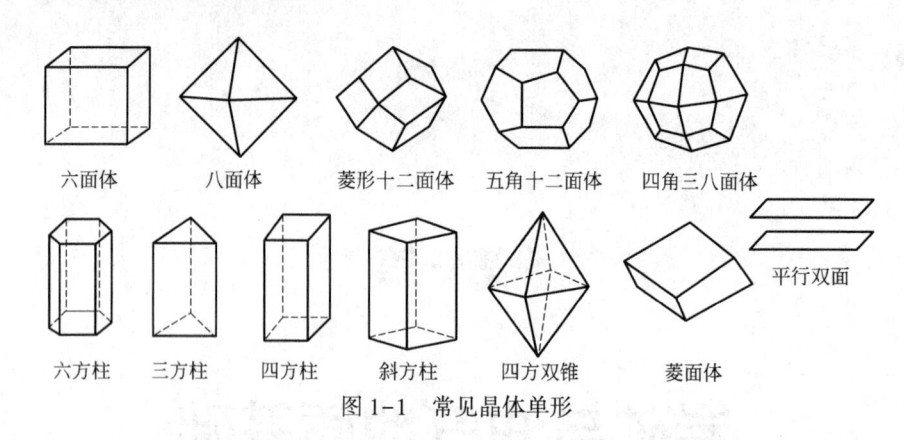

2) 实际晶体形态

晶体在生长过程中，受复杂的外界条件影响常常不同程度地偏离其理想形态，形成歪晶。实际晶体的晶面也不是理想的几何平面，它常常具有各种各样的花纹和凹坑。在许多晶体的晶面上可以见到一系列平行的或交叉的条纹，称为晶面条纹（图 1-2）。晶面条纹对少数矿物有一定的鉴定意义。如黄铁矿立方体晶面上常具有晶面条纹，且相邻晶面上的条纹方向相互垂直，这个特征可以帮助鉴定黄铁矿。

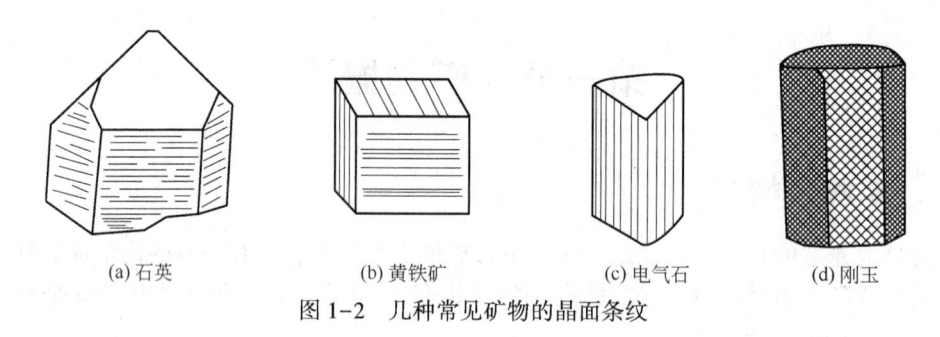

图 1-2 几种常见矿物的晶面条纹

2. 矿物集合体的形态

自然界的矿物呈单体出现的很少，往往是由同种矿物的若干单体或晶粒聚集成各种各样的形态，这种矿物的形体叫作矿物集合体的形态。常见的矿物集合体有以下十类。

（1）粒状、块状集合体：由大致等轴的矿物小晶粒组成的集合体，如粒状橄榄石、块状石英等。

（2）片状、鳞片状集合体：由片状矿物组成的集合体，如云母。当片状矿物颗粒较细时，称为鳞片状集合体，如绢云母等。

（3）纤维状集合体：细小如纤维的单矿物组成的集合体，如纤维状石膏、纤维状石棉等。

（4）放射状集合体：由若干柱状或针状矿物由中心向四周辐射排列而成的集合体，如放射状阳起石等。

（5）鲕状集合体：由形似鱼子的圆球体聚集而成的集合体，如鲕状赤铁矿、鲕状铝土矿等。

（6）晶簇：在岩石孔洞或裂隙中，在共同的基底上生长的，一端固定在共同的基底上，另一端则自由发育而具有完好的晶形的单晶集合体（图1-3）。

图1-3　方解石晶簇（据Kloprogge，2017）

(7) 结核状集合体：由中心向外生长而成球粒状的集合体，如黄土中的钙质结核。

(8) 钟乳状集合体：由同一基底向外逐层生长而形成的圆柱状或圆锥状的集合体，如石灰岩洞穴中形成的石钟乳。

(9) 土状集合体：由粉末状的隐晶质或非晶质矿物组合的较疏松的集合体，如高岭土。

(10) 双晶：由两个或两个以上的同种晶体按一定的对称规律形成的各种规则连生体，最常见的双晶为穿插双晶、接触双晶和聚片双晶。

① 穿插双晶［图1-4(a)］：由两个相同的晶体，按一定角度互相穿插而成，如正长石的卡氏双晶。

② 接触双晶［图1-4(b)］：由两个相同的晶体，以一个简单平面接触而成，如石膏的燕尾双晶。

③ 聚片双晶［图1-4(c)］：由两个以上的晶体，按同一规律，彼此平行重复连生在一起，如斜长石的聚片双晶。

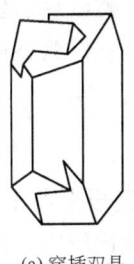

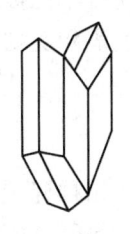

(a) 穿插双晶　　(b) 接触双晶　　(c) 聚片双晶

图1-4　常见双晶

三、矿物的物理性质

1. 矿物的光学性质

矿物的光学性质是指矿物对自然光线的吸收、折射、反射等所表现出来的各种性质，包括颜色、条痕、透明度、光泽等。

1) 颜色

颜色是由矿物对自然光的吸收程度不同所引起的，根据矿物颜色产生的原因可分为自色、他色和假色。

（1）自色：矿物本身固有的化学组分中的某些色素离子而呈现的颜色。例如，赤铁矿之所以呈砖红色，是因它含 Fe^{3+}；孔雀石之所以呈绿色，是因为它含 Cu^{2+}。自色比较固定，因而具有鉴定意义。

（2）他色：矿物混入了某些杂质所引起的颜色，如石英本来是无色的，含有机质多时呈黑色（墨晶），含锰时呈紫色（紫水晶）（图1-5）。因他色具有不固定的性质，所以对鉴定矿物意义不大。

图 1-5　呈现他色的紫水晶

（3）假色：由于矿物内部有裂隙或因表面有氧化膜等原因，引起光线发生干涉而呈现的颜色，如方解石、石膏内部有细裂隙面时呈现的"晕色"。假色只能对某些矿物有鉴定意义。

对于颜色的描述，一般采用二名法。要注意把基本色调放在后面，次要色调放在前面，如黄褐色，即以褐色为主略带黄色。另外还可用比拟法，如天蓝色、樱红色、乳白色等。为了更好地掌握颜色的描述，一般利用标准色谱和实物对比矿物进行描述。观察颜色时应选择新鲜面。

2) 条痕

条痕是指矿物粉末的颜色。将矿物放在无釉瓷板上划一下，看瓷板上留下的粉末颜色。这种粉末的颜色可以消除假色，减弱他色，保留自色。条痕的颜色是比较固定的，是鉴定矿物的方法之一。条痕的颜色与矿物颜色可以相同，也可以不同。如黄铁矿的颜色为淡黄铜色，条痕为绿黑色。赤铁矿的颜色可以是铁黑色，也可以是红褐色，但条痕都是樱红色。在试矿物条痕时，应注意硬度大于瓷板的矿物是划不出条痕的，但可将其碾碎，观察粉末的颜色。

3) 透明度

透明度指矿物透过可见光波的能力。观察矿物透明度以矿物边缘是否透过光线为标准，矿物按透明度分为三类。

(1) 透明矿物：通过矿物碎片边缘能清晰看到后方物体的轮廓，如水晶、冰洲石、石膏（图1-6）、长石等。

图 1-6　石膏

(2) 半透明矿物：通过矿物碎片边缘能模糊看到后方物体或有透光现象，如辰砂、闪锌矿等。

(3) 不透明矿物：通过矿物碎片边缘不能见到后方任何物体，如磁铁矿、黄铁矿、自然金、石墨等。

4) 光泽

光泽是指矿物新鲜表面对光线的反射能力。它是鉴定矿物的重要标志之一。根据反射光的强弱可将光泽分为三级。

(1) 金属光泽：反射光的能力很强，如同光亮的金属器皿表面的光泽，如金、黄铁矿、方铅矿等的光泽。

(2) 半金属光泽：反射光的能力强，但没有金属光泽那样光亮。部分不透明或半透明矿物，如磁铁矿、赤铁矿等就具有这种弱的金属光泽。

(3) 非金属光泽：不具金属感的光泽，又可以分为金刚光泽和玻璃光泽两种。金刚光泽强调反射光能力较强，如金刚石、辰砂、锡石等的光泽。玻璃光泽指反射光的能力较弱，如同玻璃表面那样的光泽，具此光泽的矿物几乎全为非金属矿物，如石英、萤石、方解石、长石等的光泽。

以上三级光泽是指矿物的平坦表面（如晶面、解理面）对光的反射情况。当矿物表面不平坦或成集合体时，常会呈现一些特殊光泽。常见的有以下几种：

(1) 油脂光泽：具有这种光泽的矿物表面像涂了一层油脂，多见于透明矿物的断口面上，如石英、磷灰石等的光泽。

(2) 丝绢光泽：具有平行纤维状的矿物，由于反射光互相干涉而产生像丝绢一样的光泽，如石棉、纤维石膏等的光泽。

(3) 珍珠光泽：具有这种光泽的矿物（如云母等）有着似珍珠或贝壳内壁的光泽，常见于透明矿物的极完全解理面上。

(4) 蜡状光泽：某些隐晶质致密块状集合体或胶状矿物呈现蜡状光泽，如叶蜡石等的光泽。

(5) 土状光泽：疏松土状集合体的矿物表面有许多细孔，光投射其上就会发生散射，使表面暗淡无光，像土块似的，如高岭土等的光泽。

由于影响光泽的因素较多，因此在观察时，要注意是矿物晶面光泽还是断口的光泽，如石英晶面为玻璃光泽，而断口呈现油脂光泽。

矿物的颜色、条痕、透明度及光泽之间存在着一定的内在联系和规律，其相互关系见表1-1。

表1-1 矿物的颜色、条痕、光泽和透明度之间的关系表

颜色	无色	浅色	彩色	黑色或金属色
条痕	无色或白色	浅色或无色	浅色或彩色	黑、绿黑、灰黑或金属色
光泽	玻璃—金属		半金属	金属
透明度	透明		半透明	不透明

2. 矿物的力学性质

矿物的力学性质是矿物在外力作用下，如刻划、打击、压、拉等所表现出的各种性质。具有鉴定意义的有硬度、解理、断口，还有脆性、延展性、挠性、弹性等。

1) 硬度

矿物的硬度是矿物抵抗刻划、压入、研磨等机械作用的能力或程度。矿物的绝对硬度要用精密硬度计测定。一般测试硬度的方法有两种。

（1）用两种矿物互相刻划。

根据硬度大的矿物可以划动硬度小的矿物的道理，比较矿物相对硬度。通常选用10种硬度不同的矿物作为标准，称为莫氏硬度计（图1-7、表1-2）。

滑石　石膏　方解石　萤石　磷灰石　正长石　石英　黄玉　刚玉　金刚石

图1-7 莫氏硬度标准矿物（硬度从小到大）

表1-2 莫氏硬度表

矿物名称	化学组成	硬度	矿物名称	化学组成	硬度
滑石	$Mg_3[Si_4O_{10}](OH)_2$	1	正长石	$K[AlSi_3O_8]$	6
石膏	$CaSO_4 \cdot 2H_2O$	2	石英	SiO_2	7
方解石	$CaCO_3$	3	黄玉	$Al_2[SiO_4](F,OH)_2$	8
萤石	CaF_2	4	刚玉	Al_2O_3	9
磷灰石	$Ca_5[PO_4]_3(F,Cl,OH)$	5	金刚石	C	10

莫氏硬度只代表硬度相对顺序，实际上，金刚石的绝对硬度为石英的1150倍；石英的绝对硬度为滑石的3500倍。

（2）用小刀、指甲来刻划。

一般指甲能刻动的，硬度在2.5以下；指甲刻不动而小刀能刻动的，硬度在2.5~5.5之间；小刀刻不动的矿物，硬度在5.5以上。

2）解理和断口

（1）解理：指矿物被打击后，总是沿一定的结晶方向破裂成光滑的平面的性质。矿物所裂开的光滑平面，称为解理面。根据解理发育程度（破开难易程度、解理面平滑程度），一般将解理分为五类。

① 极完全解理：矿物晶体能裂成薄片，解理面光滑平整，如云母可一片片地被剥开。

② 完全解理：矿物晶体能裂成表面平整的碎块或成厚板状，解理面完好、平整光滑，如方解石的菱面体解理、石盐的立方体解理等。

③ 中等解理：晶体裂开的碎块上既有解理面，又可见断口，破裂面不甚平滑，见于角闪石、辉石等。

④ 不完全解理：晶体破裂时，很难发现平坦的解理面，常为不规则的断口，见于磷灰石等。

⑤ 无解理（即断口）：实际上看不到解理面，见于石英、石榴子石等。

（2）断口：指矿物被打击后，不以一定结晶方向发生破裂而形成的断开面。具有不完全解理或不具解理的矿物，以及隐晶质和非结晶质矿物，在外力打击下便出现断口。断口的形态往往有一定的特征，可以作为鉴定矿物的辅助依据，常见的断口有以下四类。

① 贝壳状断口：断口呈圆滑的曲面，具同心圆纹，似贝壳的膜，例如黑曜石的断口（1-8）。

② 锯齿状断口：断口形似锯齿，见于自然铜等。

③ 参差状断口：断口面粗糙不平、参差不齐，见于磷灰石等。

④ 平坦状断口：断口面平坦且粗糙，无一定方向，见于块状高岭土等。

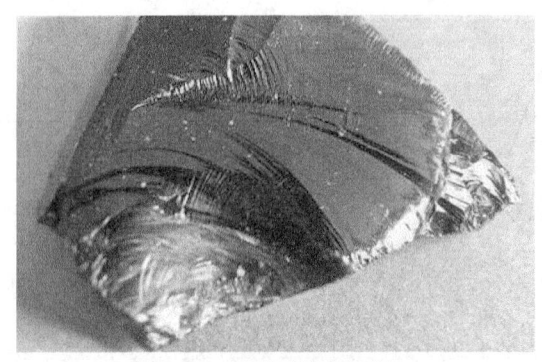

图 1-8　黑曜石贝壳状断口

总的来看，解理的完善程度与断口发育的程度互相消长。解理发育的矿物，断口不发育。同一矿物其解理不发育的部位常易产生断口。例如，云母有一个方向可产生极完全解理，而垂直于极完全解理方向，往往产生锯齿状断口。

解理是矿物有效的鉴定特征之一。但应注意解理面与晶面的区别，解理面常比较新鲜、平整、光亮、无晶面条纹。加力于晶面后，平行解理方向，可连续出现新的解理面。

描述矿物解理时，应说明解理方向、组数、发育程度及解理的交角大小等。例如，石盐具三组完全解理，解理交角为 90°；斜长石具两组完全解理，解理交角为 86.5°；云母具一组极完全解理。

四、矿物的分类

迄今已知的矿物有 4000 多种，但绝大多数不常见，最常见的不过 200 多种。要系统地鉴定、研究和掌握矿物的特性以及更好地利用矿物，就必须对矿物进行科学分类。

在矿物学中，各家公认和广为采纳的分类体系是以化学成分和结晶结构为依据，即先以化学成分为基础划分出大类和类，再把同类中具有相同结晶结构的矿物归为一个族，最后按"具有一定的结晶结构和一定化学成分的独立单位"来划分种。根据上述分类原则，将矿物分为五大类：

第一大类为自然元素矿物，如金、金刚石、石墨、硫黄、铜、银、汞等。

第二大类为硫化物及其类似化合物矿物，如黄铁矿、黄铜矿、方铅矿、闪锌矿等。

第三大类为氧化物和氢氧化物矿物，如赤铁矿、磁铁矿、软锰矿、石英等。

第四大类为含氧盐矿物，如石膏、重晶石、方解石、白云石、长石、云母、辉石、角闪石、橄榄石等。

第五大类为卤化物矿物，如石盐、萤石等。

五、常见的主要造岩矿物及其鉴定特征

造岩矿物种类繁多，以下选14种主要矿物加以介绍。

1. 石英

（1）形态：晶形完好，多呈六方柱和菱面体组成的聚形（图1-9）。柱面上有横纹，显晶集合体有晶簇状、梳状、粒状、致密块状，隐晶质集合体有钟乳状、肾状、结核状等。

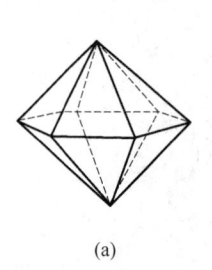

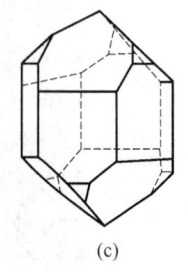

图1-9 石英晶形

（2）物理性质：常为无色、乳白色及杂色等，玻璃光泽，贝壳状断口，断口为油脂光泽，硬度7，相对密度2.7。

石英常因含有杂质及结晶程度的差异而分为若干种，常见的有水晶、紫水晶、墨水晶、玉髓、玛瑙等。水晶无色透明，质较纯。紫水晶因含锰质而呈紫色，透明或半透明。墨水晶因含有机质而呈墨色，半透明。玉髓呈钟乳状，为隐晶质块体。玛瑙为隐晶质块体，具有环带状构造。

（3）成因与产状：在三大类岩石中皆有产出，是地壳中分布最广的矿物之一，大的石英晶体产于伟晶岩。

（4）鉴定特征：贝壳状断口，硬度大，不易风化，据此可与同它相似的方解石、长石等矿物相区别（方解石用小刀可刻动，硬度低，遇冷盐酸起泡。长石呈柱状，有解理）。

（5）用途：重要的玻璃、陶瓷原料，可制光学仪器和精密仪器轴承，无色透明，无缺陷的单晶可作压电石英，是现代国防、电子工业不可缺少的部件。

2. 正长石

（1）形态：正长石因两组解理正交而得名，晶形为短柱状或厚板状，常见卡氏双晶，集合体为粒状或致密块状（图1-10）。

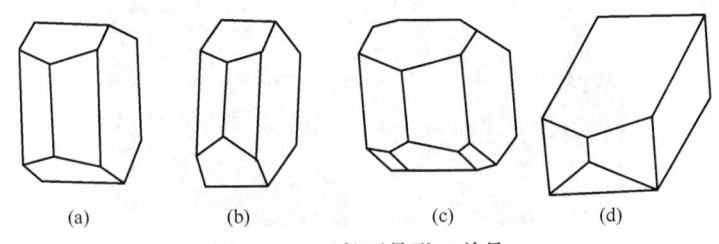

(a)　　　(b)　　　(c)　　　(d)

图1-10　正长石晶形（单晶）

（2）物理性质：多为肉红色，次为褐黄、白等色，新鲜面为玻璃光泽，风化面呈土状光泽，硬度为6~6.6，两组解理完全，交角90°，性脆，相对密度2.6。

（3）成因与产状：主要产于酸性和中性岩浆岩中，碱性岩及伟晶岩也有大量分布。此外，正长石也见于各种片麻岩、混合岩等变质岩及碎屑岩中。正长石风化后可转变成高岭土。

（4）鉴定特征：肉红色、硬度大、两组解理正交和短柱状晶形等为主要特征。

（5）用途：主要用于陶瓷、玻璃、搪瓷等工业和提炼钾肥。

3. 斜长石

（1）形态：晶形常为板状、厚板状，在岩石中多呈不规则的板条状，多呈聚片双晶（图1-11）。集合体为粒状或致密块状，有时为片状。

（2）物理性质：一般为白色、灰白色，少数带灰、红、黄绿等色，玻璃光泽，硬度6~6.5，两组解理，交角为86.5°，相对密度2.6~2.8。

（3）成因与产状：斜长石是长石中分布最广的矿物，是岩浆岩和变质岩的主要成分，在沉积岩中的长石砂岩中，斜长石也有分布，在风化作用下可生成绢云母、高岭石。

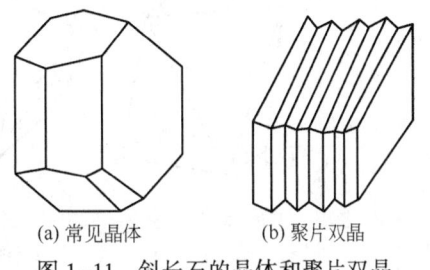

(a) 常见晶体　　(b) 聚片双晶

图1-11　斜长石的晶体和聚片双晶

（4）鉴定特征：板状、白色至灰白色、解理交角86.5°等与正长石相区别，晶形和硬度可与方解石相区别。

（5）用途：可作建筑石料和陶瓷工业原料。

4. 方解石

（1）形态：晶形变化复杂，常为菱面体、六柱状体及板状体（图1-12）。经常呈聚片双晶和接触双晶，集合体多呈致密粒状、晶簇状、钟乳状、鲕状、纤维状。

（2）物理性质：质纯者为无色透明或白色，但因含多种杂质或混入物而呈现各种的颜色，如灰黄、浅红、绿、蓝色等，条痕为灰色，玻璃光泽，解理面稍带珍珠光泽或晕色，透明至半透明，硬度为3，三组菱面体解理完全，性脆，相对密度为2.6~2.8，遇稀盐酸强烈起泡。

图1-12 方解石晶体

（3）成因与产状：方解石分布极广，主要由化学及生物化学沉积作用形成，经热液作用、接触交代作用和风化作用也可形成。

（4）鉴定特征：锤击后呈菱形碎块，硬度3，遇稀盐酸强烈起泡。

（5）用途：可作石灰、水泥、合成纤维、冶金熔剂和合成橡胶的原料，冰洲石是制造光学仪器的贵重原料。

5. 白云石

（1）形态：晶形常为菱面体，有时发育成柱状或板状，晶面常弯曲成马鞍形（图1-13）。有时呈聚片双晶，集合体呈粒状、致密块状，少数为多孔状、肾状。

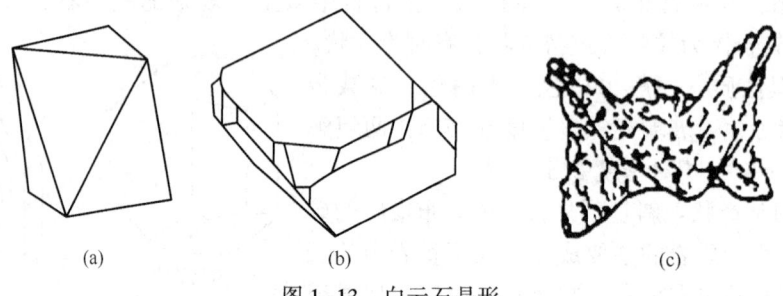

图1-13 白云石晶形

（2）物理性质：一般为灰白色微带浅黄、浅褐、浅绿等色，玻璃光泽，硬度3.5~4，三组（菱面体）解理完全，性脆，相对密度2.8~2.9，遇稀盐酸起泡不明显。

（3）成因与产状：与方解石基本相同。

（4）鉴定特征：白云石与方解石十分相似，但硬度稍大，遇冷稀盐酸起泡不明显。

（5）用途：可作冶金工业上的熔剂、耐火材料和建筑石料等。

6. 黑云母

（1）形态：晶形常呈六方板状、柱状，集合体为片状或鳞片状。

（2）物理性质：常为黑色、棕色，有时为绿色，透明，玻璃光泽，解理面呈珍珠光泽，硬度2~3，一组极完全解理，薄片具弹性，相对密度3.0~3.1，相对密度随着含铁量的增高而增大。

(3) 成因与产状：广泛分布于中酸性岩浆岩、伟晶岩及变质岩中，在地表易风化，进而转变为高岭石等，有时可变成绿泥石及氧化铁。

(4) 鉴定特征：富含铁镁，呈明显的黑色至深褐色，具有一组极完全解理，薄片具有弹性。

(5) 用途：黑云母若富含镁，颜色呈黄褐色的称为金云母，可作电器工业的绝缘材料。

7. 高岭石

高岭石因我国江西省景德镇的高岭山而得名。

(1) 形态：结晶颗粒细小，多呈致密块状、土状及疏松鳞片状集合体。

(2) 物理性质：白色，当含杂质时可呈浅红、浅绿、浅黄、浅褐、浅蓝等色调，致密块状体为土状光泽，鳞片者具珍珠光泽，硬度1~3，有粗糙感，手搓易成粉末，干燥时具有吸水性，掺水后具有可塑性，黏舌，相对密度近于2.6。

(3) 成因与产状：主要由热液交代和长石风化而成，分布极广。

(4) 鉴定特征：致密白色土状块体，性软，手搓易成粉末，黏舌，加水后具可塑性。

(5) 用途：主要作陶瓷原料，在钻井过程中可作钻井液原料，在造纸工业、橡胶工业中应用也很广。

8. 蒙脱石

(1) 形态：隐晶质、土状集合体，晶粒细小（数微米）。

(2) 物理性质：白色、粉红等色，土状光泽或蜡状光泽，干燥时无光泽，硬度1，柔软，有滑感，吸水膨胀，体积增大好几倍，变成糊状物，相对密度2~3，有很强的吸附能力。

(3) 成因与产状：主要由基性岩浆岩及凝灰岩在碱性条件下风化形成，也是黏土、黄土中常见的矿物，是膨润土及漂白土的主要成分。

(4) 鉴定特征：柔软、具滑感、吸水后明显膨胀等，可与高岭石区别。

(5) 用途：蒙脱石具有很强的吸附能力，在石油工业中用于清除石油中的碳质、沥青，在纺织工业中用以吸附油腻物，在橡胶工业中用作填充剂。

9. 黄铁矿

(1) 形态：常见晶形为立方体（图1-14）和五角十二面体。立方体晶形者，晶面具有细纹，两相邻面上条纹互相垂直，集合体为块状、粒状、结核状。

(2) 物理性质：浅铜黄色，条痕绿黑色，不透明，金属光泽，硬度6~6.5，小刀刻不动，无解理，性脆，相对密度4.9~5.2，燃烧后有臭味。

(3) 成因与产状：黄铁矿是分布最广的硫化物。产于各种地质条件，有热液型、沉积型、接触交代型等。在沉积岩中，呈结核状、细分散状，反映了

图1-14 立方体黄铁矿

强还原沉积环境。黄铁矿在氧化带中生成硫酸铁，经水解后形成褐铁矿。

（4）鉴定特征：晶体完好，晶面有条纹，浅黄（铜黄）色，条痕绿黑色，具有较大的硬度（小刀刻不动），无解理，燃烧时有硫黄臭味。

（5）用途：制取硫酸的主要原料。

10. 石膏

（1）形态：晶形常呈板状，少数为柱状、针状、粒状，常呈燕尾双晶及箭头双晶（图1-15）。集合体呈纤维状的称为纤维状石膏，呈雪白致密块状的称为雪花石膏，质松呈土状者称为土状石膏。

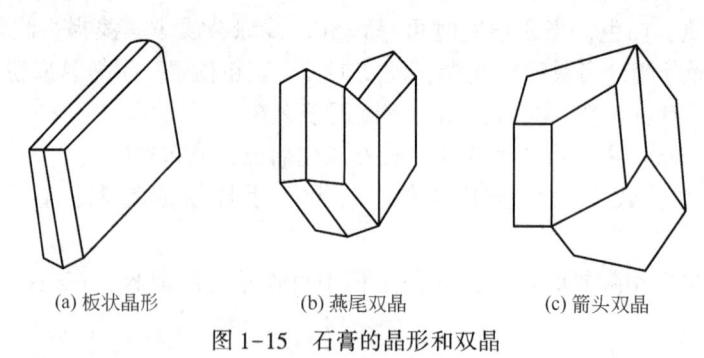

(a) 板状晶形　　(b) 燕尾双晶　　(c) 箭头双晶

图 1-15　石膏的晶形和双晶

（2）物理性质：多为白色，含杂质时呈灰色、淡黄色、浅红色等，玻璃光泽，解理面珍珠光泽，纤维状集合体则呈丝绢光泽，硬度1.5，一组极完全解理，另两组解理中等，薄片具挠性，性脆，相对密度2.3，加热后失水并变成粉末，称为熟石膏。

（3）成因与产状：主要在干燥的气候条件下，湖、海中化学沉积而成，亦可由硬石膏水化而成。

（4）鉴定特征：板状晶体、集合体纤维状、硬度1.5、遇盐酸不起泡等可与碳酸盐矿物区别。

（5）用途：石膏可用于制造塑料模型、水泥、医药及肥料等。

11. 重晶石

（1）形态：晶形常呈板状、柱状，少数情况下呈粒状，集合体为板状、致密块状、粒状、结核状等。

（2）物理性质：纯净者为无色透明，常为白色，含杂质而被染成黄白、淡红、淡褐、灰等色，条痕为白色，透明至半透明，玻璃光泽，解理面珍珠光泽，硬度3~3.5，三组解理完全，性脆，相对密度4.3~4.7，紫外线下呈紫或黄色荧光。

（3）成因与产状：为中至低温热液或沉积形成。常与萤石、方解石、黄铜矿、方铅矿等共生。

（4）鉴定特征：白色，板状晶形，硬度小，相对密度大（重晶石据此定名），可与长石区别；三组解理完全，交角近90°，不溶于盐酸，可与碳酸盐区别。

（5）用途：用以制取各种钡盐和化学药品，可作钻井液加重剂，制作优质白色颜料和涂料，在橡胶工业、造纸业中作充填剂和加重剂。

12. 普通角闪石

（1）形态：晶形为长柱状，横断面为假六边形，集合体多呈柱状、针状等。
（2）物理性质：颜色为暗绿色、暗褐色、黑色，条痕为浅灰绿色，玻璃光泽，硬度5.5~6，沿柱面（横断面）有两组完全解理，交角56°或124°，相对密度3.1~3.4。
（3）成因与产状：分布很广的造岩矿物，常见于中酸性岩浆岩和变质岩中。
（4）鉴定特征：暗绿色、长柱状晶形、解理交角等可与普通辉石区别。

13. 普通辉石

（1）形态：晶形常呈短柱状，横断面近于八边形，具接触双晶或聚片双晶，集合体一般为粒状或致密块状。
（2）物理性质：多为绿黑至黑色，条痕灰绿色，玻璃光泽，硬度5~6，平行柱面有两组中等解理，交角为87°，相对密度3.2~3.6。
（3）成因与产状：普通辉石为基性和超基性岩浆岩的主要造岩矿物，与斜长石、橄榄石、角闪石共生。
（4）鉴定特征：绿黑至黑色，横断面近八边形、短柱状晶形，两组解理交角近于90°，可与普通角闪石区别。

14. 橄榄石

（1）形态：晶形呈短柱状、厚板状，但不常见，通常为粒状集合体。
（2）物理性质：一般为橄榄颜色、黄绿色至无色，玻璃光泽，硬度6.5~7，解理不完全，具贝壳状断口，性脆，相对密度3.3~3.5。
（3）成因及产状：为岩浆早期结晶而成，是超基性岩的重要造岩矿物。
（4）鉴定特征：根据粒状形态、特殊的绿色（橄榄绿）、玻璃光泽及贝壳状断口，结合产状进行识别。

第二节　岩浆岩基础

一、岩浆岩的概念

岩浆岩是岩浆在内力地质作用的影响下，由地壳深处侵入地壳表层或喷出地表，并经过冷凝固结而形成的岩石。由岩浆喷出作用形成的岩石称为喷出岩（火山岩）；由岩浆侵入作用形成的岩石称为侵入岩。

岩浆岩在地壳中分布十分广泛，约占地壳总质量的80%，在大陆地表出露普遍，整个大洋地壳几乎全部由岩浆岩中的玄武岩组成。

二、岩浆岩的物质成分

1. 岩浆岩的化学成分

岩浆岩的化学成分常用氧化物来表示，其中含量最多的为 SiO_2、Al_2O_3、CaO、Na_2O、MgO、Fe_2O_3、FeO、K_2O、H_2O、TiO_2 等10种氧化物，它们的平均含量约占岩浆岩总量的

99.0%以上。其中又以 SiO_2 含量最多，平均含量约为 59.14%，所以 SiO_2 是岩浆岩最主要的化学成分。SiO_2 含量的多少用肉眼是难以估计的，但可以从矿物颜色大致反映出来。SiO_2 含量多时，浅色矿物多，暗色矿物少；SiO_2 含量少时，浅色矿物少，暗色矿物相对增多。

2. 岩浆岩的矿物成分

岩浆岩中的常见造岩矿物有石英、正长石、斜长石、角闪石、辉石、橄榄石、黑云母等。前三种矿物，SiO_2、Al_2O_3 含量高，颜色浅，称为浅色矿物；后几种矿物，FeO、MgO 含量高，硅铝含量少，颜色较深，称为暗色矿物。按矿物的含量，岩浆岩中矿物又分为主要矿物、次要矿物和副矿物三类。

（1）主要矿物为在岩浆岩中含量较多的矿物，是确定岩石大类的主要依据。如酸性岩中的石英、钾长石是其主要矿物。

（2）次要矿物为在岩浆岩中含量较少的矿物，是岩石进一步分类和命名的依据，作为"×××岩石"的主要形容词，一般含量在 10%~20%，如石英闪长岩中的石英。

（3）副矿物为岩浆岩中含量很少的矿物，一般含量在 1%~5%，对分类和命名不起作用，但经常出现，种类繁多，如磁铁矿、磷灰石、锆英石、榍石等。

三、岩浆岩的结构和构造

1. 岩浆岩的结构

岩浆岩的结构是指岩浆岩中所含矿物的结晶程度、矿物颗粒的大小、形状以及矿物之间组合方式所表现出来的特征。

1）按岩石中矿物的结晶程度划分

（1）全晶质结构。岩石中全部由结晶矿物组成，矿物颗粒比较粗大，肉眼可直接辨别。这种结构常见于深成侵入岩中［图 1-16(a)］。

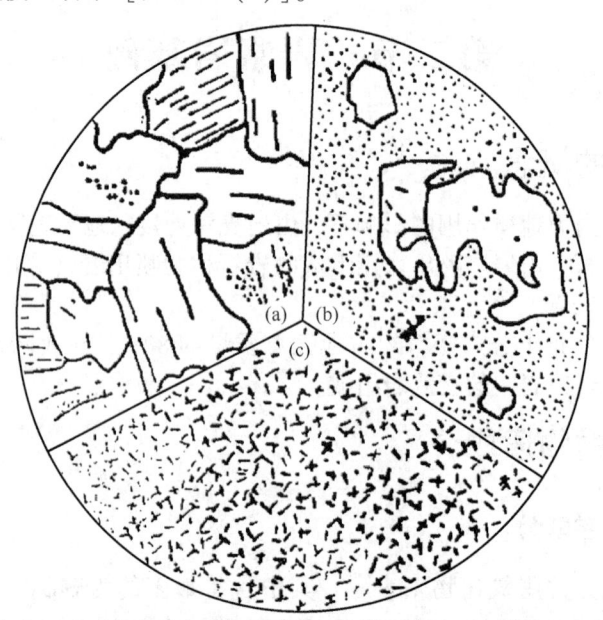

图 1-16　按矿物结晶程度划分的三种结构类型（据陆廷清，2015）

(2) 半晶质结构。岩石中既有结晶矿物也有玻璃质矿物存在。这种结构多见于浅成岩和部分喷出岩中[图1-16(b)]。

(3) 玻璃质结构。岩石中不含结晶的矿物颗粒，几乎全部由天然玻璃质组成。玻璃质结构是由于岩浆温度快速下降，各种组分来不及结晶（即冷凝）而形成，常见于喷出岩中[图1-16(c)]，如黑曜岩。

2) 按岩石中矿物颗粒的相对大小划分

(1) 等粒结构。岩石中矿物全部为结晶质，同种矿物颗粒大小近于相等，颗粒大小均匀[图1-17(a)]。此种结构常见于侵入岩，如橄榄岩等。

(2) 不等粒结构。岩石中同种矿物颗粒大小不等，但粒度大小是连续的。这种结构多见于深成侵入岩体的边缘或浅成岩中。

(3) 斑状结构。岩石中大颗粒的矿物与较小颗粒的矿物呈明显的突出，比较粗大的晶体称为斑晶，细小的物质称为基质，为隐晶质或玻璃质[图1-17(b)]。这种结构常见于浅成岩或喷出岩。斑状结构是由于矿物结晶时有先后顺序形成的。在地下深处部分岩浆先冷凝结晶，形成了个体较大的结晶体，后期它们随着岩浆上升到浅处或喷出地表，那些尚未结晶的岩浆则在近地表迅速冷凝成细小的隐晶质或未结晶而成玻璃质，成为基质。

(a) 等粒结构 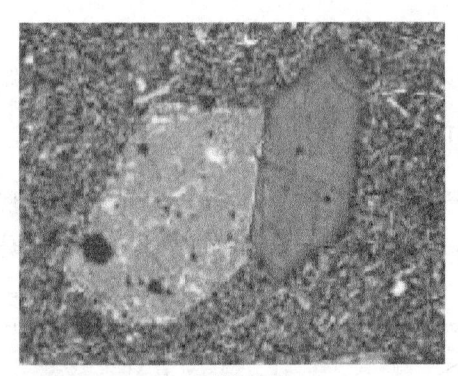　　(b) 斑状结构

图1-17　根据矿物颗粒相对大小划分的结构类型

(4) 似斑状结构。其特征与斑状结构相似，但基质部分由显晶质构成。它主要出现于侵入体的顶部，是由已形成的矿物在挥发性组分作用下经交代重新结晶而成，其斑晶和基质大致同时形成，这种结构多见于中酸性侵入岩中。

2. 岩浆岩的构造

岩浆岩的构造是指岩浆岩中各种矿物和其他组成部分的空间排列和充填方式所反映出来的岩石外貌特征。构造特征是岩石分类定名的重要依据之一。常见的岩浆岩构造类型有块状构造、流纹构造、气孔及杏仁构造等。

(1) 块状构造。岩石中的各种矿物空间排列无一定方向，紧密相嵌，分布比较均匀。这种构造常见于侵入岩，特别是深成侵入岩中，如花岗岩等[图1-18(a)]。

(2) 流纹构造。岩石中不同颜色的条纹及拉长了的气孔沿一定方向排列所形成的外貌特征。它反映熔岩的流动状态，是喷出地表的岩浆在流动过程迅速冷却而保留下来的痕迹。这种构造为喷出岩类所具有，是流纹岩的典型构造。

（3）气孔构造及杏仁构造。岩石中分布着大小不等的圆形或椭圆形的空洞，称为气孔构造。它是在熔岩冷却时，由于挥发组分或气体逸散，遗留下许多气泡空间而形成的构造［图1-18(b)］。如果气孔被后来的次生矿物（如方解石、蛋白石等）充填，则形成杏仁状构造。

(a)   (b)

图1-18　块状构造及气孔构造

（4）带状构造。这是一种不均匀的构造，表现为颜色或粒度不同的矿物相间排列，成带出现。这种构造多见于基性岩中，是由于结晶条件周期性变化或同化混染而成。

四、岩浆岩的分类

岩浆岩分类的基础包括元素组成、矿物成分、结构和构造、形成原因以及产出状态等方面。本书统筹上述因素，将岩浆岩进行综合分类，见表1-3。

表1-3　主要岩浆岩分类简表

产状与结构构造		岩石类型与矿物组成	超基性岩 SiO_2含量<45%	基性岩 SiO_2含量45%~52%	中性岩 SiO_2含量52%~65%	酸性岩 SiO_2含量>65%
			橄榄石 辉石	辉石 基性斜长石	中性斜长石 角闪石	石英正长石 云母
喷出岩		细粒、玻璃质、斑状结构；气孔、杏仁、流纹、块状构造	苦榄石 (少见)	玄武岩 (大量出现)	安山岩 (大量出现)	流纹岩
侵入岩	浅成岩	半晶质、等粒、斑状结构；块状构造	苦橄玢岩	辉绿岩	闪长玢岩	花岗斑岩
	深成岩	全晶质、等粒、似斑状结构；块状、带状构造	橄榄岩	辉长岩	闪长岩	花岗岩
岩石颜色			深色	→中色→		浅色

五、常见的岩浆岩

岩浆岩种类繁多，择其主要的类型简介如下：

1. 花岗岩

花岗岩为酸性岩类的深成侵入岩。常见的为肉红色或灰白色，主要组成矿物为石英、长石，含量在85%以上，此外还有角闪石、辉石、黑云母等。花岗岩具有全晶质等粒结构或似斑状结构、块状构造。花岗岩有时出现很大的长石斑晶，则称为斑状花岗岩；若暗色矿物以角闪石为主，称为角闪石花岗岩；若无或极少含暗色矿物时，则称为白花岩。花岗岩主要以岩基产出，也有的以岩株、岩盖产出。

2. 闪长岩

闪长岩为中性岩类的深成侵入岩。一般为灰色或灰绿色，主要组成矿物为斜长石和角闪石，此外还有辉石、黑云母等，很少或没有石英。闪长岩具有全晶质—粗粒等粒结构，块状构造。由于次生变化，斜长石变为绿帘石、角闪石变成绿泥石，致使岩石呈浅绿色。闪长岩以岩株、岩盖、岩墙产出，常与花岗岩及辉长岩共生。

3. 辉长岩

辉长岩为基性岩类深成侵入岩。一般为灰至灰黑色，主要组成矿物为辉石和斜长石，其次为角闪石和橄榄石。辉长岩具有全晶质中—粗粒等粒结构，块状构造。辉长岩多以岩盆、岩床、岩墙产出，与超基性岩、闪长岩共生或独立存在。

4. 流纹岩

流纹岩是成分与花岗岩相当的酸性喷出岩。一般为灰色、灰红色、肉红色。具有斑状结构和流纹构造，斑晶为石英、透长石（透明斜长石），基质部分为玻璃质或隐晶质，有时可见气孔或块状构造。

此外，尚有一些几乎全部由玻璃质组成的玻璃质流纹岩，如松脂岩、珍珠岩等。流纹质火山玻璃中可具有大量气泡，形成浮石构造，具有这种构造的岩石能浮于水面，因此有"浮岩"之称。

5. 安山岩

安山岩是成分与闪长岩相当的中性喷出岩。常呈深灰、浅玫瑰、褐等色。一般为斑状结构，斑晶为斜长石、辉石等，有时含角闪石，具有气孔、杏仁或块状构造。安山岩形成较大的熔岩流，并与玄武岩、英安岩等共生，分布面积仅次于玄武岩，占岩浆岩总分布面积的22%。

6. 玄武岩

玄武岩是成分与辉长岩相当的基性喷出岩。常呈黑、灰黑、黑绿、灰绿等色。具有隐晶质—细粒至斑状结构，块状构造，有时也具有气孔或杏仁构造。玄武岩在地壳上分布很广，约占岩浆岩总分布面积的35.1%，常以大面积的熔岩流、岩被形式出现。陆相喷发常具有柱状节理，水下喷发常形成枕状构造。大洋底几乎全部由玄武岩组成，它也是月球表面的主要岩石。

7. 橄榄岩

橄榄岩呈暗绿、灰黑色，主要组成矿物为橄榄石和辉石，橄榄石含量占 40%~70%，有时含有少量角闪石、黑云母。具有全晶质中—粗粒结构，块状构造。

8. 花岗伟晶岩

花岗伟晶岩的成分与花岗岩相似，主要组成矿物为石英、碱性长石。晶体颗粒粗大，粒径由几厘米至几十厘米不等，多呈脉状体产出。伟晶岩中有时也有少量斜长石、白云母、电气石、绿柱石，以及各种含有稀有元素和放射性元素的矿物等，这些矿物常呈较好的晶形穿插在主要矿物中，有时可富集成矿。

9. 正长岩

正长岩是半碱性岩类的深成侵入岩，颜色多为肉红色或灰白色，几乎全由肉红色或灰白色的钾长石组成，含少量斜长石。暗色矿物多为角闪石、黑云母、辉石等，一般无石英或含量极少。具有全晶质中粒结构，块状构造，风化后常形成铝土矿。正长岩体一般不大，多呈小型岩株、岩盖产出，常与花岗岩共生。

第三节　变质岩基础

一、变质岩的概念

变质岩是指由变质作用形成的岩石，即已经形成的岩石（岩浆岩、沉积岩、变质岩）因物理化学条件的改变，使原岩的矿物成分、结构、构造发生变化而形成的岩石。变质岩根据变质前原岩的不同可分为两大类：由岩浆岩变质而成的正变质岩和由沉积岩变质而成的副变质岩。

二、变质岩的物质成分

1. 变质岩的化学成分

变质岩的化学成分，一方面取决于原岩的化学成分，另一方面也与变质作用所加入和带出的成分有关。由于原岩化学成分多种多样，化学活动性流体的成分各不相同，以及变质条件的变化等，使变质岩的化学成分变得相当复杂。

2. 变质岩的矿物成分

根据矿物适应温度、压力等变质因素变化的情况，可将变质岩的矿物成分分为两类：一类是能适应较大温度、压力变化范围的矿物，在变质岩中可以保存下来，如石英、长石、云母、角闪石和辉石等；另一类是变质作用形成的新的变质矿物，如硅灰石、红柱石、蓝晶石、石榴子石、十字石、绿泥石、绿帘石、滑石、蛇纹石、石墨等。这些矿物是变质岩中特有的矿物，它们的大量出现，就是岩石发生变质作用的有力证据，同时也是区别于岩浆岩和沉积岩的主要标志。

三、变质岩的结构

变质岩的结构和岩浆岩一样，是指岩石中矿物的结晶程度、颗粒大小、形状及其结合方式所表现出的特征。根据岩石特点和结构的成因，可把变质岩的结构分为变晶结构、变余结构以及压碎结构等。

1. 变晶结构

变晶结构是原岩在变质过程中经重结晶作用而形成的结晶质结构的总称。变晶结构是变质岩的重要特征。根据变晶矿物的粒度、形状和相互关系等特点，可把变晶结构进一步分成以下几种：

1) 按变晶矿物颗粒的相对大小划分

（1）等粒变晶结构。岩石中主要变晶矿物颗粒大小大致相等[图1-19(a)]。

（2）不等粒变晶结构。岩石中主要变晶矿物颗粒大小不等，但呈连续变化[图1-19(b)]。

（3）斑状变晶结构。岩石中矿物颗粒直径大小相差悬殊，在较细粒的变质基质中，有较大的变晶矿物[图1-19(c)]。

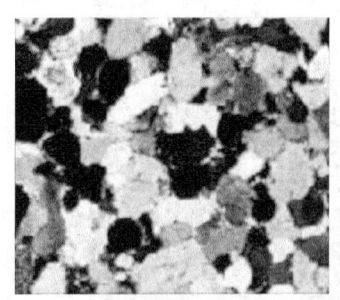

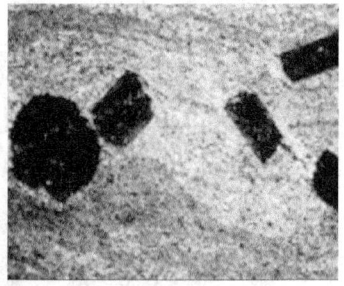

(a) 等粒变晶结构　　(b) 不等粒变晶结构　　(c) 斑状变晶结构

图1-19　根据变晶矿物颗粒相对大小划分的结构类型

2) 按变晶矿物颗粒的绝对大小划分

（1）粗粒变晶结构：矿物颗粒平均直径大于3mm。

（2）中粒变晶结构：矿物颗粒平均直径1~3mm。

（3）细粒变晶结构：矿物颗粒平均直径小于1mm。

2. 变余结构

变余结构又称残留结构，它是由于重结晶作用不彻底而原岩矿物成分和结构特征得以保留的一种结构类型。变余结构在低级变质岩中最常见，对于查明原岩性质具有重要意义。变余结构的命名原则，就在原岩结构之前加"变余"二字即可。变质岩中常见的变余结构有变余花岗结构、变余斑状结构、变余辉绿结构、变余砂状结构、变余泥质结构等（图1-20）。

(a) 变余辉绿结构　　　　　　　　　(b) 变余砂状结构

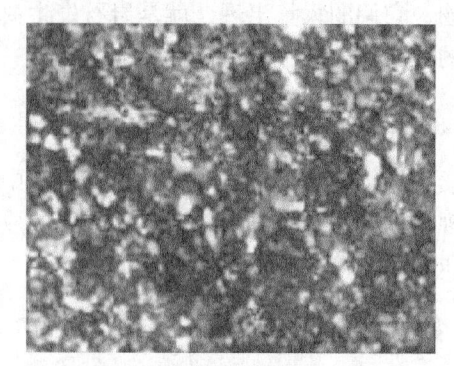

图 1-20　变余结构类型

3. 压碎结构

压碎结构是变质作用的典型结构，根据破碎程度分为碎裂结构和糜棱结构。

（1）碎裂结构。岩石受定向压力作用后，其本身及组成矿物发生破裂、移动、研磨等现象。部分矿物被压碎为细粒，部分保留原形，但也出现裂纹（图 1-21）。

（2）糜棱结构。岩石中所有矿物均被压碎成细小的颗粒，并呈锯齿状接触，其内部物质在滑动时可形成一种类似流动的构造的排列（图 1-22）。

图 1-21　碎裂结构　　　　　　　　　图 1-22　糜棱结构

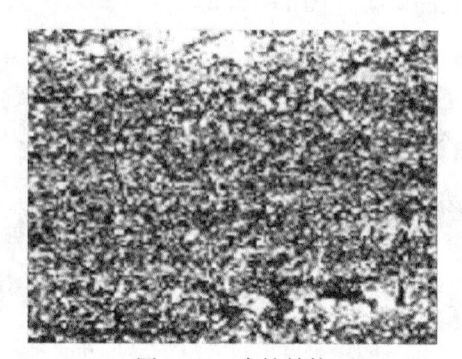

四、变质岩的构造

变质岩的构造是指组成变质岩的各种矿物在空间分布和排列的方式。变质岩的构造能反映变质作用的基本特征，可分为定向构造和无定向构造两大类。

1. 定向构造

定向构造是岩石中的长条状、片状或板状矿物平行于某一平面或沿某一方向排列形成的构造，它是在定向压力参与下形成的。常见的变质岩定向构造有以下五种：

（1）板状构造（图 1-23）。岩石中矿物颗粒细小，肉眼难以分辨。岩性似薄板状，常出现一组平行的破裂面，且光滑平整，破裂面具有微弱的丝绢光泽。具有变余泥质结构。

（2）千枚状构造（图 1-24）。岩石中的鳞片状矿物呈定向排列，沿定向排列方向可劈成薄片。具有较强的丝绢光泽，断面参差不齐。千枚状构造为千枚岩所特有的构造。

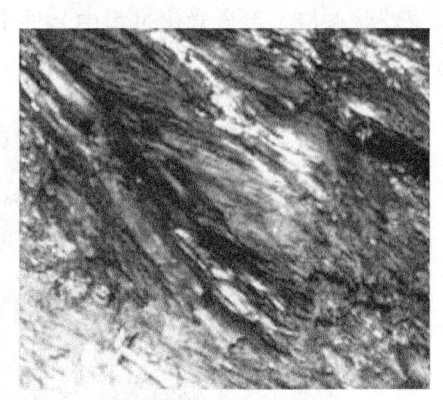

图 1-23　板状构造　　　　　　　图 1-24　千枚状构造

（3）片状构造（图 1-25）。又称片理构造，由云母、绿泥石、滑石、角闪石等片状、板状或针状矿物呈连续平行排列而成。沿片理面极易劈成薄片，而且还常呈波状弯曲，呈现强烈的丝绢光泽。矿物颗粒较粗，肉眼可识别，以此区别于千枚状构造。

图 1-25　片状构造

（4）片麻状构造。与片状构造类似，但其变质程度较深。它的特征是暗色的片状、柱状矿物（如云母、角闪石等）呈平行排列，且被浅色粒状矿物（如石英等）所隔开，呈现出黑白相间的条带。大部分片麻岩都具有此构造（图 1-26）。

图 1-26　片麻岩构造

（5）眼球状构造。混合岩化过程中，外来物质沿着片状、片麻状岩石注入时形成的眼球状或透镜状的团块，断续分布，常有定向排列（图1-27）。

图1-27　眼球状构造（据张中欣，2016）

2. 无定向构造

（1）块状构造。整个岩石的矿物分布均一，无定向排列。这种构造反映岩石在变质过程中，不具有显著的定向压力，如大理岩。

（2）斑点构造。岩石在发生变质过程中，有些物质发生迁移、聚集成斑点，为浅变质岩的构造特征。

五、常见的变质岩

1. 板岩

板岩是由粉砂岩、黏土岩等经区域变质作用或接触热力变质作用形成的具有板状构造的浅变质岩石。颜色多为灰色至黑色。主要具有变余结构，有时具有变晶结构。岩石均匀致密，矿物颗粒用肉眼难以识别。板理面上可有少量绢云母、绿泥石等新生矿物，微显丝绢光泽，敲击时可发出清脆的声音。图1-28为碳质砂板岩标本。

图1-28　碳质砂板岩标本

2. 千枚岩

千枚岩是具有典型的千枚状构造的浅变质岩。其颜色有黄、绿、浅红、蓝灰等色。主要由很细小的绢云母、绿泥石、石英等矿物组成，容易裂成薄片（图1-29）。一般为鳞片变晶结构，具有较强的丝绢光泽。这种岩石是由黏土岩、粉砂岩、凝灰岩等变质而成。

图1-29　千枚岩标本

3. 片岩

片岩具有明显片状构造，颜色呈黑、灰黑、绿、浅褐等色（图1-30）。富含云母、绿泥石、滑石、角闪石等片状或柱状矿物，矿物结晶程度较高，多为鳞片变晶结构和纤维变晶结构。

图1-30　云母石英片岩标本

4. 片麻岩

片麻岩是具有明显片麻状构造的变质岩。颜色多为灰色和浅灰色。具有中至粗粒变晶结构。主要矿物成分有长石、石英，片状或柱状矿物有黑云母、角闪石和辉石。有时出现夕线石、石榴子石等变质岩特有矿物。片麻岩是变质程度较深的变质岩，主要由花岗岩、长石石英砂岩经区域变质作用而成（图1-31）。

5. 大理岩

大理岩是由石灰岩和白云岩变质而成。岩石主要由碳酸盐矿物方解石和白云石组成（图1-32）。一般为白色，因含杂质不同，也有灰、绿、黄色等。具有粒状变晶结构、块状构造。质地致密的白色细粒大理岩又称为"汉白玉"。

图 1-31 角闪石片麻岩标本

图 1-32 白色大理岩标本

6. 石英岩

石英岩（图 1-33）是各种石英砂岩受热变质而成，一般呈白色或灰白色，具有粒状变晶结构，块状构造。主要矿物成分为石英，其含量大于 85%，次要矿物为长石、绢云母、绿泥石、白云母、角闪石等。

图 1-33 石英岩标本

7. 蛇纹岩

蛇纹岩（图 1-34）主要是由橄榄岩、辉岩经热液交代作用而形成。矿物成分以蛇纹石为主，有时残存少量橄榄石与辉石。颜色为黄绿至黑色，质软且具滑感，蜡状光泽，具有隐晶质变晶结构，块状构造。

图 1-34　蛇纹岩标本

第四节　沉积岩基础

一、沉积岩的概念

沉积岩是在近地表的常温、常压条件及水、大气、生物、重力等作用下，由母岩的风化产物、火山物质、有机物质等沉积岩的原始物质成分，经搬运、沉积及沉积后作用而形成的一类岩石。

二、沉积岩的物质成分

沉积岩中已发现的矿物有 160 多种，其中最常见的约 20 种，但对于每一种岩石来说，造岩矿物只有 3~5 种。这些矿物的来源，一是从母岩区搬运而来的较稳定的不易风化的陆源矿物，如石英、长石、云母等；二是在沉积、成岩过程中形成的新矿物，即自生矿物，如碳酸盐矿物（方解石、白云石等）、硅酸盐矿物（海绿石、鲕绿泥石等）。

三、沉积岩的颜色

沉积岩的颜色取决于岩石的物质成分、沉积环境及成岩后的次生变化，它是沉积岩最醒目的宏观特征，对鉴别岩石、划分和对比地层、寻找矿产、分析判断古气候和古地理条件等均具有重要意义。

按成因可将沉积岩的颜色分为三类，即继承色、自生色和次生色。

（1）继承色：岩石的颜色主要继承了陆源碎屑颗粒的颜色。例如，长石砂岩为肉红色是继承了正长石的颜色，纯石英砂岩为白色是继承了石英的颜色等。

（2）自生色：在沉积成岩阶段由自生矿物造成的颜色，为大部分黏土岩、化学岩所具有。例如，海绿石砂岩呈绿色，是自生海绿石造成的。

（3）次生色：主要是岩石受到风化作用而转变成的颜色。例如，在露头上海绿石砂岩常被风化成黄褐色、褐红色等。

继承色和自生色统称为原生色。沉积岩的原生色一般反映了岩石的特有组分和沉积环境。例如，由方解石组成的石灰岩本应呈白色，但因含有机质而多呈深灰色至灰黑色，它是在还原环境中沉积形成的。呈红、褐红、黄棕色的沉积岩一般含 Fe^{3+} 的氧化物或氢氧化物，反映岩石在氧化条件下生成，是炎热气候环境中的产物。绿色岩石与含 Fe^{2+} 的硅酸盐矿物（海绿石、鲕绿泥石等）有关，代表弱氧化或弱还原的介质条件。

四、沉积岩的构造

沉积岩的构造是指岩石各组分在空间的分布、排列和充填方式所显示出来的形貌特征。沉积岩在固结成岩之前的原生构造，是判断古代沉积环境的重要依据。沉积岩的构造可分为层理构造、层面构造、化学成因构造、生物成因构造四类。

1. 层理构造

层理是由岩石的成分、颜色、结构等特征，在垂向上的突变或渐变而显现出来的一种构造现象。它是沉积岩最典型、最重要的特征之一，是区别于岩浆岩的主要标志。层理是沉积岩中最普遍的一种原生构造，根据层理特征，可以帮助判断沉积介质的特征和沉积环境。

在自然界，常见的层理构造有图 1-35 所示的几种类型。

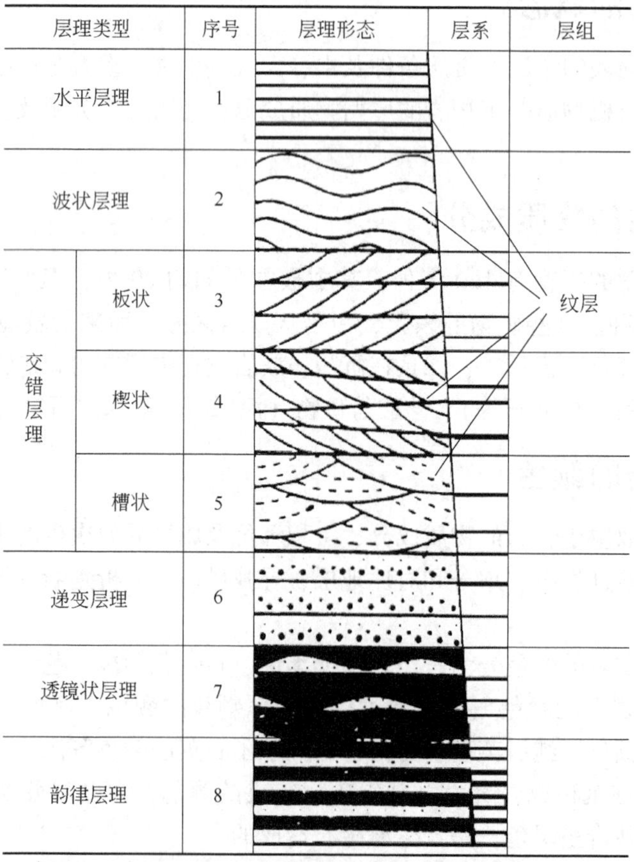

层理类型	序号	层理形态	层系	层组
水平层理	1			
波状层理	2			
交错层理 板状	3			纹层
交错层理 楔状	4			
交错层理 槽状	5			
递变层理	6			
透镜状层理	7			
韵律层理	8			

图 1-35 层理的基本类型及有关术语（据朱筱敏，2008）

1）水平层理

水平层理的特点是纹层界面平直并平行于层面。一般认为水平层理是在比较弱的水动力条件下，由悬浮载荷缓慢沉积而成。水平层理分布广泛，多在细粒的粉砂和泥质沉积中出现，常见于海（湖）深水区、闭塞海湾、潟湖、沼泽、河漫滩及牛轭湖等低能环境中。

2）平行层理

平行层理的外貌与水平层理极为相似，但它主要形成于砂岩中，由平行而又几乎水平的纹层状砂和粉砂组成。一般认为，平行层理是在急流及高能的环境中形成的，如河道、海（湖）岸、海滩等急流、水浅的沉积环境，常与大型交错层理共生。

具有平行层理的砂岩沿纹层面易于剥开，在剥开面上可见到平行的条纹，统称为剥离线理构造（图1-36）。剥离线理构造中的长形颗粒平行于水流方向分布，可指示古水流方向。

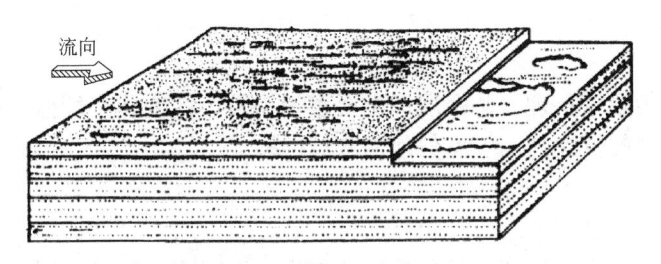

图1-36 由上部平坦床沙迁移所形成的平行层理及剥开面上显示的剥离线理构造（据 Harms，1975）

3）波状层理

波状层理的纹层界面呈波状起伏，但总的方向平行于层系面。纹层的波状形态是对称的或不对称的，连续的或不连续的。

一般形成波状层理要有大量的悬浮物质沉积，当沉积速率大于流水的侵蚀速率时，即可保存连续的波状纹层，形成波状层理。

4）交错层理

交错层理通常也称为斜层理。纹层倾斜与层系界面相交，且层系之间可以重叠、交错、切割。根据交错层理中层系的形态不同，可分为板状交错层理、楔状交错层理和槽状交错层理。

（1）板状交错层理的层系界面为平面，且彼此平行。大型板状交错层理常见于河流沉积之中，其层系底界有冲刷面，纹层内常有下粗上细的粒度变化，有的纹层向下收敛。

（2）楔状交错层理的层系界面为平面，但互不平行，层系呈楔形。楔状交错层理常见于海、湖的浅水区和三角洲沉积区。

（3）槽状交错层理的横切面上，层系界面呈凹槽状，纹层的弯度与凹槽一致或以很小的角度与之相交；在纵剖面上，层系界面呈缓弧状彼此切割，纹层与之斜交。大型槽状交错层理多见于河床沉积中，其层系底界冲刷面明显，底部常有泥砾。

交错层理是在水流具有一定流速时,由波痕迁移叠加形成。纹层的倾向反映了古水流的流向。直脊波痕的迁移叠加形成板状交错层理,曲脊波痕的迁移叠加形成槽状交错层理[图1-37(a)]。流动方向稳定时形成板状交错层理,流动方向交替时形成楔状交错层理[图1-37(b)]。

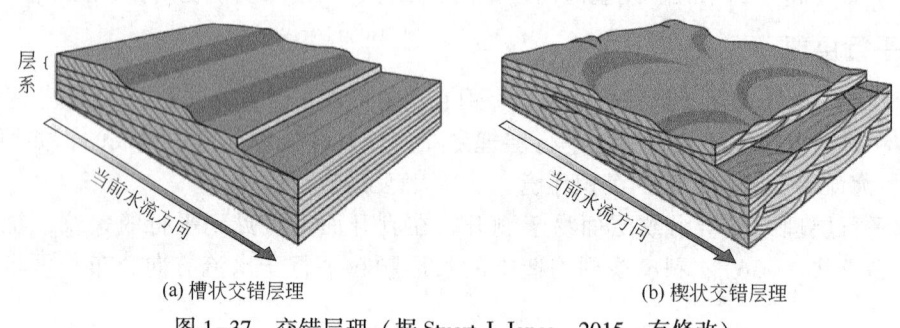

(a) 槽状交错层理　　　　　　　　(b) 楔状交错层理

图1-37　交错层理(据Stuart J. Jones,2015,有修改)

5) 递变层理

递变层理又称为粒序层理,整个层理主要表现为粒度的变化,即由下至上粒度由粗到细逐渐递变,除了粒度的变化外,没有任何内部纹层。

2. 层面构造

层面构造是指岩层表面呈现出的各种构造痕迹,沉积岩中常见的层面构造有波痕、冲刷痕迹、泥裂等。

1) 波痕

波痕是指由于波浪、流水、风等介质的运动,在沉积物表面形成的一种波状起伏的痕迹。按成因可分成浪成波痕、流水波痕和风成波痕(图1-38)。

(1) 浪成波痕:常见于海、湖浅水地带[图1-38(a)]。其特点是波峰尖、波谷圆,形状对称。其波痕指数(L/H)为4~13,多数为6~7,但拍岸浪的波痕指数可达20且不对称,陡坡朝向岸。

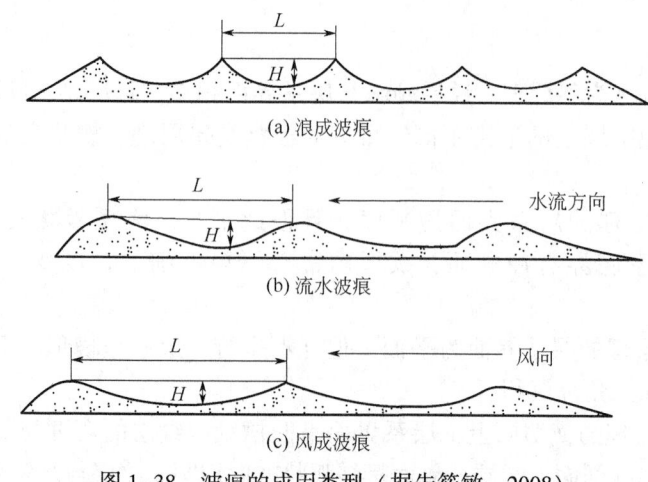

(a) 浪成波痕

(b) 流水波痕

(c) 风成波痕

图1-38　波痕的成因类型(据朱筱敏,2008)
L—波长;H—波高

(2) 流水波痕：由定向水流形成，见于河流或有底流存在的海、湖近岸地带［图1-38(b)］。其特点是波峰、波谷都较圆滑，不对称。陡坡倾向水流方向，在海、湖滨岸地段，陡坡朝向陆地。

(3) 风成波痕：由定向风形成，见于沙漠及海、湖滨岸沙丘沉积中［图1-38(c)］。其特点是波峰波谷都较圆滑，但谷宽峰窄，沉积颗粒在波峰处粗、波谷处细，与流水波痕情况相反。其波痕指数为10~70，一般在20以上，呈极不对称状，陡坡的倾斜方向与风向一致。

波痕出现于岩层的顶面，并可在上覆岩层的底面上留下印痕，因此，可以利用波痕来判断岩层的顶面和底面。

2) 冲刷痕迹

冲刷痕迹是指由于流速加大或河流改道，先沉积的较细沉积物被冲蚀形成凹坑；当流速减缓时，凹坑又被沉积物充填，在充填物底部常有来自下伏岩层的岩块（图1-39）。

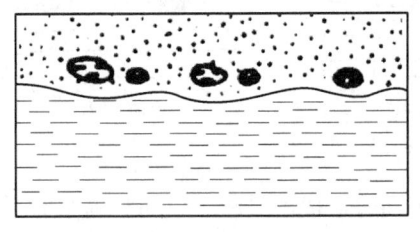

(a) 泥岩碎块包含在上覆砂岩中 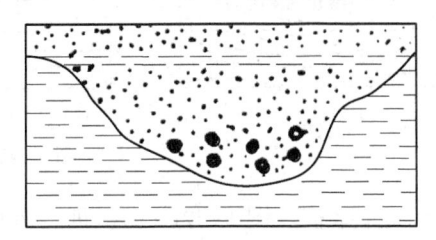　　　　(b) 河流下切形成凹陷，被砾、砂充填

图1-39　冲刷痕迹示意图

3) 泥裂、雨痕及冰雹痕

(1) 泥裂：又称干裂，是由未固结的沉积物被阳光暴晒、脱水收缩形成的多角形龟裂纹（图1-40）。其平面是不规则多边形裂块，横剖面呈V字形，常位于黏土岩和石灰岩的顶面，在上覆岩层的底板上可留下印模。泥裂主要出现在海（湖）滨岸地带、潮间带、河漫滩等地区，是干旱气候条件下的产物。

(2) 雨痕及冰雹痕：是雨滴或冰雹降落在泥质沉积物的表面，撞击成的小坑。雨痕主要见于干燥与半干燥气候条件下的大陆沉积（图1-41）。冰雹痕形似雨痕，但坑比雨痕大一些、深一些，且更不规则，边缘更粗糙。

图1-40　泥裂（据Stuart J. Jones，2015） 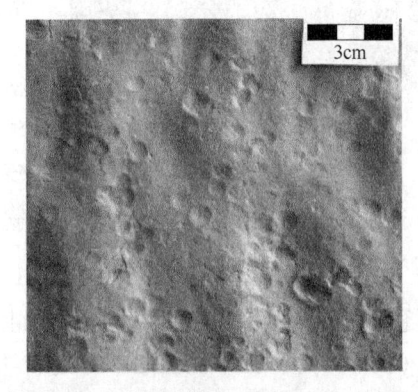　　　　图1-41　雨痕（据Stuart J. Jones，2015）

泥裂、雨痕及冰雹痕常相伴而生，这些构造的同时出现是沉积面间断暴露于地表的最好标志，具有重要的指相意义。借助泥裂尖端朝下的产状特征，还可判别岩层的顶面和底面。

3. 化学成因构造

1) 结核

结核是指成分、结构、颜色等方面与围岩有明显差别的自生矿物集合体，属化学成因构造。结核的内部构造很不相同，可以是均质的，或是同心圆状、放射状等。结核按形成阶段可分为三种类型（图1-42）：

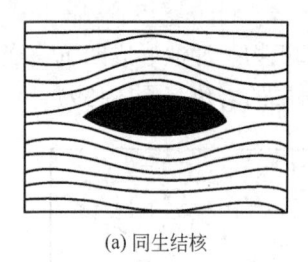

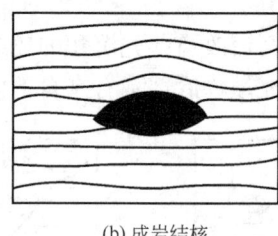

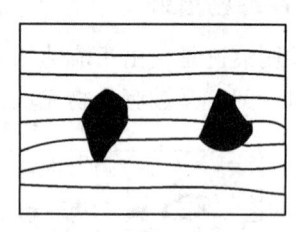

(a) 同生结核　　　　(b) 成岩结核　　　　(c) 后生结核

图 1-42　结核类型

（1）同生结核[图1-42(a)]，即与沉积作用同时形成的结核，它可以是胶体物质围绕某些质点凝聚，或呈凝块状析出的结果。其特点是与围岩界线清楚，不切穿层理，层理绕过结核呈弯曲状，如现代海底的铁锰结核。

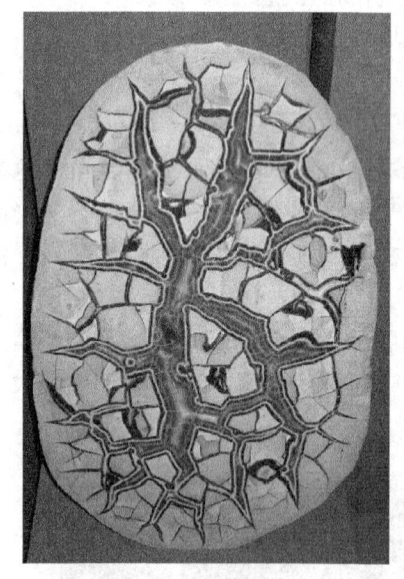

（2）成岩结核[图1-42(b)]，形成于沉积物成岩之后，外来溶液沿裂隙或层理渗入岩石内沉淀而成。其特点是结核形状不规则并切穿围岩层理。

（3）后生结核[图1-42(c)]，即成岩阶段物质重新分配的产物。其特点是结核切穿部分层理及部分层理绕结核弯曲。龟背石是一种特殊的成岩结核，当结核（特别是胶体的结核）脱水收缩时，可发生网状裂隙，这些裂隙后来被其他矿物充填，即形成龟背石构造（图1-43）。

图 1-43　龟背石构造
（据 Stuart J. Jones，2015）

结核按成分可分为钙质结核、硅质结核、铁质结核、磷质结核、锰质结核等。一般钙质结核常出现在碎屑岩中；黄铁矿结核或菱铁矿质的龟背石结核常出现在煤系地层中；燧石结核常顺层分布在碳酸盐岩中。

2) 缝合线

缝合线实质上是一种裂缝构造，常见于碳酸盐岩地层中。缝合线在地层剖面中呈锯齿状曲线（图1-44），在平面上是一个起伏不平的面，沿此面较易劈开。缝合线裂隙中常充填有黏土、沥青或其他物质。

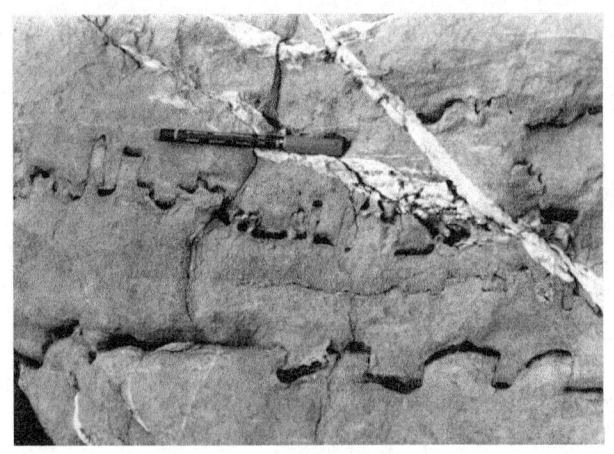

图 1-44 缝合线构造

第二章 油气地质基础

第一节 烃源岩

一、烃源岩概念及类型

1. 烃源岩概念

烃源岩是指富含有机质、在地质历史过程中生成并排出了或者正在生成和排出石油和天然气的岩石。烃源岩的概念中不仅强调了能够生成油气，并且还强调能够排出油气；不仅具有生成和排出油气的潜力，而且还要已经生成和排出油气或者正在生成和排出油气，只有这样的岩石才能算作烃源岩。

2. 烃源岩岩石类型

烃源岩一般是粒细、色暗、富含有机质和微体生物化石的岩石，其中常含原生分散状黄铁矿和游离沥青质。常见的烃源岩主要是黏土岩类烃源岩、碳酸盐岩类烃源岩和煤系烃源岩。

1) 黏土岩类烃源岩

这类烃源岩主要包括泥岩、页岩等。黏土岩类烃源岩沉积于浅海、三角洲、湖泊等沉积环境，环境安静乏氧，浮游生物或陆源有机物丰富并随黏土矿物质大量堆积、保存，在埋藏过程中，其中的有机质大量向油气转化。因此，这些粒细的黏土岩类富含有机质及低价铁化合物，颜色多呈暗色。

2) 碳酸盐岩类烃源岩

这类烃源岩以低能环境下形成的富含有机质的石灰岩、生物灰岩和泥灰岩为主，如沥青质灰岩、隐晶灰岩、豹斑灰岩、生物灰岩、泥质灰岩等等，常含泥质成分；多呈灰黑、深灰、褐灰及灰色；隐晶—粉晶结构，颗粒少，灰泥为主；多呈厚层—块状，水平层理或波状层理发育；含黄铁矿及生物化石；偶见原生油苗，有时锤击可闻到沥青味。

3) 煤烃源岩

煤系地层是指在成煤环境下形成的含煤地层。其中的煤层和含煤地层中的富含有机质的泥岩可以成为烃源岩。煤系地层主要形成于沼泽环境和海陆过渡环境。煤是一种富集型有机质，它是由不同数量的壳质组、镜质组和惰质组构成的混合体。晚古生代以后所形成的煤主要是以高等植物为主体的腐殖煤。我国广泛分布有含煤层系，石炭纪—二叠纪、侏罗纪和古近纪是三个主要的聚煤期。煤系不仅可以作为气源岩，也可以作为油源岩。

二、烃源岩评价

通过对烃源岩的地球化学研究，可以判断哪些岩石具备烃源岩的条件，何种烃源岩才是有效的烃源岩，其生烃能力如何等。烃源岩的地球化学特征包括三个方面：有机质丰度、有机质类型和有机质演化程度。

1. 有机质丰度

目前常用的有机质丰度指标主要包括总有机碳含量（TOC）、氯仿沥青"A"和总烃（HC）含量、岩石热解生烃潜量等。

1）总有机碳含量

总有机碳含量是国内外普遍采用的有机质丰度指标。有机碳是指岩石中除去碳酸盐、石墨等中的无机碳以外的碳。这部分碳包含了岩石中不溶有机质干酪根中的碳，也包含了岩石中可溶有机质中的碳，故称为总有机碳。因为在烃源岩有机质生成的油气中，有一部分已经排出烃源岩，实验室所测定的是岩石中残留下来的有机质中的碳的数量，故又称为剩余有机碳含量。总有机碳含量以单位质量岩石中有机碳的质量百分数表示。

对于未成熟或低成熟的烃源岩，由于其中只有很少一部分有机质转化成油气离开烃源岩，大部分仍残留在烃源岩层中，并且碳又是在有机质中所占比例最大、最稳定的元素，所以剩余有机碳含量能够近似地表示烃源岩有机质的丰富程度。对于有机质类型好、演化程度较高的烃源岩，由于其中可能有相当一部分或大部分有机质已经转化为油气并排出烃源岩，剩余有机碳含量并不能反映烃源岩原始有机质丰度。

原地质矿产部无锡石油地质中心实验室（1980）将中国陆相泥质油源岩的有机碳下限值定为0.5%。中国石油勘探开发研究院的胡见义和黄第藩（1991）提出了中国陆相泥质油源岩的评价标准，将有机碳下限值定为0.4%。对咸湖环境形成的泥质油源岩，其有机碳含量下限应适当降低至0.3%。Gehman（1962）对世界各地约1400个碳酸盐岩样品的有机质进行了综合性研究，平均有机碳含量仅为0.2%。但它们的烃类平均含量却相近，约100mg/L。Tissot认为碳酸盐岩的有机碳含量下限值可定为0.3%，甚至有学者认为可低至0.1%。

2）氯仿沥青"A"和总烃（HC）含量

氯仿沥青"A"是用氯仿从岩石中抽提出来的有机质，也就是能够溶于氯仿的可溶有机质。总烃是指氯仿沥青"A"中的饱和烃和芳香烃组分。氯仿沥青"A"含量和总烃含量也是最常用的有机质丰度指标之一。氯仿沥青"A"含量用其占岩石质量的百分数表示，总烃含量用其占岩石质量的百万分数（10^{-6}）表示。

我国主要含油气盆地中氯仿沥青"A"众数在0.1%左右，一般好的烃源岩为0.1%~0.2%，非烃源岩氯仿沥青"A"值低于0.01%。

我国陆相淡水—半咸水湖相主力烃源岩总烃含量均在$410×10^{-6}$以上，平均值为$(550~1800)×10^{-6}$。在我国中—新生代沉积盆地中，好的烃源岩总烃含量一般为$1000×10^{-6}$左右，较好烃源岩一般不低于$500×10^{-6}$，低于$100×10^{-6}$为非烃源岩。

3）岩石热解生烃潜量

岩石热解是一种快速评价烃源岩的方法，该方法由法国石油研究院（FPl）提出，研制的相应仪器称为热解仪或岩石评价仪（Rock-Eval）。

该方法的基本原理是将烃源岩样品放在仪器中加热，对其进行热解，然后根据其生成产物的类型和数量来对烃源岩进行评价。热解的结果用热解谱图表示，该谱图共有三个峰（图2-1）。

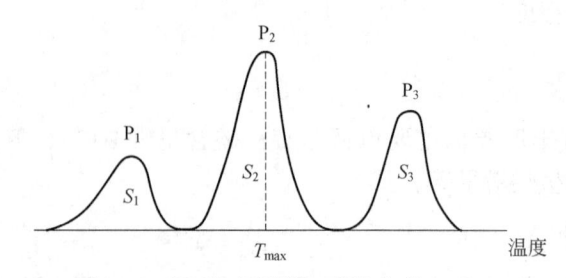

图2-1 岩石热解图谱（据柳广弟，2009）

P_1峰：热解温度小于300℃时出现的峰，峰的面积用S_1表示。代表岩石中残留烃的含量，用kg（烃）/t(岩石) 表示，相当于氯仿沥青"A"。

P_2峰：热解温度在300~500℃时出现的峰，其面积用S_2表示，代表岩石中的干酪根在热解过程中新生成的烃类，单位也用kg（烃）/t(岩石) 表示。

P_3峰：是干酪根中含氧基团热解形成的峰，其面积用S_3表示，代表热解过程中生成的CO_2的含量，单位也用kg（烃）/t(岩石) 表示。

根据热解结果，可以计算烃源岩的生烃潜量。所谓生烃潜量是指岩石中残留烃（S_1）与热解烃（S_2）之和，用P_g表示，单位为kg（烃）/t(岩石)：

$$P_g = S_1 + S_2$$

生烃潜量P_g的高低也可用来对烃源岩进行评价，其评价标准如表2-1所示。

表2-1 烃源岩热解评价标准

评价等级	好烃源岩	中等烃源岩	较差烃源岩	非烃源岩
P_g，kg（烃）/t（岩石）	>6	2~6	0.5~2	<0.5

2. 有机质的类型

烃源岩中有机质的类型不同，其生烃潜力、产物的类型及性质也不同，生油门限值和生烃过程也有一定差别。干酪根类型的确定是有机质类型研究的主体，常用的研究方法有元素分析、光学分析以及岩石热解分析等。

1）元素分析

干酪根元素分析是从化学性质和本质上来把握其类型的。法国石油研究院根据不同来源的390个干酪根样品的C、H、O元素分析结果，利用范·克雷维伦（D. W. van Krevelen）图解，将干酪根划分为三种主要类型（图2-2）。

Ⅰ型干酪根原始氢含量高，氧含量低，H/C原子比介于1.25~1.75，O/C原子比介于0.026~0.12。Ⅰ型干酪根在结构上以含脂肪族直链结构为主，多环芳香结构及含氧官能团很少。它主要来自藻类堆积物，也可以是各种有机质被细菌强烈改造留下原始物质的类脂化合物和细菌的类脂化合物。Ⅰ型干酪根生油生气潜能大，相当于浅层未成熟样品重量的80%

都可以转化为油气。

Ⅱ型干酪根原始氢含量较高，但稍低于Ⅰ型干酪根，H/C原子比介于0.65~1.25，O/C原子比介于0.04~0.13。Ⅱ型干酪根在结构上属高度饱和的多环碳骨架，富含中等长度直链结构和环状结构，也含多环芳香结构及杂原子官能团。Ⅱ型干酪根主要来源于海相浮游生物（以浮游植物为主）和微生物的混合物，生油生气潜能中等。

Ⅲ型干酪根原始氢含量低，氧含量高，H/C原子比介于0.46~0.93，O/C原子比介于0.05~0.30。Ⅲ型干酪根在结构上以含多环芳香结构及含氧官能团为主，脂肪族链状结构很少，且被连接在多环网格结构上。Ⅲ型干酪根主要来源于陆地高等植物，含可鉴别的植物碎屑很多。Ⅲ型干酪根热解时可生成30%产物，与Ⅰ、Ⅱ型相比，其生油能力较差，但埋藏到足够深度时，可以生成天然气。

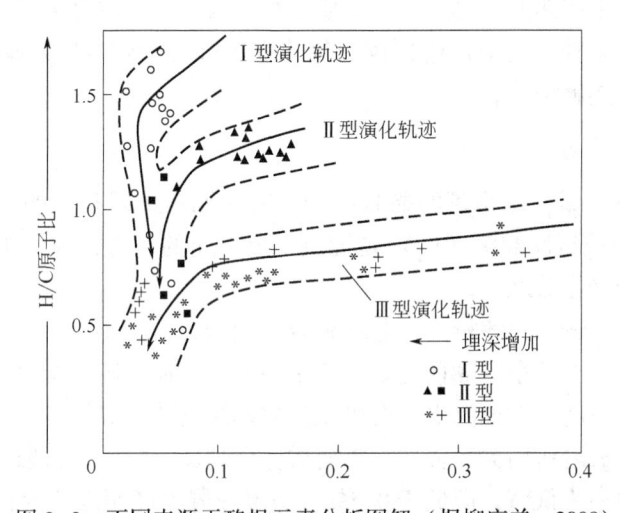

图2-2 不同来源干酪根元素分析图解（据柳广弟，2009）

Ⅰ型：○美国尤英塔盆地绿河页岩（B.P. Tissot 等，1978）；Ⅱ型：▲法国巴黎盆地下托儿阶页岩（B. Durand 等，1972），■德国里阿斯期波西多尼希费组；Ⅲ型：＊喀麦隆杜阿拉盆地洛格巴巴页岩（B. Durand 等，1976），+腐殖煤（B. Durand 等，1976）

2）光学分析

在显微镜下对干酪根进行光学分析，即从光学性质上和形貌上把握其类型。光学分析方法包括孢粉学法和煤岩学法。孢粉学法是按干酪根在透射光下的微观结构，将其分成藻质、絮质（无定形）、草质、本质和煤质，其中前3种为腐泥型有机质，后2种为腐殖型和残余型有机质。煤岩学法是将干酪根的显微组成分为壳质组、镜质组和惰质组，其中壳质组为腐泥型有机质，多数镜质组为腐殖型有机质，惰质组为煤质型有机质。认识上述各种微观组分，有利于理解过渡类型干酪根的组成。

3）岩石热解分析

根据岩石热解分析的结果也可以确定干酪根的类型。用S_1、S_2、S_3分别除以岩石的有机碳含量得到的三个指标分别称为烃指数$I_{HC}(=S_1/TOC)$、氢指数$I_H(=S_2/TOC)$和氧指数$(I_O=S_3/TOC)$。岩石中有机质氢指数与氧指数类似于元素分析的H/C和O/C，根据氢指数和氧指数可以划分有机质（干酪根）的类型（表2-2）。

表 2-2　利用氢指数和氧指数划分干酪根类型

干酪根类型	I_H，mg（烃）/g（有机碳）	I_O，mg（烃）/g（有机碳）
Ⅰ 型	600~900	10~30
Ⅱ 型	450~600	20~60
Ⅲ 型	<100	20~150

3. 有机质的成熟度

有机质的成熟度是指在有机质所经历的埋藏时间内，由于增温作用所引起的各种变化。当有机质达到或超过温度和时间相互作用的门限值时，干酪根才进入成熟并开始在热力作用下大量生成烃类。而未成熟的有机质主要生成生物成因气，有时可生成少量液态烃。评价有机质成熟度的方法有多种，其中常用且较有效的方法有：镜质组反射率（R_o）法、孢粉和干酪根颜色法、岩石热解法等。

1）镜质组反射率法

镜质组（vitrinite）是一组富氧的显微组分，由同泥炭成因有关的腐殖质组成，具镜煤（vitrain）的特征。镜质组反射率（R_o）是镜质组反射光的能力，被认为是目前研究干酪根热演化和成熟度的最佳参数之一。

在热演化过程中，链烷热解析出，芳环稠合，出现微片状结构，芳香片间距逐渐缩小，致使反射率增大、透射率减小、颜色变暗，这是一种不可逆反应。所以，镜质组反射率是一项衡量烃源岩经历的时间、古地温史、有机质热成熟演化的良好指标。

镜质组反射率与成岩作用关系密切，热变质作用越深，镜质组反射率越大。在生物化学生气阶段镜质组反射率为低值，即低于 0.5%。随着埋藏深度而逐渐变化，在热催化生油气阶段和热裂解生湿气阶段，反射率作为深度的函数增加较快，约从 0.5% 上升到 2%；至深部高温生气阶段，反射率继续增加。

不同类型的干酪根具有不同的化学结构，其中不同强度的化学键的相对丰度不同，成熟作用相对时间有所差别，因而在应用镜质组反射率判断有机质的成熟度时，对不同类型的干酪根应有所区别（图 2-3）。

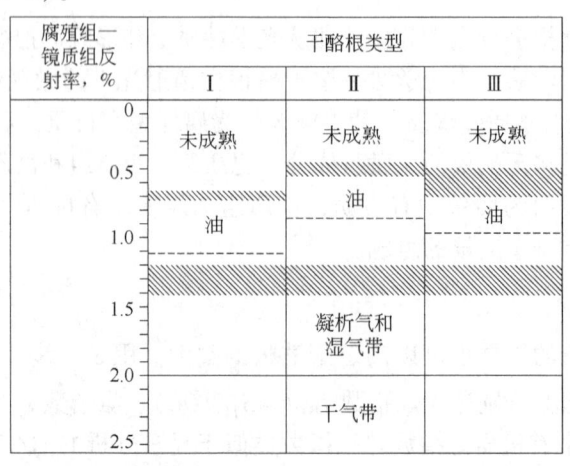

图 2-3　根据镜质组反射率确定的油和气带的近似界限（据 Tissot 等，1984）

2）孢粉和干酪根颜色法

在显微镜透射光下，孢子、花粉和其他微体化石随成熟度作用的增强而显不同颜色。未成熟阶段为浅黄至黄色，成熟阶段为褐黄至棕色，过成熟阶段为深棕至黑色。

3）岩石热解法

在岩石热解过程中，P_2峰的出现所对应的温度称为烃源岩的最高热解峰温（T_{max}）。利用T_{max}也可判断烃源岩中有机质的成熟度。一般成熟度越高，岩石热解的T_{max}越高，但不同类型有机质的界限有所不同（表2-3）。

表2-3 利用T_{max}划分有机质成熟度界限表（据邬立言等，1986）

演化阶段		未成熟	成熟	高成熟	过成熟
R_o，%		<0.5	0.5~1.2	1.2~2.0	>2.0
T_{max}	Ⅰ	<437	437~460	460~490	>490
	Ⅱ	<435	435~455	455~490	>490
	Ⅲ	<432	432~460	460~505	>505

4）时间—温度指数（TTI）

时间—温度指数常用来表示时间与温度两种因素同时对沉积物中有机质热成熟度的影响，即有机质成熟度的增加（ΔTTI）与温度呈指数关系，与时间呈线性关系。

第二节 储集层及其孔隙特征

地下的石油和天然气就储存在岩层的连通孔隙之中，其储集方式好比水充满在海绵里一样。地壳上任何类型的岩石均具有一定的孔隙。凡具有一定的连通孔隙、能使流体储存并在其中渗滤的岩层称为储集层。储集层（简称储层）是地下石油和天然气储存的场所，是构成油气藏的基本要素之一。

世界上已知能作为油气储集层的岩石种类很多，组成地壳的三大岩类中均发现有油气田。但勘探实践表明，绝大多数油气藏的含油气层是沉积岩层，其中又以碎屑岩和碳酸盐岩最为重要，只有少数油气储集在其他岩类中。因此按岩石类型常将储集层分为碎屑岩储集层、碳酸盐岩储集层和其他岩类储集层三类。

一、碎屑岩储集层

1. 孔隙类型

碎屑岩储集层孔隙按成因可分为原生孔隙、次生孔隙和混合孔隙。

1）原生孔隙

原生孔隙是指在沉积时期或在成岩过程中形成的孔隙。原生孔隙主要是粒间孔隙。所谓粒间孔隙是指碎屑颗粒支撑的碎屑岩，在碎屑颗粒之间未被杂基充填，胶结物含量少而留下的原始孔隙。粒间孔隙在砂岩储集层中最普遍，分布比较稳定。

2) 次生孔隙

在岩石形成后，由次生作用形成的孔隙称为次生孔隙，如淋滤作用、溶解作用、交代作用、重结晶作用等成岩作用所形成的孔隙、孔洞及各种构造作用所形成的裂缝等。

3) 混合孔隙

混合孔隙指部分原生孔隙和部分次生孔隙组成的孔隙。大部分孔隙都是混合成因的，它们可以具有次生孔隙的所有结构方式。但混合孔隙中原生孔隙和次生孔隙的相对含量往往难以估计。

2. 影响碎屑岩储集层储集物性的主要因素

1) 沉积作用

沉积作用对碎屑岩的矿物成分、结构、粒度、分选、磨圆、填集的杂基含量等方面都起着明显的控制作用，而这些因素对储集层物性都有不同程度的影响。

（1）碎屑岩的矿物成分。

碎屑岩的矿物成分以石英和长石为主，它们对储集层物性的影响不同。通常情况下长石砂岩比石英砂岩储集物性差。其原因是：①长石的润湿性比石英强，当被油或水润湿时，长石表面所形成的液体薄膜比石英表面厚，在一定程度上减少了孔隙的流动截面积，导致渗透率变小；②长石比石英的抗风化能力弱，石英抗风化能力强，颗粒表面光滑，油气容易通过，长石不耐风化，颗粒表面常有次生高岭土和绢云母，它们一方面对油气有吸附作用，另一方面吸水膨胀，堵塞原来的孔隙和喉道。

（2）岩石的结构。

碎屑岩沉积时所形成的粒间孔隙的大小、形态和发育程度主要受碎屑岩的结构（粒径、分选、磨圆和填集程度等）的影响。一般而言，粒度越大，渗透率越高。在粒度相近的情况下，分选差的碎屑岩，因细小的碎屑充填了颗粒间孔隙和喉道，造成了渗透率降低。

（3）杂基含量。

一般杂基含量高的碎屑岩，分选差，平均粒径较小，喉道也小，孔隙结构复杂，储集物性差。因此，杂基含量是影响孔隙性、渗透性最重要的因素之一。

2) 成岩后生作用

成岩后生作用贯穿成岩过程的始终，因此对碎屑岩储集层的物性影响很大。它可以改造碎屑岩在沉积时形成的原生孔隙，也可以完全堵塞这些原生孔隙，或溶蚀可溶矿物而形成次生溶蚀孔隙，从而改变碎屑储集岩的储集条件。

（1）压实作用：包括早期机械压实和晚期压溶作用。机械压实作用是指在上覆沉积负荷作用下岩石逐步致密化的过程。压实作用主要发生在成岩作用的早期，3000m 以上压实作用的效果和特征明显。

（2）压溶作用：压溶作用是指发生在颗粒接触点上，即压力传递点上有明显的溶解作用，造成颗粒间互相嵌入的凹凸接触和缝合线接触。由于碎屑颗粒在压力作用下溶解，使得 Si、Al、Na、K 等造岩元素转入溶液，引起物质再分配，造成在低压处石英和长石颗粒的次生加大和胶结。石英次生加大对岩石孔隙度有可观的影响，有时可以占满全部孔隙。

（3）胶结作用：胶结作用是碎屑颗粒相互连接的过程。松散的碎屑沉积物通过胶结作用变成固结的岩石。胶结物含量高的储集层，粒间孔隙多被充填，使孔隙减少，连通性变差，储集物性变差。

（4）溶解作用：在地下深处由于孔隙水成分变化，导致长石、火山岩屑、碳酸盐岩屑和方解石、硫酸盐等胶结物或岩石颗粒的溶解，形成次生溶蚀孔隙，使储集层孔隙度增大。影响溶解作用的因素很多，其中尤以酸性水的形成最为重要，但必须指出的是，酸性水溶解的物质只有在不断被带走的条件下，才能使溶蚀作用朝有利于形成次生孔隙的方向发展。否则，随着溶质增加，溶蚀作用就会减弱，在达到过饱和时还可以再沉淀，堵塞孔隙。

二、碳酸盐岩储集层

1. 孔隙类型

碳酸盐岩储集层的孔隙类型，依其形态特征可分为孔隙、溶洞和裂缝三类。一般说来，孔隙和溶洞是主要的储集空间，裂缝是主要的渗滤通道（也是储集空间）。碳酸盐岩孔隙的形成过程是一个复杂而长期的过程，它贯穿在整个沉积过程及其以后的各个地质历史时期。除了受沉积环境的控制外，地下热动力场、地下或地表水化学场、构造应力场等因素均对它们的形成和发展有巨大的影响。由于碳酸盐岩的特殊性（易溶性和不稳定性），使碳酸盐岩储集空间的演化相当复杂，孔隙类型多、变化快，往往在同一储集层内发育多种类型的孔隙，各种孔隙又往往经受几种因素的作用和改造。当然，根据孔隙成因也可将碳酸盐岩分为原生孔隙和次生孔隙两大类。

2. 影响碳酸盐岩储集层物性的主要因素

1）沉积环境

沉积环境，即介质的水动力条件，是影响碳酸盐岩原生孔隙发育的主要因素。碳酸盐岩原生孔隙的类型虽然多种多样，但主要的是粒间孔隙和生物骨架孔隙。这类孔隙的发育程度主要取决于粒屑的大小、分选程度、胶结物含量以及造礁生物的繁殖情况。因此，水动力能量较强的或有利于造礁生物繁殖的沉积环境，常常是原生孔隙型碳酸盐岩储集层的分布地带。在水动力能量低的环境里形成微晶或隐晶石灰岩，由于晶间孔隙微小，加上生物体少，不能产生较多的有机酸和 CO_2，因此不仅在沉积时期，就是在成岩阶段要形成较多的次生溶孔也是比较困难的。

2）成岩后生作用

碳酸盐岩在沉积时期所形成的原生孔隙会因其后发生的各种成岩后生作用而改变。有些碳酸盐岩的成岩后生作用有利于储集层物性的改善，而有些则使储集层物性变差。

（1）溶蚀作用：碳酸盐岩孔隙的形成和发育与地下水的溶解作用和淋滤作用关系密切，这是由碳酸盐岩的易溶性所决定的。地下水因溶解带走了易溶矿物是造成溶蚀孔隙、孔洞的原因，也是溶蚀裂缝扩大的原因。

（2）重结晶作用：指碳酸盐岩被埋藏之后，随着温度、压力的升高，岩石矿物成分不变，而矿物晶体大小、形状和方位发生了变化的作用。这种作用使致密、细粒结构的岩石变为粗粒结构、疏松、多晶间孔隙的岩石。粗粒结构的岩石强度降低，易产生裂缝，这样有利于地下水渗滤，为溶蚀孔隙的发育创造了条件。

（3）白云石化作用：指白云石取代方解石、硬石膏和其他矿物的作用。白云石化作用一般可分为两类，一类是发生在沉积物中的准同生期白云石化作用；另一类为发生在成岩后生期的白云石化作用。白云石化作用对碳酸盐岩孔隙度的影响至今仍是一个存在争议的问题，但一般说来白云石化对岩石孔隙度和渗透率还是起改善作用的。

3）构造作用

裂缝是碳酸盐岩储集层的储集空间，更重要的是它是油气渗滤的重要通道。不同类型裂缝的成因不同。根据成因可将裂缝划分为构造裂缝和非构造裂缝两大类。对储集层物性有重要影响的主要是构造裂缝。构造裂缝受构造因素控制，构造因素包括构造作用力的强弱、性质、受力次数、变形环境和变形阶段等。一般说来，受力越强，张力越大，受力次数越多，构造裂缝越发育；反之，则发育越差。

三、其他岩类储集层

其他岩类储集层是指除碎屑岩和碳酸盐岩外的各种岩类储集层，主要包括岩浆岩、变质岩、黏土岩等。这类储集层的岩石类型虽然很多，但它们拥有的油气储量仅占世界油气总储量的一小部分。但随着油气勘探的深入及常规储集层的不断开发，为了寻找石油和天然气的后备储量，这类储集层得到了越来越多的关注。

1. 火山岩储集层

火山岩储集层主要是指由火山喷发岩及火山碎屑岩形成的储集层，常见的岩性有玄武岩、安山岩、粗面岩、流纹岩、集块岩、火山角砾岩、凝灰岩等。由于火山碎屑岩的成因及分布均与火山喷发密切相关，故从油气勘探的角度往往将火山喷发岩和火山碎屑岩形成的储集层统称为火山岩储集层。

以火山碎屑岩为储集层的油气田比较常见，而以火山喷发岩为储集层的油气田为数不多。火山碎屑岩储集层的储集空间与碎屑岩有相似之处，孔隙类型也比较多，既有粒间孔、粒内孔、晶间孔、气孔、溶蚀孔等，又有构造裂缝、节理和成岩裂缝等。

2. 结晶岩储集层

结晶岩储集层多见于各种岩浆岩和变质岩类，这两种岩类都有不同程度的结晶，故又称结晶岩系。这类储集层的形成与风化作用密切相关。在含油气盆地中，这种结晶岩系往往构成沉积盖层的基底。当这些结晶岩受到长期而强烈的风化时，在其表面常出现一个风化孔隙带，加之构造运动产生的裂缝，从而使岩石的孔隙性和渗透性大大增加，成为油气储集的良好场所，因此这类储集层多分布在基岩侵蚀面上。

结晶岩类储集层的储集空间，主要是由风化作用产生的孔隙、裂隙以及构造裂缝等。风化作用的强弱取决于风化时间、岩性、气候、地形、构造、生物和地下水的活动等因素，故这类储集层多发育于不整合带，在盆地边缘斜坡及盆地内古地形突起上，风化裂隙更发育些。同时构造条件使裂隙在区域性发育的基础上重复加强，形成有一定方向性和连通性的裂隙密集带，提供了油气储集的良好场所。

3. 泥质岩储集层

泥质岩储集层指泥岩、页岩、钙质泥岩以及砂质泥岩等因欠压实或构造裂隙发育而形成的储集层。过去认为这类岩石因孔隙很小，排驱压力高，而只能作为"致密"的盖层。但近年来国内外的油气勘探实践表明，在沉积盆地的泥质类岩石中确实存在油气藏，而泥质岩本身构成了这类油气藏的储集层。

第三节 盖层及其封闭性

盖层是指位于储集层上方，能够阻止储集层中的烃类流体向上逸散的岩层。盖层优劣及分布，直接影响着油气在储集层中的聚集和保存，决定了含油气系统的有效范围，是含油气系统的重要组成部分。

一、盖层分类

1. 按盖层岩性分类

（1）膏盐类盖层：主要包括石膏、硬石膏和盐岩三种。其中，石膏埋藏较浅，一般在1000m以浅；硬石膏埋藏较深，一般在1000m以深，是由石膏在成岩作用下转化而成。世界上的天然气储量约有35%与膏盐类盖层有关，它们是质量最好的盖层岩类。

（2）泥质岩类盖层：主要包括泥岩、页岩、含粉砂泥岩和粉砂质泥岩，是油气田中最常见的一类盖层，分布最广，数量最多，几乎产于各种沉积环境。世界上大多数油气田的盖层均属此类。

（3）碳酸盐岩类盖层：主要包括含泥灰岩、泥质灰岩和石灰岩等。碳酸盐岩能否成为盖层不取决于其形成条件，而取决于其后期改造条件。如果裂缝不发育，便可作为盖层；否则便是储集层。

2. 按盖层分布范围分类

（1）区域性盖层：指遍布在含油气盆地或坳陷的大部分地区、厚度大、面积广且分布较稳定的盖层。区域性盖层对盆地或坳陷内的油气聚集和保存起重要作用。

（2）局部盖层：指分布在某些局部构造或局部构造某些部位上的盖层，局部盖层只对一个地区油气的局部聚集和保存起控制作用。

3. 按盖层纵向分布位置分类

（1）直接盖层：指紧邻储集层之上的盖层。直接盖层可以是局部盖层，也可以是区域性盖层。

（2）上覆盖层：指储集层的直接盖层之上的所有非渗透性岩层。上覆盖层一般是区域性盖层，对区域性的油气聚集和保存起重要作用。

二、盖层的封闭机理

从盖层的微观性质研究发现，盖层能封隔油气的重要原因之一是盖层具有较高的排驱压力。目前已公认盖层的封闭机理有物性封闭、压力封闭及烃浓度封闭，尤以物性封闭最为常见。

1. 物性封闭

物性封闭也叫毛细管封闭。从微观上讲，物性封闭实际上是通过盖层的最大喉道和储集层的最小孔隙之间的毛细管压差来封盖圈闭中的油气（图2-4）。盖层的最大喉道处毛细管压差最小，油气最易在此突破，因此这种封闭机理在理论上说与盖层的厚度无关，故又称为薄膜封闭。通常地下的岩石大多为水润湿，盖层大多以岩性致密、颗粒极细、孔喉半径很小、渗透性很差的岩石为主。非润湿相的油气要通过盖层进行运移，必须首先排驱润湿相的水。只有驱使油气运移的动力小于或等于盖层的排驱压力，油气才能被封隔于盖层之下。

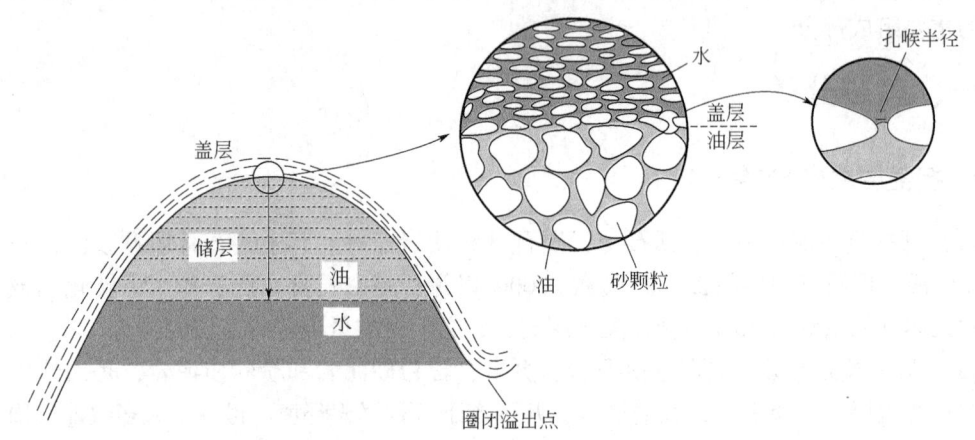

图2-4　物性封闭示意图（据陈昭年，2005）

岩石排驱压力的大小与岩石的孔径及流体的性质有密切关系。储集层最小孔隙与盖层最大喉道的半径差越大，排驱压力越小；反之，排驱压力就越大。一般泥页岩、蒸发岩、致密灰岩的喉道半径小，因此具有较高的排驱压力。

排驱压力的大小还与流体的性质有关。在亲水岩石中，油水界面张力小于气水界面张力，所以在孔喉半径相同的情况下，石油比天然气更易排驱岩石中所含的水。单从这个角度来讲，油藏对盖层的要求似乎比气藏更严格。但应该注意到，由于气水之间的密度差远远大于油水之间的密度差，在油柱与气柱高度相同的情况下，水对气的净浮力远远大于对油的净浮力，加之天然气分子直径较小，扩散能力比石油强，因此，实际上天然气藏对盖层的要求比油藏更为严格。

值得注意的是，物性封闭的盖层，在一定水力条件下，当储盖层界面上承受的流体压力大于或等于岩石最小水平应力与岩石的抗张强度之和时，盖层将形成垂直于最小水平应力的张裂缝，盖层的物性封闭将不复存在，故又称为水力封闭。

物性封闭能力可以用单位面积上所封存的油气柱高度来衡量。当圈闭中油气柱的浮力与储盖层之间具有的毛细管压力相等时，即为最大封存油气柱高度。物性封闭是盖层最主要、最普遍、最基本的封闭机理，只要岩石物性上有差异就可在不同程度上形成封闭。

2. 压力封闭

与物性封闭相比，压力封闭的特点是具有能封闭异常压力的压力封闭层。压力封闭层不仅封闭地层中的油气，而且还能封闭作为地层压力载体的水；能对烃类和水实现全封闭。只有那些岩性致密、渗透率极低的岩层才具有压力封闭的能力。一般认为，位于储集层上方的超压泥岩层是油气,特别是天然气的良好盖层,它能有效地阻止油气向上方运移,但若这种超压泥岩封闭层仅存在于烃类聚集之中或其下,不仅不能起封闭作用,而且还会促使油气向上逸散。

当地层剖面中存在压力封闭层时,不仅地层内的流体难以排出,而且地层外的流体也不能通过它流动。此时在地层剖面中就可能形成流体互不连通的压力封隔体。

压力封闭是在物性封闭基础上的进一步封闭,是对油、气、水的全封闭,其效果自然也优于单纯的物性封闭。但压力封闭盖层本身也有水力破裂的问题,即当异常高流体压力超过最小水平应力与盖岩的抗张强度之和时,盖层本身也将产生张性破裂而丧失封闭性,所以盖层中的异常高压力也不是越高越好,而应以不超过破裂压力为极限。

3. 烃浓度封闭

盖层的烃浓度封闭是在物性封闭的基础上,主要依靠盖层中所具有的烃浓度来抑制或减缓由于烃浓度差而产生的分子扩散。特别是对天然气来说,由于分子直径小、扩散性强,一般好的泥质盖层虽能阻止其体积流动但很难封闭其扩散流,如果盖层是烃源岩本身,具有一定的烃浓度,势必可增加对分子扩散的封闭性。目前认为,天然气通过盖层的扩散主要是溶于水中,在水介质中进行的。因此,当盖层是烃源岩本身又具有异常高压时,孔隙水中的溶解气浓度很高,甚至超过下伏储集层孔隙水中的含气浓度,形成向下递减的浓度梯度,从而使向上的扩散作用完全停止。

烃浓度封闭机理虽然符合分子扩散的原理,在经过一段时间的扩散后,盖层中的含气浓度完全可以与下伏储集层中的含气浓度达到浓度平衡,此后再以整体的平衡浓度向上或向下扩散,而储盖层之间则处于浓度上的动平衡状态,这种机理只能相对延缓下伏储集层天然气向上扩散的时间,最终并不能阻止天然气的分子扩散。此外,也要考虑到如果盖层是烃源岩且在大量生烃阶段时,一旦其润湿性改变为油润湿,就会丧失毛细管封闭能力,并将导致在压力差作用下有大量体积流的散失。

在盖层的三种封闭机理中,物性封闭是最基本的,如果盖层失去了物性封闭能力,其他两种封闭机理也就不复存在了。实际上,盖层在物性封闭的基础上也常不同程度地具有压力封闭或烃浓度封闭的能力并形成复合盖层,显然这种复合封闭的效果最佳。

三、盖层评价

盖层是油气藏形成的重要因素,但在相当长时期内,盖层研究只作为宏观条件参与油气藏评价,直至20世纪70年代,盖层微观定量评价研究才逐渐兴起,目前正处于由定性评价向定量评价转变的阶段。从宏观定性和微观定量两方面考量,盖层评价主要有以下几个主要方面。

1. 孔隙大小

孔隙大小是评价盖层最常用、较有效的参数。因为孔隙大小既是影响排驱压力的重要参数,也是制约石油和天然气扩散的重要参数。涅斯捷洛夫(1975)根据盖层孔径的大小,将盖层分为三个等级:

(1) 岩石孔径小于 5×10^{-6} cm 时,可作油层或气层的盖层;

(2) 岩石孔径在 $5 \times 10^{-6} \sim 2 \times 10^{-4}$ cm 之间时,只能作油层的盖层,不能作为气层的

盖层；

(3) 岩石孔径大于 $2×10^{-4}$ cm 时，油气均可逸散，一般不能成为盖层。

2. 盖层的渗透性和排驱压力

盖层的渗透性和排驱压力是与孔径大小密切相关的参数。王少昌等（1987）根据实验室测定的数据对泥质类盖层封闭能力进行了分级评价，见表2-4。

表2-4 泥质岩和泥质粉砂岩、细砂岩封盖能力评价等级

等级	封闭能力	绝对（空气）渗透率，μm^2	排驱压力（p_d），10^5Pa			主要岩性
			空气	煤油	水	
I	最好	10^{-9}	47	170	750	泥岩、粉砂质泥岩、泥质粉砂岩、粉砂质泥岩、泥质粉砂岩
	好	10^{-8}	20	90	380	
II	较好	10^{-7}	6	27	200	
III	一般	10^{-6}	1	12	100	泥质粉砂岩、泥质细砂岩
IV	差	10^{-5}	<1	5.3	50	泥质细砂岩

通常来说，当绝对渗透率 $\leq 10^{-6} \mu m^2$，$p_d \geq 1×10^5$Pa（空气中）时，饱含水的泥质粉砂岩、泥质细砂岩即具有一定的封盖能力，而当绝对渗透率 $\leq 10^{-8} \mu m^2$，$p_d \geq 20×10^5$Pa（空气中）时，则具有较好的封闭性。

3. 盖层的厚度及连续性

盖层厚度对油气藏封闭的有效性取决于盖层岩性、孔隙结构、破裂情况及横向稳定性等多个方面。涅斯捷洛夫通过实验和理论计算后认为：油气通过1m厚的黏土盖层所需油藏压力差达 $120×10^5$Pa，因此，从理论上推算只要1m厚的黏土层就足以能起到封闭油气的作用。如果考虑到地质时间漫长，也只需几米厚就足够了。列别德（1977）曾对西高加索地区下白垩统油层的泥岩盖层作过统计分析，认为埋深在 1200～3000m 范围内，5～10m 厚的泥岩即可起到良好的盖层作用。

盖层只有在空间分布上具有连续性才能覆盖一定的范围，盖层的连续性实质上是指盖层岩石的稳定性和均匀性，稳定性可指不易发生裂缝，均匀性可指物性相对稳定。盖层的连续性主要通过沉积环境和沉积相分析进行宏观定性评价，一般认为海相沉积比陆相沉积的盖层要稳定且分布广。在实际地质条件下，常常以一个层系的岩层作为盖层，其中包括多个单一的泥质岩盖层。

4. 埋深

随着埋深的增加，泥质岩盖层的压实程度增高，孔隙度、渗透率随之减小，排驱压力增大，其封闭性能不断增高。但是由于埋深增大，地温增高，黏土矿物及其组分关系也在不断地演化。当泥岩压实到一定阶段时，蒙脱石向伊利石转化，析出大量的层间水或结晶水。在厚层泥岩的顶、底与砂岩相邻的部分，首先被压实排出孔隙水，形成致密带，使其中间的泥岩具有较高的孔隙流体异常压力，此时泥岩的封闭程度最高，封闭能力最强。随着埋深的进一步增加，泥岩在较高的温度、压力作用下，脱水明显，岩性变脆，可塑性降低，易于产生裂缝，这在很大程度上可能降低泥岩的封闭能力。

第四节 岩心整理与描述

一、岩心丈量

在丈量岩心前，首先应当判断出筒的岩心中是否有假岩心，然后才能开始丈量。假岩心很松软，手指可插入，直径较大，剖开后成分混杂。岩心形状不规则，且与上下岩性不连续。假岩心常出现在一筒岩心的顶部，可能为井壁掉块或余心碎块与滤饼混在一起进入岩心筒而形成的。假岩心不能计算长度。

以"顶底空"数据计算的长度为基础，扣除假岩心长度称为岩心计算长度。岩心计算长度不得超过该筒进尺与上筒余心长度之和减去本筒余心长度。一般情况下，岩心计算长度即为岩心实际长度。但在实际工作中，由于岩心破碎或磨损，常使一筒岩心分成若干自然段，出筒时边出筒边丈量岩心长度，其总长度称为出筒丈量长度。出筒丈量长度与计算长度有时是相等的，有时则不等。不等时，将出现两种情况：

（1）出筒长度小于计算长度：井底无余心，割心后能放到井底，但岩心有破碎或挤压现象，可根据具体情况适当在破碎或挤压处拉长。若岩心很完整，应以出筒长度为准来计算岩心收获率。

（2）出筒长度大于计算长度：若井底无余心，则根据岩心破碎程度，在破碎处及泥质岩位置合理压缩，使本筒长度加上筒余心，等于计算长度。

当岩心出现磨损面或斜平面等情况时，就必须根据具体情况分类处理，否则容易出现计量错误。

（1）两块岩心接头处有斜平面，且岩性相同或相近（图2-5），其丈量长度应为L_1+L_2，而不应为L_2+L_3。a在量L_2时已包含在其中，如果量L_3时再将a包含在内，则L_2+L_3比实际长度多一个a的长度。

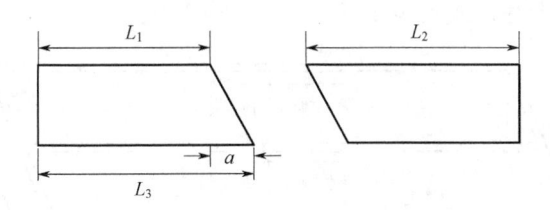

图2-5 岩心呈斜面的丈量方法

（2）岩心有磨损面且一端成斜面时（图2-6），其丈量长度应为L_1+L_2，而不应为L_2+L_3。显然，L_2+L_3相比真实值少了一个a长度。

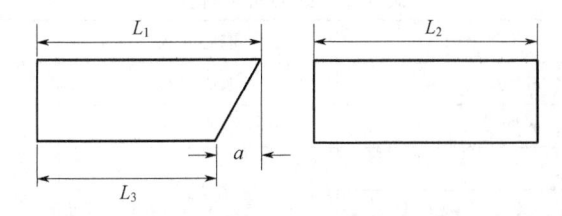

图2-6 岩心磨损一端成斜面的丈量方法

（3）岩心有磨损面，且分别成凹凸面时（图2-7），丈量岩应采用第一种方法，若采用第二种，则减少 a 长度。

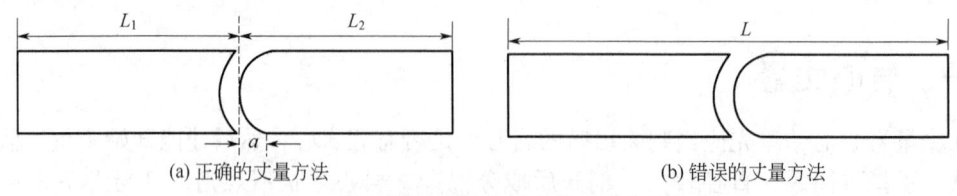

(a) 正确的丈量方法　　　　　　　　(b) 错误的丈量方法

图 2-7　岩心磨损成凹凸面时的两种丈量方法

每取一筒岩心都应计算一次收获率。一口井的岩心取完后，应计算出总的岩心收获率（平均收获率）。

岩心收获率＝本筒岩心实长(m)/本筒取心的进尺(m)×100%

岩心总收获率＝累计岩心实长(m)/累计取心的进尺(m)×100%

二、岩心整理

岩心出筒工作的关键是保证出筒时岩心排列不乱，在此基础上进行岩心丈量及整理工作。岩心整理工作主要是清洗岩心，将岩心装盒、编号，观察岩心的出油、出气及其他油、气显示等情况。清洗岩心时，应将岩心外面的钻井液或滤饼冲洗干净，便于观察描述。而微含油级以上的油砂，只能用刮刀将其外部滤饼刮去或用布擦干净，然后进行校正丈量。校正丈量后，将岩心按顺序转入岩心盒，面对岩心盒，将岩心从左上方向右按顺序排列，排满一格再排第二格（图2-8）。放岩心时，如有斜口面、磨损面、冲刷面和层面都要对好，排列整齐。若岩心是疏松散砂，或是破碎状，可用塑料袋或塑料筒装好，放在相应位置。两次取心接触处放置隔板隔开，隔板两面分别贴上标签，标签上注明上次取心的底和下次取心的顶及有关数据。每筒岩心都应做好0.5m、1m分段长度记号，便于进行岩心描述，以免分层厚度出现累计误差。岩心盒用红漆或白棒写上井号、盒号、取心井段、块号。每筒岩心底部放置岩心卡片挡板；岩心卡片样式见表2-5。

图 2-8　岩心盒编号和岩心排列示意图

表 2-5　岩心卡片样式

井名		取心筒次	
取心井段，m		取心层次	
取心进尺，m		取心日期	
岩心实长，m		整理人	
收获率			

岩心盒内的岩心应逐块编号。岩心编号可用代分数表示，如图 2-9 中的 3 表示本块是本次取心第 3 块。这个编号方法可用卡片形式填写，贴在该块岩心上，或者在岩心柱面上涂一小块长方形白漆，待白漆干后，用红漆将岩心编号写在长方形白漆上。同时在岩心柱一端标上箭头，指示岩心的顶或底。

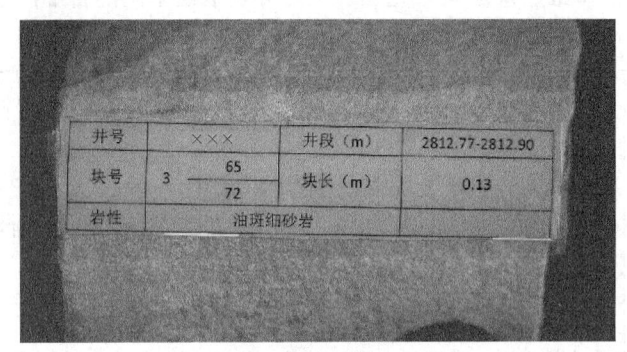

图 2-9　岩心的编号方法

整理工作完成以后，对于用作分析含油饱和度的油砂应及时采样、封蜡，以免油、气散逸。对于保存完整的、有意义的化石或构造特征应妥善加以保护，以免弄碎或丢失。

三、碎屑岩的描述

岩心是研究岩性、物性、电性、含油性等最可靠的第一手资料。通过对岩心的观察描述，对于认识地下地质构造、地层岩性、沉积特征、含油气情况以及油气的分布规律等都有相当重要的意义。

岩心描述时，首先应当仔细观察岩心，在此基础上给予恰当定名；然后分别详细描述颜色、成分（碎屑成分和胶结物）、胶结类型、结构构造、含油情况、接触关系、化石及含有物、加酸反应情况等。对有意义的地质现象应绘素描图。

1. 定名

定名的原则是：颜色—突出特征（含油情况、胶结物成分、粒级、化石等）—岩心本名。岩石名称根据主要碎屑颗粒含量的百分比（石英、长石、岩屑）即三组分体系进行定名，如灰色含油石英细砂岩、浅灰色灰质长石石英砂岩、灰色含螺石英岩屑中砂岩等。定名时，一般都将含油级别放在颜色之后，以突出含油情况。

2. 颜色

颜色是沉积岩最醒目的特征，它既反映了矿物成分的特征，又反映了当时的沉积环境。因此，对颜色的观察描述不仅有助于岩石鉴定，而且可以推断沉积环境。描述颜色时，应按统一色谱的标准，以干燥新鲜面的颜色为准。岩石的颜色是多种多样的，单色组合（也称复合色）：由两种色调构成，描述时，次要颜色在前，主要颜色在后，如灰白色粉砂岩，以白色为主，灰色次之。单色组合也有色调深浅之分，如浅灰绿色细砂岩、灰绿色细砂岩。杂色组合：由三种或三种以上颜色组成，且所占比例相近，即为杂色组合，如杂色砾岩。

3. 含油、气、水情况

观察含油产状时，将含油岩心劈开，在未被钻井液侵入的新鲜面上，观察岩心含油情况与岩石结构、胶结程度、层理、颗粒分选程度的关系。描述时，可用斑点状、斑块状、块状、条带状、不均匀块状、沿微细层理面均匀充满等词语分别描绘不同的含油产状（表2-6）。

表2-6 含油级别的划分和描述内容

定名	含油面积占岩石总面积比例,%	含油饱满程度	颜色	油脂感	味	滴水试验
饱含油	>95	含油饱满、均匀，颗粒之间充满原油，颗粒表面被原油糊满，局部少见不含油的斑块、团块和条带等	棕、棕褐、深棕、深褐、黑褐色，看不到岩石本色	油脂感强，可染手	原油芳香味浓，刺鼻	呈圆珠状，不渗入
含油	70~95	含油较饱满，较均匀。含有较多的不含油的斑块、条带	棕、浅棕、黄棕色，不含油部分见岩石本色	油脂感较强，手捻后可染手	原油芳香味较浓	呈圆珠状，不渗入
油浸	40~70	含油不饱满，油浸呈条带状、斑块状，不均匀分布	浅棕、黄灰、棕灰色，含油部分不见岩石本色	油脂感弱，一般不染手	原油芳香味淡	含油部分滴水呈馒头状
油斑	5~40	含油不饱满，不均匀，多呈斑块、条带状含油	多呈岩石本色，以灰色为主	无油脂感，不染手	原油味很淡	含油部分滴水呈馒头状或缓渗
油迹	<5	含油极不均匀，肉眼难以发现含油显示，用有机溶解释后，可见棕黄、黄色	为岩石本色	无油脂感，不染手	能嗅到原油味	滴水缓渗或渗入
荧光	无法估计	荧光系列对比在7级以上	为岩石本色或微带黄色	无油脂感，不染手	一般闻不到	渗入或呈馒头状

含气试验：在地下，岩层的孔隙、裂缝空间常被液体或气体充填。岩心取到地面后，由于压力逐渐降低，岩心里的气体就要外逸。试验方法是立即冲去刚出筒的岩心表面的钻井液，并把岩心放入预先准备的一盆清水中进行观察，看看有无气泡冒出。若有气泡，应记录冒出气泡的部位、强弱及时间，供油、气层综合解释时参考。

滴水试验：观察时应将岩心劈开，看新鲜面上含油部分颜色是否发灰（含水时呈灰色），有水外渗否，然后进行滴水试验。滴水试验常是用滴管取一滴水，滴在含油岩心的新鲜面上，观察水的渗入速度和停止渗入后所呈现的形状。以其一分钟之内的变化为准，通常根据渗入速度和形状可分为四级（图2-10）。

渗：滴水立即渗入，判断为含油水层。

缓渗：水滴呈凸镜状，浸润角<60°，扩散渗入慢，判断是油水层。

半球状：水滴呈半球状（半圆状），浸润角60°~90°之间，不渗判断是含水油层。

珠状：水滴不渗，呈圆珠状或卵形，浸润角>90°，判断是油层。

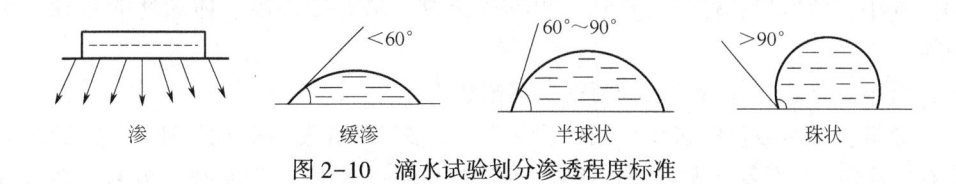

图 2-10　滴水试验划分渗透程度标准

4. 成分

颗粒成分，按成因分为陆源碎屑和化学沉淀物质。填隙组分，按成因分为杂基和胶结物两类。杂基主要指黏土杂基，最常见的是高岭石、水云母、蒙脱石等黏土矿物。各种细粉砂级碎屑如绢云母、绿泥石、石英、长石及隐晶结构的岩石碎屑等也属于杂基范围。胶结物指成岩期在颗粒缝隙中形成的化学沉淀物，主要胶结物有碳酸盐矿物（方解石、白云石、菱铁矿等）、硅质（石英、玉髓和蛋白石）和其他铁质矿物（赤铁矿、褐铁矿、黄铁矿等）。

5. 结构

碎屑结构的研究范围包括碎屑颗粒本身特征（粒度、球度、形状、圆度和颗粒表面特征）、胶结物特征以及碎屑与填隙物之间的关系等。

6. 胶结类型

在碎屑岩中，碎屑颗粒和填隙物间的关系称为胶结类型。其类型取决于颗粒与填隙物相对含量，并与颗粒间的接触方式有关。以此为依据将胶结类型分为基底胶结、孔隙胶结、接触胶结和镶嵌胶结四种基本胶结类型。

7. 沉积构造

构造是指岩石各组成部分的空间分布和排列方式，或者可以说，构造是指组成岩石的颗粒彼此间的相互排列关系。按成因分类，可将构造分为机械成因的、生物成因的、化学成因的三大类。

8. 接触关系

描述接触关系时，应仔细观察，从上下岩层的颜色、成分、结构、构造以及上地层间有无明显的接触界线，接触面特征等，综合判断两层属渐变接触还是突变接触（角度不整合、平行不整合、断层接触）、侵蚀接触等。对岩心见到的断层面、风化面、水流痕迹等地质现象，应详细描述它们的特征及产状。

9. 化石

对化石的描述包括化石属种，化石定名，化石的颜色、成分、大小、形态、数量、产状、保存情况等内容。

（1）颜色：与描述岩石一样，按各地统一色谱描述。

（2）成分：动物化石的硬壳部分是否为灰质，或其他物质（如硅质、方解石、白云质、黄铁矿）所交代。

（3）大小：介形虫和蚌壳的长轴、短轴的长度，塔螺的高度、体螺环的直径、平卷螺的直径等。

（4）形态：化石的外形、纹饰特征、清晰程度。

（5）数量：化石数量的多少可用"少量""较多""富集"等词描述。"少量"表示数量撒入不易发现；"较多"表示分布普遍，容易找到；"富集"表示数量极多，甚至成堆出现。对大化石可直接用数字来表示，当量多不易指出数量时，可用较多或富集表示。

（6）产状：指化石的分布是顺层面分布，或是自身成层分布，或是杂乱分布，化石的排列有无一定方向，化石分布与岩性的关系等。

（7）保存情况：指化石保存的完整程度，可按完整、较完整、破碎进行描述。完整即个体完整，轮廓清晰、纹饰可见；破碎即只见部分残体；较完整即介于二者之间。

10. 含有物

含有物指地层中所含的结核、团块、孤砾、条带、矿脉、斑晶及特殊矿物等。描述时应注意其名称、颜色、数量、大小、分布特征以及它们和层理的关系等。

11. 加盐酸后的反应

岩石含灰质程度与储油物性的好坏密切相关。现场常用浓度为10%的盐酸溶液对岩心进行实验，观察并记录反应情况。反应强度可分为三级：强烈，加盐酸后立即反应，反应强烈、迅速冒泡（冒泡量多），并伴有吱吱响声，用"+++"符号表示；中等，加盐酸后立即反应，虽连续冒泡，但不强烈，响声也较小，用"++"符号表示；弱：加盐酸后缓慢起泡，冒泡数量少，且微弱，用"+"符号表示。加盐酸后不冒泡，无反应：用"-"符号表示。

12. 素描图

岩心中的重要地质现象，或用文字无法说明的地质现象，如层理的形状特征，砾石或化石的排列情况、上下岩层间的接触关系、裂缝的分布特点、含油产状等都应当绘素描图予以说明。每幅素描图应注明图名、比例尺、所在岩心柱的位置（用距顶的尺寸表示）和图幅相对于岩心柱的方向。

四、黏土岩的描述

对黏土岩的描述，与碎屑岩的描述相同之处本书不再重复，这里只着重叙述与碎屑岩不同之处。

1. 定名

黏土岩的定名原则与碎屑岩相同，如深灰色泥岩、灰绿色油斑砂质泥岩。

2. 颜色

对黏土岩颜色的描述有相当重要的意义。一方面黏土岩的颜色可作为地层对比的标志。另一方面黏土岩的颜色是判断沉积环境、分析生油条件的重要依据之一。描述方法同碎屑岩的描述。此外，对黏土岩颜色的描述应特别注意对次生颜色的观察。

3. 物理性质

物理性质指黏土岩的软硬程度、吸水膨胀性、滑腻感、可塑性等特征。

4. 纯度

纯度指的是黏土岩中是否含砂质、灰质及含量多少。若含砂质、灰质 5%~25%，用"含"字表示，在描述中指出，而不在定名中反映出来；若含砂质、灰质 25%~50%，用"质"字表示，定名时应有反映，如灰绿色砂质泥岩、灰色灰质泥岩；若含砂质、灰质量超过 50%，岩性发生变化，已不属黏土岩了。

5. 含油、气情况

含油、气情况描述方法与碳酸盐岩类相似。

6. 构造

黏土岩的构造主要指层理及层面特征。

层理的描述：黏土岩多在静水或水流较弱的环境下沉积而成，故以水平层理为主，且常具韵律性。其描述方法与碎屑岩水平层理的描述相同。

层面特征的描述：黏土岩层面特征指泥裂、雨痕、晶体印痕等。这些特征是判断沉积环境的重要标志。

泥裂的描述：要注意裂缝的张开程度，裂缝的连通情况，以及裂缝中充填物的性质，同时，还应注意上覆岩层的岩性特性。

雨痕：描述时要注意雨痕的大小，分布特点以及上覆岩层的岩性特征。

五、碳酸盐岩的描述

碳酸盐岩描述内容包括定名、颜色、含油情况、结构、构造、化石、含有物等内容。

1. 定名

通常采用的碳酸盐岩命名法是一种综合命名法。定名的主要依据是岩石中碳酸盐矿物的种类（方解石或白云石），次要依据是岩石的其他物质成分（硅质、砂质、石膏等），另外还要着重突出岩石的缝洞发育特征及其他与岩石储集性能有关的结构、构造特征。岩石颜色也应考虑。

在对碳酸盐岩定名时，通常是用滴稀盐酸试验法大致确定碳酸钙的相对含量，然后定名。例如，石灰岩加盐酸立即强烈起泡，有吱吱响声，溶液干净，若盐酸量充足可将样品全部溶解；白云质灰岩加盐酸立即起泡，反应强度中等，反应有延续性；白云岩加冷盐酸不起泡，加热盐酸起泡强烈；灰质白云岩加冷盐酸后，稍待片刻才起泡，起泡微弱，加热盐酸起泡强烈；泥灰岩加盐酸起泡弱—中等，溶液混浊，反应完后，岩样表面留下泥垢。

2. 颜色

碳酸盐岩颜色往往多样，即白色、灰白色、浅灰色、深灰色、黑色、褐色、红色、灰色等，应尽可能地将主要矿物成分颜色表现出来，因为颜色取决于沉积环境及主要矿物的含量。主次色调的表示方法与碎屑岩相同。

3. 结构

结构方面应描述组成碳酸盐岩的各种颗粒（如砂屑、砾屑、团粒、蜡粒、生物、碎屑颗粒、藻粒、球粒）的大小、形态特征、分布特征以及相互关系。

4. 构造

碳酸盐岩的构造主要有缝合线构造、叠层石构造、鸟眼构造、虫孔及虫迹构造、层理构造等。

描述缝合线构造时，应注意缝合线的产状、缝中有无充填物及充填物的性质等。虫孔构造的发育程度直接影响着碳酸盐岩的渗透性。描述时要注意虫孔的大小、分布特征、连通情况、有无充填物、充填物性质等。层理的描述与碎屑岩相同。

5. 缝洞发育情况

碳酸盐岩地层中的缝洞大致可分为间隙、裂缝和孔洞三类。所谓间隙主要是指岩石中的结构孔隙，分布一般比较均匀，如因白云石化、去白云石化或重结晶作用形成的孔隙，生物灰岩中生物遗骸之间和遗骸内部的孔隙，鲕状灰岩中的鲕间孔隙等。所谓裂缝主要是指成岩、构造和其他次生成因的各种裂缝，已被充填的裂缝也包括在内。所谓孔洞主要是指溶洞和晶洞。

6. 含油情况

含油级别主要根据岩石含油产状、含油面积、缝洞发育情况、钻时及槽面油气显示等资料综合评定，共分为三级。

含油：对孔隙性碳酸盐岩而言，指含油面积>50%，且含油较饱满者；对致密碳酸盐岩而言，则指油浸面积占缝洞总面积的50%以上者。

油斑：指肉眼可见、含油或油浸部分呈斑点状分布、含油面积占10%~15%，或油浸部分占缝洞总面积10%~50%者。

油迹：只有10%以上缝洞壁上见原油。

7. 化石、含有物、接触关系、加酸反应情况

描述要求与碎屑岩类描述相同。在描述过程中，对典型的地质特征及文字不易叙述的地质现象，也应绘素描图。

第三章　岩矿与油气地质基础实训

项目一　观察矿物手标本

一、目的

观察和描述几种常见矿物的形态和主要物理性质。通过肉眼鉴定矿物，加深对地壳物质组成的感性认识。

二、要求

(1) 观察矿物的形态及物理性质；
(2) 按照实训报告表的要求，鉴定和描述常见矿物的特征；
(3) 爱护实训标本和实训设备。

三、内容

1. 矿物形态

区分单体与集合体的形态。

2. 矿物物理性质

(1) 光学性质：了解颜色、条痕、光泽和透明度。
(2) 力学性质：明确硬度、解理和断口。

四、准备

设备准备：莫氏硬度计、小刀、放大镜、磁铁、白色毛瓷板、稀盐酸（浓度5%）。

实训矿物：黄铁矿、黄铜矿、赤铁矿、磁铁矿、石英、高岭石、褐铁矿、橄榄石、辉石、角闪石、白云母、黑云母、滑石、正长石、斜长石、石膏、重晶石、方解石、白云石。

五、方法及步骤

鉴定、描述12种常见矿物，并将结果填入实训报告表中（表3-1）。

表3-1　矿物实训报告表

矿物名称	形态	颜色	条痕	光泽	透明度	硬度	解理或断口	其他
辉石								

续表

矿物名称	形态	颜色	条痕	光泽	透明度	硬度	解理或断口	其他
角闪石								
白云母								
斜长石								
正长石								
石膏								
黄铁矿								
高岭石								
重晶石								
白云石								
方解石								
石英								

项目二　观察岩浆岩

一、目的

通过对岩浆岩特征的认识和常见岩浆岩的识别，加深对岩浆作用的理解。

二、要求

了解观察岩浆岩的一般方法，回顾、掌握岩浆岩的矿物成分、结构、构造特点，分析其与岩浆性质、形成条件之间的关系。

三、内容

（1）岩浆岩的结构与构造；
（2）岩浆岩的主要矿物成分。

四、准备

设备准备：小刀、放大镜、磁铁、稀盐酸（浓度5%）；
实训标本：橄榄岩、辉长岩、玄武岩、闪长岩、安山岩、花岗岩、流纹岩的样品。

五、方法及步骤

（1）观察岩石的整体颜色；
（2）观察和确定岩石的结构（结晶程度、颗粒相对大小、形态等）；
（3）观察岩石中的主要矿物成分；

(4) 观察岩石的构造特征；
(5) 确定岩石的产状、岩石类型、名称等；
(6) 按上述步骤观察岩浆岩手标本，完成实训报告表（表3-2）。

表 3-2　岩浆岩观察实训报告

岩石名称	颜色	结构	构造	可见主要矿物成分	岩石类型（按 SiO_2 含量）
橄榄岩					
辉长岩					
玄武岩					
闪长岩					
安山岩					
花岗岩					
流纹岩					

项目三　观察变质岩

一、目的

通过对典型的变质岩标本的观察，初步认识变质岩的成分、结构和构造特征，加深对变质作用的理解。

二、要求

(1) 熟悉观察变质岩的一般方法，回顾、掌握变质岩在矿物成分、结构、构造等方面的特点；
(2) 爱护实习标本。

三、内容

(1) 识别常见的变质矿物；
(2) 识别变质岩的结构，构造特征。

四、准备

设备准备：小刀、放大镜、磁铁、稀盐酸（浓度5%）；
标本：板岩、千枚岩、片岩、片麻岩、石英岩、大理岩、糜棱岩。

五、方法及步骤

(1) 观察岩石的整体颜色；
(2) 观察和确定岩石的结构（结晶程度、颗粒相对大小、形态等）；

(3) 观察岩石中的主要矿物成分；
(4) 观察岩石的构造特征；
(5) 确定岩石的产状、岩石类型、名称等；
(6) 按上述步骤观察变质岩手标本，完成实训报告表（表 3-3）。

表 3-3 变质岩观察实训报告

岩石名称	颜色	结构	构造	矿物成分	变质程度	变质类型
板岩						
千枚岩						
片岩						
片麻岩						
石英岩						
大理岩						
糜棱岩						

项目四　观察沉积岩

一、目的

通过对沉积岩特征的观察，识别一些常见的沉积岩，加深对沉积作用过程及沉积岩形成环境的理解。

二、要求

(1) 熟悉观察描述沉积岩的一般方法，回顾、理解沉积岩结构特征、填隙物成分等方面知识；
(2) 爱护标本。

三、内容

(1) 掌握沉积岩的颜色描述方法；
(2) 认识沉积岩的结构、构造特征；
(3) 了解沉积岩的常见矿物成分。

四、准备

设备准备：放大镜、硬度计、小刀、稀盐酸（浓度 5%）；
标本：砾岩、粗砂岩、中砂岩、细砂岩、粉砂岩、页岩、泥岩、石灰岩、细粒灰岩、鲕粒灰岩、白云岩、油页岩。

五、方法及步骤

(1) 观察岩石的整体颜色；
(2) 观察和确定岩石的结构；

(3) 观察岩石中主要矿物成分及其他特征；
(4) 判识可能的沉积环境；
(5) 按上述步骤认真观察沉积岩手标本，完成实训报告表（表3-4）。

表 3-4　沉积岩观察实训报告

岩石名称	颜色	结构	碎屑			填隙物成分	可能的沉积环境
			大小	形状（磨圆）	成 分		
砾岩							
粗砂岩							
中砂岩							
细砂岩							
粉砂岩							

岩石名称	颜色	结构	加盐酸后起泡的情况	硬度	其他特点	矿物成分	可能的沉积环境
页岩							
泥岩							
石灰岩							
细粒灰岩							
鲕粒灰岩							
白云岩							
油页岩							

项目五　分析沉积构造

一、目的

通过对沉积构造的观察，识别一些常见的沉积构造，加深对沉积作用过程及沉积岩形成环境的理解。

二、要求

(1) 认识常见的沉积构造，分析其形成过程和条件；
(2) 初步掌握观察和描述沉积构造的内容和方法；
(3) 初步掌握利用沉积构造进行沉积环境分析的方法和原理；
(4) 爱护标本。

三、内容

(1) 层理构造观察和描述；
(2) 层面构造观察和描述；

（3）化学成因构造观察和描述。

任选沉积构造标本 3~5 块进行观察描述，绘制素描图件，并分析其成因。

四、准备

设备准备：直尺、量角器、放大镜、小刀、稀盐酸（浓度 5%）；

标本：沉积构造岩石标本 3~5 块。

五、方法及步骤

1. 层理构造观察和描述

（1）根据层理的内部构造特征确定层理的形态特征。仔细观察标本或露头，确定岩石类型和层理类型。在确定层理类型时，应注意层理在不同的断面的形态。例如，板状交错层理在平行于水流方向上则表现为平行层理，因此应尽量在不同的断面观察层理的特征期次，要测量纹层、层系和层系组的厚度大小，尤其是层系厚度的大小。

（2）描述层理的内部特征：纹层的形状、纹层的倾角、纹层的延伸和连续性、纹层间的相互关系以及纹层面的清晰程度等；描述与岩石有关的特征，包括垂向上岩石成分、颜色、结构的变化，以及化石、片状矿物是否存在。

（3）研究和描述层理类型、厚度及其内部特征在垂向层序上的变化特点，分析层理的组合规律，分析其成因。

2. 层面构造观察和描述

1）波痕

波痕参数测量：主要包括波痕的波高、波长、迎流面长度、背流面长度，计算波痕指数和对称指数，并根据波痕的对称指数确定波痕是否对称。

波痕形态：主要包括波脊的连续性、分叉情况和延伸特征等，如波脊的延伸形态可分为直线形、弯曲状、链状、菱形、新月状等。

2）槽模与沟模

槽模特征：观察和描述突起的对称性、形态、大小、延伸方向等。槽模的延伸方向为水流方向，且浑圆状突起端迎着水流方向。

沟模特征：观察和描述突起的对称性、形态、大小、延伸方向等。槽模的延伸方向为水流方向，且浑圆状突起端迎着水流方向。

槽模和沟模均分布于岩层的底面，且常共生，可以用来判断古水流方向，还可用来判断地层的顶底。

3）雨痕和冰雹痕

这一步应注意观察痕迹形态、大小、深浅等。

4）泥裂

观察裂缝的形态，包括在平面上和剖面上的形态、裂缝的规模、充填物的性质。

3. 化学成因构造观察和描述

这一步主要是分析结核。

观察描述结核的成分、结构、颜色、大小、分布，同时还要描述围岩的特征（成分、结构、颜色等），以及结核与围岩中纹层之间的关系，以便判断结核的形成时间，推测结核是同生结核、成岩结核还是后生结核。

项目六　岩心描述

一、目的

通过对钻井岩心的观察描述，掌握岩心整理、描述的基本方法。

二、要求

（1）认识岩心中常见的沉积构造；
（2）了解岩心整理基本方法；
（3）了解岩心含油、气、水性测试方法；
（4）爱护钻井岩心。

三、内容

（1）岩心整理；
（2）岩心观察描述。

四、准备

设备准备：直尺、铅笔、小刀、放大镜、稀盐酸（浓度5%）、钻井岩心（图3-1）。

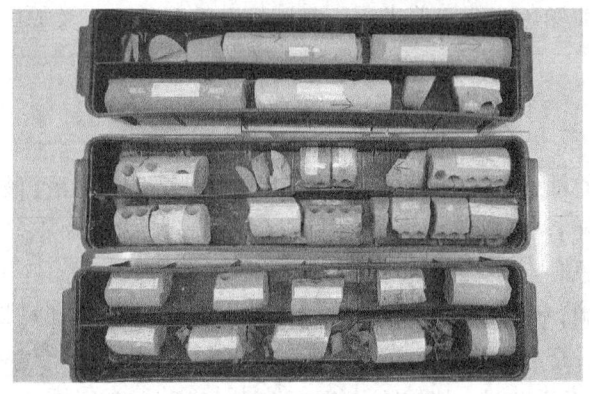

图3-1　钻井岩心

五、方法及步骤

（1）任选一盒岩心，将其按正确顺序进行整理，检查岩心长度及收获率计算是否正确；

(2) 任选某一深度段（≥2m）开展岩心描述，绘制关键沉积构造或化石素描图。

项目七　观察原油性质

一、目的

通过肉眼观察和简易实训，了解：
(1) 原油物理性质及其与相关组分参数的关系；
(2) 各种物理性质对于查明油气的生成、运移、演化等方面所具有的参考价值。

二、要求

选取我国不同地区的 3~5 个原油样品，细致观察其颜色、荧光性、溶解性等基本物理性质，完成实训记录。

三、内容

肉眼观察原油的颜色、荧光性、溶解性。

四、准备

设备准备：原油样品、氯仿（$CHCl_3$）、苯、甲醇、水、试管、荧光灯。

五、方法及步骤

1. 颜色

在透射光照射下观察原油的颜色，即将样品朝光源方向，观察试管中对着眼睛一侧的颜色。如果原油色深，透明度低，可摇动原油样品，观察留在试管壁上原油薄膜的颜色。一般不观察反射光下的原油颜色，即向着光源一侧试管壁的颜色，主要原因是反射光颜色常有荧光颜色干扰。

2. 荧光性

在荧光灯下观察原油的荧光性。由于原油中含有不饱和烃及衍生物，在荧光灯下低分子量的芳烃呈天蓝色，随着分子量加大荧光色调（级别）加深；胶质一般呈浅黄—褐色，沥青质一般呈褐到棕褐色。

取上述原油一小滴，分别置于①号试管中，加入 4mL 氯仿，摇动试管；待完全溶解后，倒 1/2 于②号试管中，在其中再加 2mL 氯仿摇匀；将②号试管中的溶液，取 1/2 倒于③号试管中，再加 2mL 氯仿并摇匀。比较①、②、③号试管的荧光强度。

3. 溶解性

石油主要是以烃类为主的有机化合物的混合物，难溶于水，但可溶于许多有机溶剂中。取 12 支试管，分别装入 2mL 氯仿（$CHCl_3$）或四氯化碳（CCl_4）、苯（C_6H_6）、甲醇

（CH$_3$OH）和水（H$_2$O），于各试管中分别加入一滴原油，摇匀后，观察比较溶液颜色深浅及荧光性（见表3-5）。

表 3-5 原油观察记录表

样品＼观察项目	颜色（透射光下）	荧光性		溶解性	
		①号试管		CHCl$_3$（或 CCl$_4$）	
		②号试管			
		③号试管			
		①号试管		苯	
		②号试管			
		③号试管			
		①号试管		甲醇	
		②号试管			
		③号试管			
		①号试管		水	
		②号试管			
		③号试管			

第二篇

石油钻采工程及装备基础

第四章 钻井工程与装备基础

第一节 旋转钻井系统基本构成

一、钻机

石油钻机是用于石油天然气钻井的专业机械，是由多台设备组成的一套联合机组。能够完成钻进、接单根、起下钻、循环洗井、下套管、固井、完井和处理井下事故等多项作业。钻井方法一般有顿钻钻井法和旋转钻井法，旋转钻井法按照动力传递方式的不同一般分为转盘钻井、井底钻井和顶驱钻井。

整套钻机由以下七大系统组成：起升系统、旋转系统、循环系统、动力及传动系统、控制系统、钻机底座及其他辅助设备（如照明、供水、保暖等设备）。其中起升系统、旋转系统和循环系统是直接服务于钻井生产的，是钻机的工作机组。钻井现场习惯将井架、天车、游动滑车、大钩、水龙头、转盘、绞车、钻井泵、柴油机及传动装置称为"钻井十大件"，如图4-1所示。

1. 起升系统

起升系统在钻井的每个环节都不可缺少。正常钻进、起下钻、下套管等都要用到它。起升系统主要由井架、绞车、天车和游动系统（游车、大绳、大钩的统称）组成。

天车装在井架顶部的天车中心，而游动系统与天车一起使绞车与大钩下吊着的管柱联系起来。大绳的一端缠在绞车的滚筒上称为快绳，另一端固定在井架底座上称为死绳。绞车滚筒转动时缠绕或放开快绳，使游动系统上下起落。

1) 井架

钻井井架是钻机起升设备的重要组成设备之一。井架用于安装天车，提供接卸立柱的高

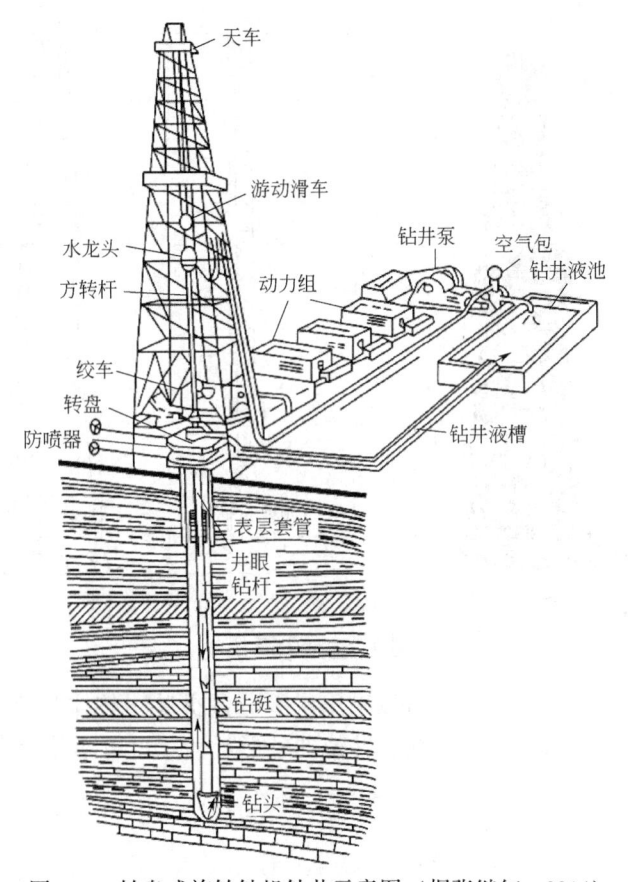

图 4-1 转盘式旋转钻机钻井示意图（据张继红，2014）

度及存放立柱。井架高度约为 41m，其结构形式有塔形和桅杆式两种。

(1) 塔形井架。

塔形井架 [图 4-2(a)] 是一种横截面为正方形或矩形的四棱截锥体的空间结构。典型的塔形井架的本体是由四扇平面桁架组成，每扇平面桁架又分为若干桁格。塔形井架按其前扇结构是否封闭又可分为闭式和开式两种类型。

闭式塔形井架，除井架前扇有大门外，整个井架主体是一个封闭的整体结构。所以它的总体稳定性好，承载能力大。从连接方式看，整个井架是由许多单个构件用螺栓连接而成的非整体结构，通常采用单件拆卸和移运的方法。

开式塔形井架，整个井架一般由三段构架组成，各段均为焊接结构，段与段之间采用螺栓连接。这种井架一般都可采用水平分段拆装、整体起放和分段运输的方法，所以拆装方便、迅速、安全。

(2) 桅杆式井架。

桅杆式井架 [图 4-2(b)] 是由两个等截面的空间杆件结构或柱壳结构的大腿靠天车台与井架上部的附加杆件和二层台连接成"A"字形的空间结构，每条大腿又由若干段焊接结构用螺栓连接成整体结构。由于这种井架主要是靠两个大腿承载，工作载荷在大腿中的分布更均匀，材料的利用更加合理，加上大腿是封闭的整体结构，所以其承载能力和稳定性都比较好，但其总体的稳定性尚不够理想。从构件连接方式讲，两个大腿都是由 3~5 段焊接结

(a) 塔形井架 (b) 桅杆式井架

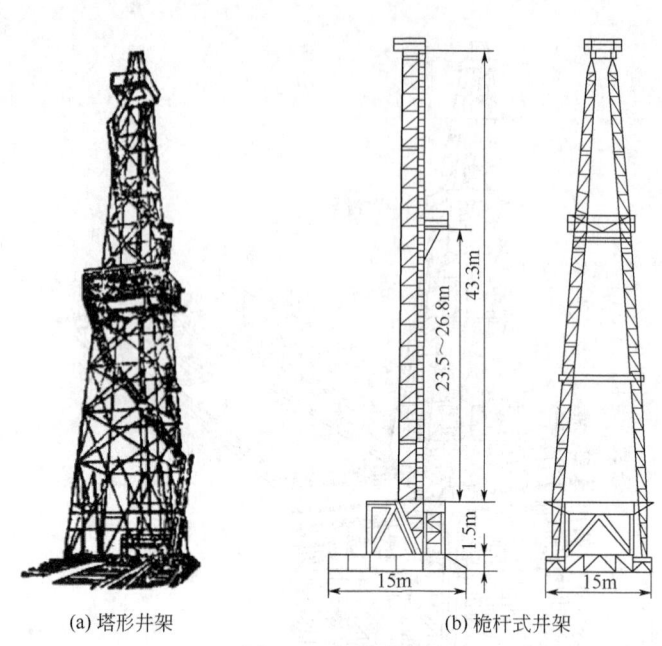

图 4-2　钻井井架

构用螺栓连接的整体结构，整个井架可以采用水平分段拆装、整体起放和分段运输的方法。另外井架可以拆开成两个大腿分段运输，井架的外形尺寸就可以不受运输条件的限制，而且钻台宽敞，视野良好。

2）绞车

绞车是钻机起升系统中的主要设备，也是钻机的核心部件，是钻井过程中动力传递的心脏，主要用于起重及变速（图 4-3）。

图 4-3　绞车

尽管各钻井绞车结构不一，但通常包含以下部分：
(1) 滚筒、滚筒轴总成，这是绞车的核心部分。
(2) 制动结构，包括机动刹车。
(3) 猫头和猫头总成，为一个很小的滚筒，只提供旋转动力以产生拉力。工作时通常将钢丝绳绕到猫头上，此时提升一端即可在大绳另一端产生巨大拉力，可用于起吊小物件及拉动大钳上、卸钻柱、管柱螺纹等，有的绞车还有捞砂滚筒，用以提取岩心筒。

(4) 传动系统，用以引入并分配动力和传递动力，主要部件是传动轴。

(5) 控制系统，包括牙嵌式、齿式和气动离合器，司钻控制台和控制阀件等。

(6) 润滑系统和支撑系统。

3）天车

天车是支撑复滑轮系统中的定滑轮组，固定于井架顶端的天车台上，主要技术指标是轮数和最大负荷。天车一般是由天车底座、滑轮组、护罩以及高悬猫头绳轮组成（图 4-4）。

图 4-4　天车

4）游动滑车

游动滑车是复滑轮系统中的动滑轮组，工作时上下移动。游动滑车主要由两块椭圆形焊接侧板及侧板上部的横梁、侧板下部的钢板和吊环及游车轴、轮等零件组成。有时为了节省高度，将大钩与游动滑车做成一体，如图 4-5 所示。

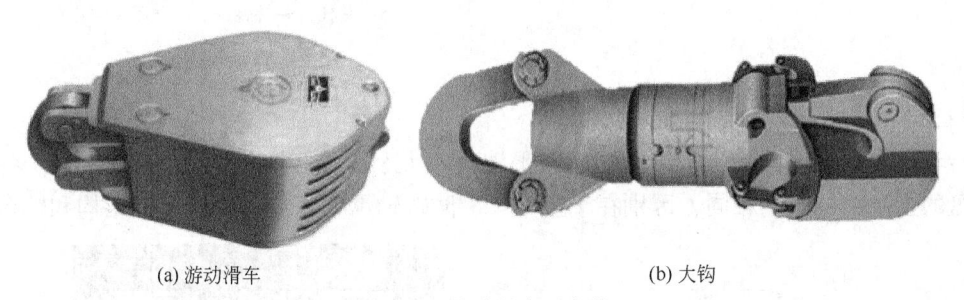

(a) 游动滑车　　　　　　　　　　(b) 大钩

图 4-5　游动滑车及大钩

5）大钩

大钩既是钻机游动系统的主要设备，又是连接水龙头和游动系统的纽带。

各类钻机配套使用的大钩目前有两种结构类型：一种为单独的大钩，它的提环悬挂在游动滑车的吊环上，可以与游动滑车分开拆装；另一种是游动滑车和大钩为一整体结构的游车大钩（也称带钩游车）。

6）大绳

大绳指的是钻井绞车提升系统用的钢丝绳，即复滑轮系统中的钢丝绳。

钢丝绳是由多根钢丝拧成股，再由股绞成绳，股间有一根麻芯以存润滑油。钢丝绳规格通常用股数与钢丝数的乘数表示,如6×19,即代表该钢丝绳有6股,每股有19根钢丝。固定在滚筒上的钢丝绳端,由于缠绕时速度最快,称为快绳,另一端固定不动,称为死绳(其固定器见图4-6)。通过测量死绳中的拉力可确定大钩的负荷。

2. 旋转系统

旋转系统主要由水龙头、方钻杆、转盘和钻柱等部件组成(图4-7)。转盘是带动钻具转动的设备,水龙头保证在钻井液循环时钻柱能自由旋转,而方钻杆则是将转盘的动力传给钻柱的中介。

图4-6 死绳固定器

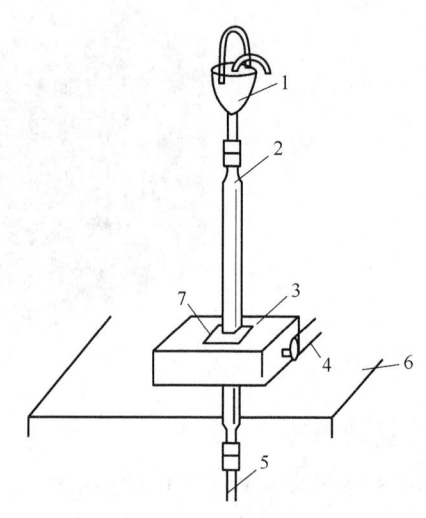

图4-7 旋转系统
1—水龙头;2—方钻杆;3—转盘;4—驱动链条;
5—钻柱;6—钻台;7—方瓦及方补心

1)转盘

转盘一般由壳体、转台、传动轴(水平轴)及大小齿轮等构件组成(图4-8)。各种类型转盘的主要结构基本相同,区别在于主轴承、防跳轴承布置方案,水平轴结构和转台的锁

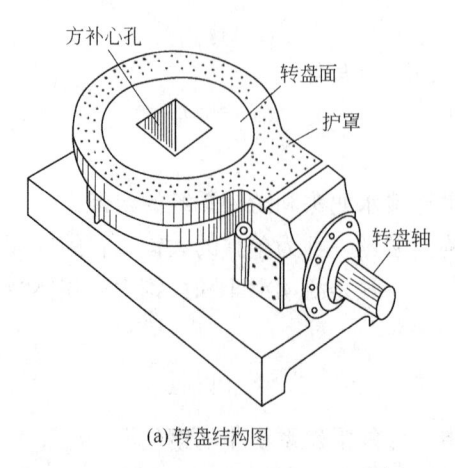

(a) 转盘结构图 (b) 转盘实物图

图4-8 转盘

紧方案等有所不同。

转盘在钻井中的主要功能是当转盘钻进时，通过钻柱传递扭矩给钻头；起下钻或下套管时悬挂钻柱，接卸钻柱、套管螺纹及进行特殊作业。转盘应有足够的承扭、负载、抗震和抗腐蚀能力；转盘中心最大开口直径要能通过最大尺寸的钻头（一般开孔直径在 520mm 以上），还应具有良好的密封、润滑、散热等条件和正、倒转及制动装置。

2）方钻杆

方钻杆位于钻柱的最顶端，由高强度合金钢制造，具有较大的抗拉强度及抗扭强度，可以承受整个钻柱的重量和旋转钻柱及钻头所需要的扭矩（图 4-9）。方钻杆标准全长分 12.19m 和 16.46m 两种，形状则以四方形（大型钻机使用）和六方形（小型钻机使用）为主。在转盘钻井钻进过程中，方钻杆与方补心、转盘补心配合，将地面转盘扭矩传递给钻杆，以带动钻头旋转，并承受钻柱悬重重量。由于方钻杆的价格很贵，钻井时只用一根，它一直处在钻柱的最上端，在转盘的方孔里上下活动，由转盘驱动旋转。在钻进过程中，当方钻杆上端接近转盘时，就需将方钻杆提上来，在下部接入一根新钻杆以便继续钻进，这一操作即接单根。

图 4-9 方钻杆

3）水龙头

水龙头是钻井设备中旋转钻柱的旋转系统与循环系统衔接的转换机构（图 4-10）。它一方面要承受井内钻具的全部重量，并保持钻具自由旋转；同时还与水龙带相连，将钻井液注入井底，实现清洗井底循环钻进。因此，为实现钻井安全操作的目的，要求水龙头的中心管上、下螺纹有足够的抗拉强度；外型应圆滑无尖角，宜采用流线型结构，易于检查和修理（换冲管及冲管密封圈等）；注油、排油方便，密封良好；提环摆动灵活，便于提挂大钩。

3. 循环系统

循环系统的主要设备包括钻井泵、钻井液循环管线、水龙带、水龙头、钻井液净化设备、钻井液配制

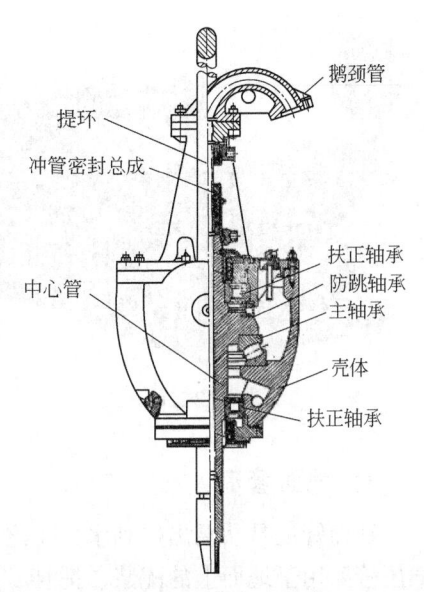

图 4-10 水龙头总成

设备等，如图4-11所示。

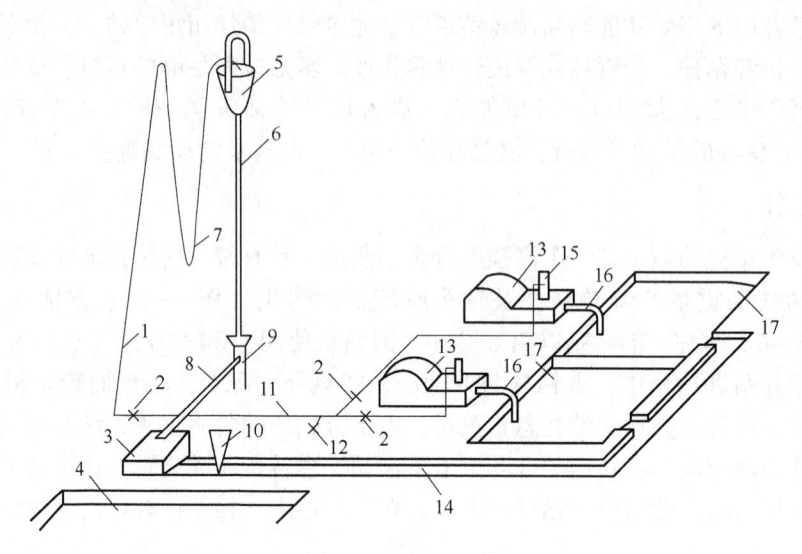

图 4-11 循环系统

1—立管；2—高压阀门；3—振动筛；4—大钻井液池；5—水龙头；6—方钻杆；7—水龙带；8—钻井液出口管；9—导管；10—除砂器除泥器；11—地面管汇；12—通低压管汇的高压阀门；13—钻井泵；14—钻井液槽；15—空气包；16—吸入管；17—钻井液池

钻井循环路径始于钻井泵从钻井液池中吸入钻井液，而后泵入地面高压管线，从立管进入水龙带，在水龙头处被导入钻柱上部的方钻杆，向下经钻柱水眼到钻头喷嘴后，从井底进入环空返出地面钻井液出口，经钻井液槽返回钻井液池完成一次循环。循环系统的主要功能是用来完成洗井工作，或向井下提供水力功率。

1）钻井泵

钻井泵多为卧式三缸单作用往复式活塞泵，由动力端总成、液力端总成和各部位的润滑系统及冷却系统组成（图4-12）。其主要工作原理为：由动力机带动泵的曲轴回转，曲轴通过十字头再带动活塞或柱塞在泵缸中做往复运动。在吸入和排出阀的交替作用下，实现压送与循环冲洗液的目的。

由于钻井泵活塞的往复运动是不等速的，所以钻井液出口的排量和压力波动很大，这将引起泵本身振动，会使钻井的高压管线产生较大的冲击，同时不均匀的压力和排量可以产生钻柱的振动而使井壁不稳定。为了使泵的排量和压力趋于均匀，常在泵的出口处安置空气包。

图 4-12 钻井泵

2）地面管汇

地面管汇是从泵出口到水龙带之间的高、低压管路。高压管路作为洗井液入井的通路；低压管路用于地面上的配浆、搅拌、加重、倒灌等作业。

3）水龙带

水龙带是缠有多层钢丝的橡胶软管，能耐高压，接在立管与水龙头之间，使水龙头及其以下钻柱可以上下活动。

4）钻井液净化设备

钻头钻进破碎岩石，井眼深度在不断增加，钻井液中混入的大量岩屑将随着钻井液上返至地面。若不及时将这些固态物质从钻井液中消除掉，则会严重影响钻井效率。

最初的钻井液净化工作是由简单的低频振动筛以及沉淀池来完成，或者在有限的流动路线上多加几个隔板，并有利用曲折的流动路线来除砂。随着钻井速度的提高，净化设备也有较大改进，现已有双层高频振动筛，同时又配备了旋流器和离心机等两级或三级处理设施，使钻井液的净化工作日趋完善。

（1）振动筛（图4-13）。

高频双层振动筛的振动频率高达2000次/min，振动力达1000~1500kg，偏心重量10~15kg，双振幅3mm，偏心距6mm。使用筛网目数：上层20~30目，下层可用50~80目，个别也有用200目，甚至更细的。

（2）旋流器。

水力旋流器是利用离心力的作用，将密度相对较大的颗粒甩向外壁，沿着锥形壳体下降至排砂口，而使净化后密度较低的钻井液由排液管排出（图4-14）。

图4-13 振动筛

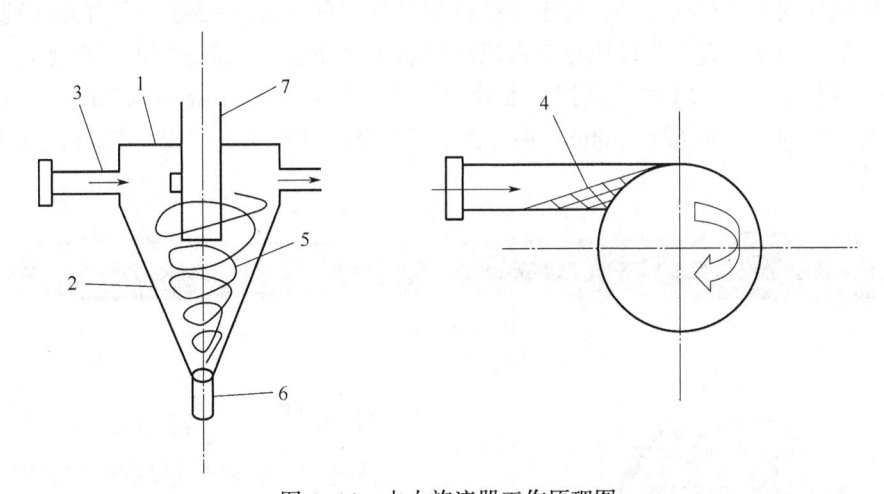

图4-14 水力旋流器工作原理图
1—沉淀器；2—锥形壳体；3—进液管；4—导向块；5—液流螺旋上升；6—排砂口；7—排液管

（3）钻井液清洁器。

钻井液清洁器由旋流器和振动筛组成，上部是4~5in的水力旋流器，下部是150~200目的振动筛（图4-15）。钻井液清洁器一般只用在加重钻井液系统中，用以清除比重晶石颗粒大的固相颗粒，回收重晶石及液相。

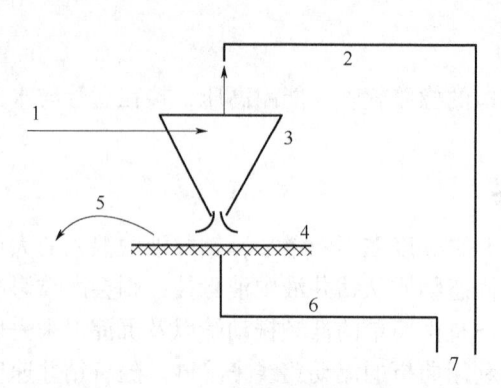

图 4-15　钻井液清洁器工作原理示意图
1—钻井液进入；2—清洁钻井液；3—水力旋流器（除泥器或除砂器）；4—细目振动筛；
5—排出的固体颗粒；6—筛网底流；7—钻井液返回循环系统

二、钻井工具

1. 钻柱

钻柱是钻头以上、水龙头以下部分钻具的总称。钻柱由方钻杆、钻杆段和下部钻具组合三大部分组成。钻杆段包括钻杆和接头，有时也装有扩眼器。下部钻具组合主要是钻铤，也可能安装稳定器、减震器、震击器、扩眼器及其他特殊工具。钻柱的具体组成随不同的目的、要求而不同。

1）钻杆

钻杆是钻柱的基本组成部分，位于方钻杆和钻铤之间（图 4-16）。它由无缝钢管制成，壁厚一般为 9~11mm。其主要作用是传递扭矩和输送钻井液，并靠钻杆的逐渐加长使井眼不断加深。美国石油学会 API 将钻杆按长度分为三类：第一类长 5.486~6.706m（18~22ft）；第二类长 8.230~9.144m（27~30ft）；第三类长 11.582~13.716m（38~45ft），其中以第二类最为常见。

图 4-16　钻杆

2）钻铤

钻铤位于钻柱的最底部，是下部钻具组合的主要组成部分（图 4-17）。其主要特点是壁厚大（一般为 38~53mm，相当于钻杆壁厚的 4~6 倍），具有较大的重力和刚度。钻铤有许多不同的形状，如圆形、方形、三角形及螺旋形。实际生产中以圆形钻铤和螺旋形钻铤最为常见。钻铤主要有以下作用：

图 4-17　钻铤

(1) 给钻头施加钻压;
(2) 保证压缩条件下的必要强度;
(3) 减轻钻头的振动、摆动和跳动等,使钻头工作平稳;
(4) 控制井斜。

2. 钻头

在旋转钻井中,钻头是直接破碎岩石,形成井眼的主要工具。按照结构特点和破碎岩石机理的不同,钻头可分为刮刀钻头、牙轮钻头、金刚石钻头及 PDC 钻头。

1) 刮刀钻头

刮刀钻头结构可分为上钻头体、下钻头体、刀翼、水眼四部分(图 4-18)。上钻头体有螺纹用以连接钻柱,侧面包有装焊刀片的槽,一般用合金钢制成。下钻头体,焊在上钻头体的下部,内开三个水眼以安装喷嘴,同样使用合金钢制造。刀翼,又称刮刀片,是刮刀钻头直接与岩石接触、破碎岩石的工作刃。

刮刀钻头破碎岩石是靠其刀翼在钻压的作用下吃入岩石,并在扭矩作用下剪切破碎岩石,是切削型钻头。刮刀钻头常用于松软的泥岩、泥质砂岩、页岩等塑性和塑脆性地层。

图 4-18 刮刀钻头

2) 牙轮钻头

牙轮钻头能适应各类地层,在石油钻井中使用最多,按钻头上牙轮的个数可将牙轮钻头分为单牙轮钻头[图 4-19(a)]、两牙轮钻头、三牙轮钻头[图 4-19(b)]和四牙轮钻头,其中使用最多的是三牙轮钻头。

牙轮钻头是碎岩主要是利用牙轮绕钻头轴线公转和自转所产生的冲击压碎和滑动剪切作用来破碎岩石。牙轮钻头在井底的运动过程中,在钻压和钻柱旋转的作用下,牙齿压碎岩石并吃入岩石,同时产生一定的滑动面剪切岩石。

(a) 单牙轮钻头　　(b) 三牙轮钻头

图 4-19 牙轮钻头

3) 金刚石钻头

金刚石钻头按金刚石来源可分为天然金刚石钻头和人造金刚石钻头。金刚石钻头由钢体、胎体和切削刃三部分组成（图 4-20）。当钻某些硬地层时，钻头上的每粒金刚石在钻压作用下压入岩石，使下面的岩石处于极高的应力状态，呈现塑性，同时在旋转扭矩的作用下产生切削作用，进而破碎岩石。

4) PDC 钻头

聚晶金刚石复合片钻头，又称聚晶金刚石切削块钻头，或简称 PDC 钻头。它自 20 世纪 70 年代出现以来逐渐取代了金刚石钻头，得到了广泛应用，成为石油钻井中普遍使用的高效钻头之一。PDC 钻头以锋利、耐磨和能够自锐的金刚石为切削齿，在低钻压下即可获得较高的钻速和进尺，可大大缩短钻进时间，节约钻井成本，具有广阔的应用前景，它是用聚晶金刚石做成小型切削块或烧结到钻头体上而形成的（图 4-21）。PDC 钻头可以使用较低的钻压、较高的转速，钻头进尺高，单位进尺成本低，适于钻进软到中硬地层。

图 4-20　金刚石钻头　　图 4-21　PDC 钻头

三、钻井液

钻井液是指在油气钻井过程中，以其多种功能满足钻井工作需要的各种循环流体的总称。钻井液有"钻井工程血液"之称。钻井液性能的优劣关乎钻井的成败，如何配制出符合钻井工程要求的钻井液是保证快速、优质、安全钻井的关键。

1. 钻井液的类型

钻井液是由分散介质（连续相）、分散相和化学处理剂组成的分散体。分散体系是指一种或多种物质分散在另一种物质中所形成的体系。被分散的物质称为分散相（不连续相），另一种物质称为分散介质（连续相）。

1) 分散钻井液

分散钻井液是指用淡水、膨润土和各种对黏土与钻屑起分散作用的处理剂（简称为分散剂）配制而成的水基钻井液。分散钻井液可容纳较多的固相，较适用于配制高密度钻井液；容易在井壁上形成较致密的滤饼，故其滤失量一般较低；某些分散钻井液还具有较强的抗温能力，适用于在深井和超深井中使用。

2）钙处理钻井液

钙处理钻井液的组成特点是体系中同时含有一定浓度的钙离子和分散剂。钙离子通过与水化作用很强的钠膨润土发生离子交换，使一部分钠膨润土转变为钙膨润土，从而减弱水化的程度。分散剂的作用是防止钙离子引起体系中的黏土颗粒絮凝过度，使其保持在适度絮凝的状态，以保证钻井液具有良好、稳定的性能。这类钻井液抗盐、钙污染的能力较强，并且对所钻地层中的黏土有抑制其水化分散的作用，因此可在一定程度上控制页岩坍塌和井径扩大，同时能减轻对油气层的损害。

3）盐水钻井液与饱和盐水钻井液

盐水钻井液是用盐水（或海水）配制而成的。含盐量从1%（氯离子质量浓度为6000mg/L）直至饱和（氯离子质量浓度为$1.89×10^5$mg/L）之间均属于此种类型。盐水钻井液也是一类对黏土水化有较强抑制作用的钻井液。

饱和盐水钻井液是指钻井液中NaCl含量达到饱和时的盐水钻井液体系。它可以用饱和盐水配成，也可先配成钻井液再加盐至饱和。饱和盐水钻井液主要用于其他水基钻井液难以对付的大段岩盐层和复杂的盐膏层，也可以作为完井液和修井液使用。

4）聚合物钻井液

聚合物钻井液是以某些具有絮凝和包被作用的高分子聚合物作为主处理剂的水基钻井液。由于这些聚合物的存在，体系所包含的各种固相颗粒可保持在较粗的粒度范围内，同时，所钻出的岩屑也因及时受到包被保护而不易分散成微细颗粒。

5）钾基聚合物钻井液

钾基聚合物钻井液是一类以各种聚合物的钾（或铵、钙）盐和KCl为主处理剂的防塌钻井液。在各种常见无机盐中，KCl抑制黏土水化分散的效果最好。由于使用了聚合物处理剂，这类钻井液又具有聚合物钻井液的各种优良特性。因此，在钻遇泥页岩地层时，可以取得比较理想的防塌效果。

6）油基钻井液

油基钻井液是以油（柴油或矿物油）作为连续相，水或亲油的固体（如有机土、氧化沥青等）作为分散相，并添加适量处理剂、石灰和加重材料等所形成的分散体系。含水量在5%以下的普通油基钻井液已较少使用，主要使用的是油水比在1∶1~4∶1范围内的油包水乳化钻井液。与水基钻井液相比，油基钻井液的主要特点是能抗高温，有很强的抑制性和抗盐、钙污染的能力，润滑性好，并可有效地减轻对油气层的损害等。

2. 钻井液的循环及基本功能

钻井液从钻井泵排出经过地面高压管汇、立管、水龙带、水龙头、方钻杆、钻杆、钻铤到钻头，从钻头喷嘴喷出，然后再沿钻柱与井壁（或套管）形成的环形空间向上流动。返回地面后经排出管线、振动筛流入钻井液池，再经各种固控设备进行处理后返回上水池，进入再次循环。

钻井液的功用概括起来有两类：一是防止钻井过程中发生的各种复杂情况，有利于快速优质钻井；二是保护油气层，防止或减少钻井液对油气层造成的损害。具体有以下 7 个方面：

1）悬浮和携带岩屑，清洗井底，保持井眼清洁

钻井液的最基本功能是悬浮和携带岩屑。钻井液从钻头喷嘴喷出，产生喷射作用，使井底被破碎的岩屑悬浮在钻井液中，以保持井底清洁。同时由于钻井液具有一定密度和黏度，钻屑不能很快下沉，随钻井液的循环被带到地面。

2）平衡地层压力和井壁侧压力，稳定井壁，防止井喷、井漏和井塌事故的发生

由于钻井液具有密度，在钻遇各种复杂地层时，可通过调整钻井液密度形成钻井液液柱压力，来平衡地层压力和井壁侧压力，使地层压力和井壁侧压力不容易释放到井筒内，有效地预防了井喷、井漏和井塌等事故的发生。同时，有效地防止了地层中的淡水、盐水、各种盐类进入钻井液，以免对钻井液造成污染，以及防止地层中硫化氢的污染和伤害。

3）传递水功率，帮助破碎岩石

钻井液在钻头处经水眼形成高速射流，使钻井液对井底产生一个强大的冲击力，被破碎的岩屑悬浮在钻井液中，以保持钻头始终和新地层接触，避免造成钻头对破碎岩屑的再次切削；同时，强大的水流使岩石裂缝扩大，有助于钻头破碎岩石，从而提高机械钻速。

4）冷却和润滑钻头及钻具

在钻井过程中，钻头一直在高温下旋转和破碎岩石，产生大量的热量，同时钻具也不断地与井壁摩擦产生大量的热量。这些热量很难由岩石传递出去，而必须通过钻井液的循环带到地面释放出去，可见钻井液起到了冷却钻头和钻具的作用。另一方面，钻井液在井内循环使钻头与岩石之间、钻具与井壁之间的摩擦由固体和固体之间的摩擦变为固体和液体之间的摩擦，降低了摩擦阻力，起到了润滑钻头和钻具的作用。

5）为井下钻具提供动力

使用涡轮钻具钻井时，钻井液由钻杆内以较高的流速经过涡轮叶片时，使涡轮旋转带动钻头破碎岩石，为涡轮钻具提供动力。

6）部分地支承钻柱和套管的重量

在井眼中的钻柱和套管，承受着井眼内钻井液的向上浮力，使地面设备和装置所必须支承的负荷大大地减小。在深井中钻柱和套管所承受的浮力，随着钻井液密度的增加而增加。

7）从钻井液中获得所钻地层的地质资料

根据钻井液从井底带出的岩屑情况，可以进行地质录井（岩屑录井）和荧光录井；根据从井底返出的钻井液的成分，可以进行气测录井，从而获得所钻地层的相关地质资料。

一般情况下，钻井液成本只占钻井总成本的 7%～10%，然而先进的钻井液技术往往可以成倍地节约钻时，从而大幅度地降低钻井成本，带来十分可观的经济效益。

第二节　钻井基本工艺过程

一、钻进

钻进就是将足够的压力加到井底钻头上，使钻头牙齿吃入岩石中，用钻柱带动钻头旋转破碎井底岩石，从而达到增加井深的目的（图4-22）。此时钻头上的压力称为钻压，钻压是靠钻柱的重力产生的。钻进的快慢一般用钻速（一般称为机械钻速）表示，它是单位时间内的进尺数，单位为 m/h。也可用钻时表示，单位是 min/m。

图 4-22　钻井作业现场

钻进时，钻头破碎井底岩石，形成岩屑。随着井的加深，岩屑逐渐增加，它们积存于井底，阻碍了钻头接触新的井底，使钻头形成重复切削，降低钻进效率，为此必须在形成岩屑后及时将岩屑从井底清洗出来，这就是所说的洗井。洗井是用钻井泵把钻井液打入中空的钻柱内，流入井底的钻井液将岩屑冲离井底，并沿钻柱与井眼之间的环形空间返回地面，经净化的钻井液再随钻井泵注入井内往复循环，从而达到随钻洗井的目的（图4-23）。

石油、天然气和水等流体存储在地层岩石的孔隙、裂缝中，它们具有一定的压力。该压力因所处地层的深度、地区等条件的不同而有很大差异，这就要求在钻井过程中采用恰当的措施与之适应。如果处置不当，或将引起对产层的伤害，或将引发溢流、井喷，给钻井施工带来困难。影响钻速的主要因素有岩石可钻性、钻头类型、钻井液性质、钻压、转速、钻井液排量、钻头水力功率的大小等。

二、固井

一口井在形成的过程中，需穿过各种各样的地层。各地层都有它自己的特点，如有的地层岩石很坚硬，井眼形成以后井壁不容易坍塌；有的地层很松软，岩石从井壁上塌落到井内，易形成井塌、卡钻等复杂情况；有的地层则含有高压油、气、水等流体，钻遇该地层时，这些流体就要外涌；有的地层含有某些易溶盐，使钻井液性能变坏。上述复杂情况有的可能钻过该地层后就消失了，但有的没有消失，继续给钻井工作造成麻烦。为了保护井眼以便使钻井工作顺利进行，就必须对井眼进行加固，这就是所谓的固井。固井的方法是将套管下入井中，并在井眼与套管之间充填水泥，以固定套管，封固某些地层。根据不同的地层情况和钻井目的，一口井可能要进行多次套管固井。

三、井身结构

井身结构是指一口井中下入套管的层数，各层套管的尺寸及下入深度和管外水泥浆的返回高度，以及与各层套管尺寸相配合的钻头直径。井身结构是否合理，直接决定于一口井是否能安全、优质、高速、经济地钻达目的层。因此井身结构的确定是钻井工程设计中最重要的内容，考虑时必须慎之又慎。井身结构的确定必须满足安全、优质、快速钻井和采油、采气工艺的要求，还应注意节省钻井器材、降低钻井成本。

井身结构主要由表层套管、技术套管、油层套管和各层套管外的水泥环等组成（图4-24）。一口井所下入的套管层数，取决于井的深浅、井位地层复杂情况、钻井技术水平和钻井液技术水平，通常为一层到五层或更多。套管从外到内分别叫作表层套管、技术套管（中间套管或保护套管）、油层套管（生产套管）。各层套管作用如下：

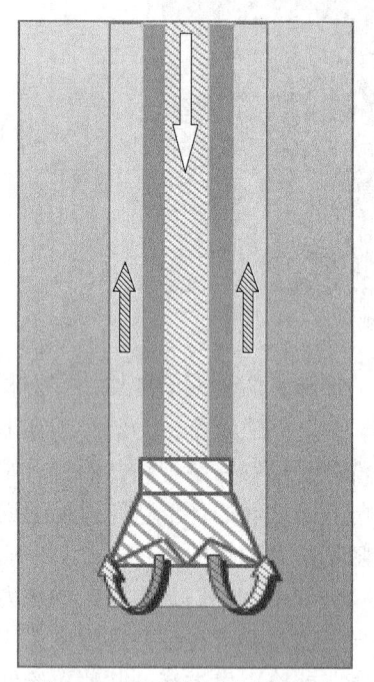

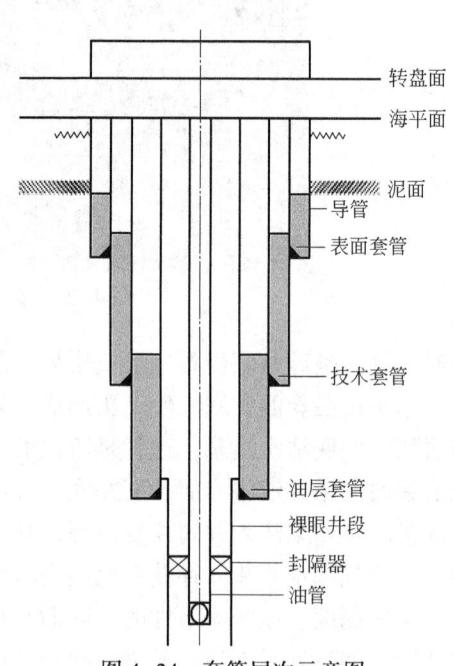

图4-23 环形空间及水泥返高

图4-24 套管层次示意图

1. 表层套管

表层套管用于封隔上部不稳定的松软地层和水层及浅层气，安装井口装置以控制井涌井喷，同时支承技术套管和油层套管或尾管的重量。表层套管的下入深度从几十米到几百米不等，随各个地区的地层复杂情况而异。

2. 技术套管

技术套管用来封隔难以控制的复杂地层以保证钻井工作顺利进行。例如调整钻井液性能仍难以解决的坍塌地层；油、气、水层压力梯度相差悬殊，要求的钻井液比重相互矛盾；严重漏失采用堵漏材料甚至注入胶质水泥或速凝水泥仍无法堵住的地层。这样复杂的地层是现有钻井技术水平和钻井液技术水平难以解决的问题，因而必须下入技术套管注入水泥封隔之。技术套管可以是一层或者是几层，但是只要是能采用优质钻井液性能和采取其他钻井措施解决得了的井下复杂情况，则争取不下或少下技术套管。对于探井特别是初探井和超深井，则应考虑留有备用的技术套管，一旦遇到现有措施无法解决的井下复杂地层时，则补下备用的技术套管。

技术套管环形空间的水泥返高，一般返至上层套管鞋内以上 100~400m。对于高压气井，为了更好地防止窜漏，则将水泥浆返到地表面。

3. 油层套管

油层套管用于将生产层和其他地层封隔开，把不同压力的油、气、水层封隔开来，在井内建立一条油、气通路，保证长期生产，并能满足合理开采油、气和酸化压裂等增产措施的要求。油层套管的下入深度决定于目的层的深度和完井方法。对于钻达目的层后需要加深的井，在设计井身结构时应留余地，必要时能够再下一层套管或者尾管。

油层套管环形空间的水泥返高，一般返到上层技术套管鞋内以上 100~400m，或者返至最上一个油气层顶部以上 100~150m。对于高压气井，水泥浆通常返至地表面，以利于加固套管，增强套管丝扣的密封性，使其能承受较高的关井压力。

四、完井

完井是钻井工程最后一个重要环节，其主要内容包括钻开生产层、确定井底完成方法、安装井底及井口装置等。油气层一般均有一定的压力，而且有较好的渗透性，因此钻开油气层时，总会产生钻井液对油气层的伤害或是油气层中的油气侵入钻井液。当井内钻井液柱压力大于地层压力时，钻井液中的滤液或固相颗粒就会进入油气层中，使油气层渗透率降低，造成油气层的伤害。压力越大，时间越长，对油气层的伤害就会越大，就会降低油气层的产量。反之，如果钻井液液柱压力小于地层压力时，油气水就会侵入钻井液中，如果处理不当，会造成井喷失控事故。因此，钻开油气层既要防止和减少对油气层的伤害，又要防止井喷失控事故的发生。井底装置是在井底建立油气层与油气井井筒之间的连通渠道，建立的连通渠道不同，也就构成了不同的完井方法。只有根据油气藏类型和油气层的特性并考虑开发开采的技术要求去选择最合适的完井方法，才能有效地开发油气田、延长油气井寿命、提高采收率、提高油气田开发的总体经济效益。

五、水平井与定向井

石油钻井可按钻井环境条件分为陆地钻井和海洋钻井；又可按钻井目的分为勘探井和生产井；也可按井眼轨迹分为直井和定向井，所谓定向井即指沿着预先设计的井眼轨道，按既定的方向偏离井口垂线一定距离，钻达目标的井（图4-25）。定向钻井的应用范围广泛，常按井斜角大小将定向井分为：

(1) 常规定向井井斜角<55°。
(2) 大斜度井井斜角 55~85°。
(3) 水平井井斜角>85°（有水平延伸段）。

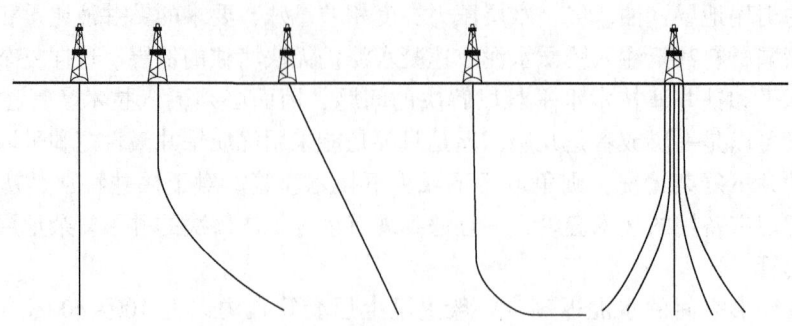

图 4-25　定向井示意图（据任晓娟，2012）

1. 水平井

水平井通常是指井眼轨迹达到水平（90°左右）以后，再继续延伸一定长度的井（延伸的长度一般大于油层厚度的六倍）。水平井由垂直段、弯曲段和水平段组成。在实际生产中，水平井能显著增加开发油层的裸露面积，提高油层的产油量和油田的采收率。

水平井技术自 20 世纪 80 年代逐渐发展起来，1991 年 6 月 6 日至 9 月 5 日大庆石油管理局在榆树林油田进行了我国首次水平井现场试验（树平 1 井），该井水平位移 698.47m，穿过油层段长度 336.78m。2021 年 6 月 8 日中国石油长庆油田公司 H90-3 井顺利完井，该井完钻井深为 7339m，水平段长度达 5060m，刷新了陆上水平井最长水平段亚洲纪录。而钻井水平位移世界记录 10585m，则由法国道达尔公司 1999 年春在阿根廷海上钻井平台创造。

2. 斜直井

斜直井也是定向井的一种，钻斜直井需要用专用的斜井钻机，通过井架机构来调节钻井角度和方位，从井口至井底保持同一斜角。用这种钻机与常规直井钻机打定向井相比，其优点是容易定向、操作方便、钻进速度快，它代表了新一代钻井设备的发展趋势。

海上油田在开发时只建立为数不多的几个平台。因此，往往要在一座平台上钻进定向井簇，称为丛式井（图 4-25 最右）。井口间距离（井距）一般为 2~3m，井簇中包括一口垂直井，多口定向井，控制地下一定出油面积。丛式井可以减少海上平台的建设费用，又便于油井的生产管理，所以广泛用于海上油田开发。陆上油田开发中，为了保护耕地，便于油井集中管理，丛式钻井也得到了推广应用。

第五章　采油工程与装备基础

通过井筒将原油经济有效地开采到地面，而对油藏采取的一系列工程技术措施的总称称为采油工程技术。采油工程技术通常包括：自喷采油技术、人工举升采油技术、注水、压裂、酸化和修井等。其中人工举升采油技术又称机械采油，是指油层能量不足以将原油举升到地面时，人为地补充能量来举升原油的采油方式。它广泛应用于无自喷能力的油井采油（图 5-1）。

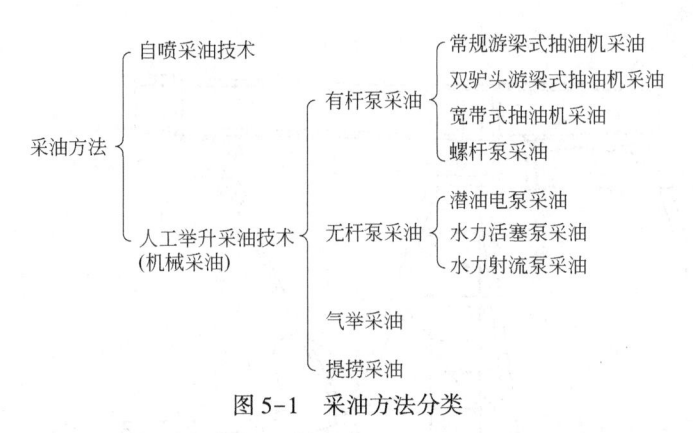

图 5-1　采油方法分类

目前常用的机械采油方法有有杆泵采油、无杆泵采油、气举采油、提捞采油等四种类型。有杆泵采油具有结构简单、制造容易、维护方便、适应性强和寿命长等特点，是目前最主要的机械采油方法。有杆泵采油方法包括游梁式抽油机—深井泵装置采油和螺杆泵采油。由于螺杆泵采油没有游梁式抽油机—深井泵装置采油方法应用普遍，因而习惯上将游梁式抽油机—深井泵采油方法称为有杆泵采油。

有杆泵采油装置由三部分组成：地面部分——游梁式抽油机，由电动机、减速箱、四连杆机构及辅助装置组成；井下部分——抽油泵，悬挂于油管下端；联系地面和井下的中间部分——抽油杆柱，它由一种或几种直径的抽油杆和接箍组成。

第一节　有杆泵采油基础

抽油机是有杆泵采油的主要地面设备。按照是否具有游梁将抽油机分为游梁式和无游梁式两种类型。

一、游梁式抽油机

游梁式抽油机通过游梁与曲柄连杆机构将圆周运动转变为驴头的上、下摆动。按结构不同可将其分为普通型和变型抽油机。

1. 普通型游梁式抽油机

普通型游梁式抽油机又可分为常规型和前置型两类。

1）常规型游梁式抽油机

常规型游梁式抽油机是目前矿场上使用最为普遍的抽油机，其特点是支架在驴头和曲柄连杆之间，上、下冲程时间相等（图5-2）。工作过程为：动力机（通常为电动机或柴油机、天然气发动机）的高速旋转运动经传动皮带传递给减速箱，经三轴二级减速后，再由曲柄连杆机构将旋转运动变为游梁的上、下摆动。悬挂在驴头上的悬绳器通过抽油杆带动抽油泵柱塞作上、下往复运动，从而将原油抽汲至地面。

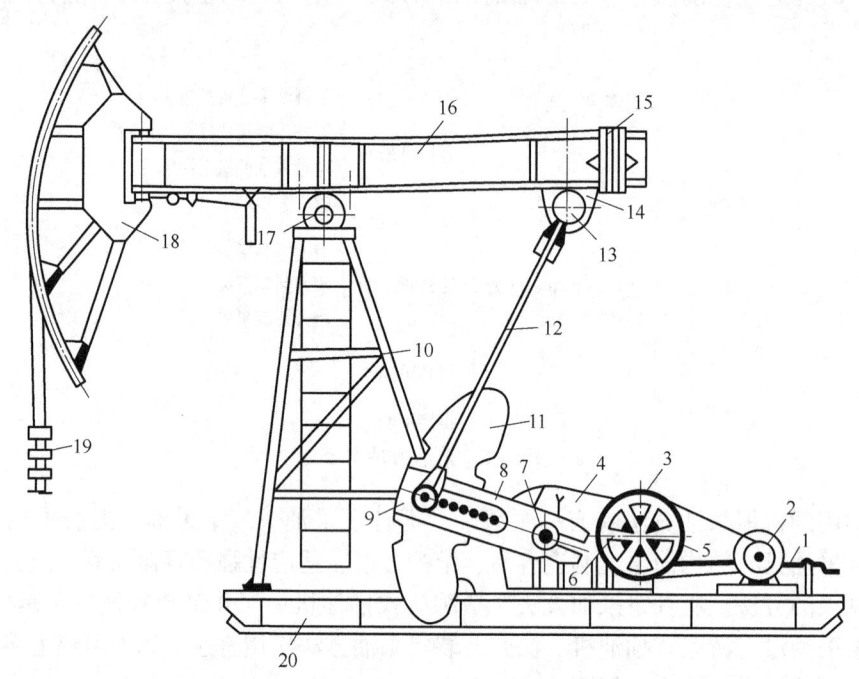

图5-2 常规型游梁式抽油机结构示意图（据张继红，2014）
1—刹车装置；2—动力机；3—减速箱皮带轮；4—减速箱；5—输入轴；6—中间轴；7—输出轴；8—曲柄；9—连杆轴；10—支架；11—曲柄平衡块；12—连杆；13—横梁轴；14—横梁；15—游梁平衡块；16—游梁；17—支架轴；18—驴头；19—悬绳器；20—底座

2）前置型游梁式抽油机

前置型游梁式抽油机主要特点是：减速箱在支架的前面，缩短了游梁的长度，使抽油机的规格尺寸大为减小。由于支点前移，使上、下冲程时间不等，从而降低了上冲程的运行速度、加速度、动载荷、减速箱的最大扭矩和需要的电动机功率，减少了冲击载荷，延长了抽油杆使用寿命（图5-3）。

2. 变型游梁式抽油机

1）异相曲柄抽油机

异相曲柄抽油机与常规型抽油机的不同点是曲柄平衡块的中心与曲柄中心间存在一偏置

(a) 曲柄平衡　　　　　　　　　(b) 气动平衡

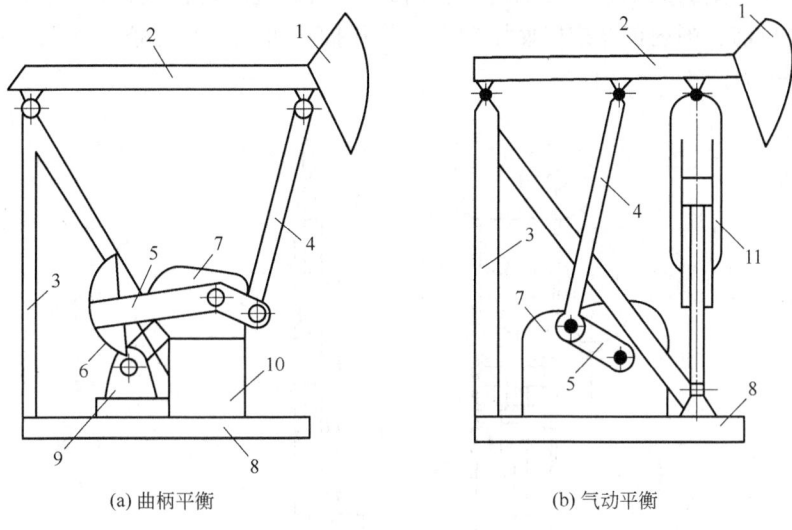

图 5-3　前置型游梁式抽油机结构示意图（据张继红，2014）
1—驴头；2—游梁；3—支架；4—连杆；5—曲柄；6—曲柄平衡块；
7—减速箱；8—底座；9—动力机；10—支座；11—平衡气缸

角（图 5-4）。该偏置角使得平衡块扭矩曲线的相位提前，从而使曲柄轴净扭矩曲线变得较为平缓，且可在一定程度上消除负扭矩。

2）双驴头抽油机

双驴头抽油机（图 5-5）与普通游梁式抽油机的结构不同点是：该机去掉了原普通游梁式抽油机中的尾轴承，而以后驴头的装置取代之，又称柔性连接游梁式抽油机。

由于后柔性件始终与后驴头的轮廓面相切，允许游梁作大摆角摆动，因此可增加冲程，最大冲程可达 5m。若后驴头的轮廓面相对于游梁中心为非圆弧曲线（变径曲线），则可使抽油机结构产生非对称循环，从而改善抽油机的动力性能。

图 5-4　异相曲柄抽油机照片　　　　图 5-5　双驴头抽油机照片

二、无游梁式抽油机

为了减轻抽油机重量，扩大有杆抽油设备的使用范围以及改善其技术经济指标，国内外研制了许多不同类型的无游梁式抽油机。它们的主要特点多为长冲程低冲次，适合于深井和稠油井采油。目前，国内正在推广使用的无游梁式抽油机主要有链条式（图5-6）、宽带式抽油机（图5-7）。

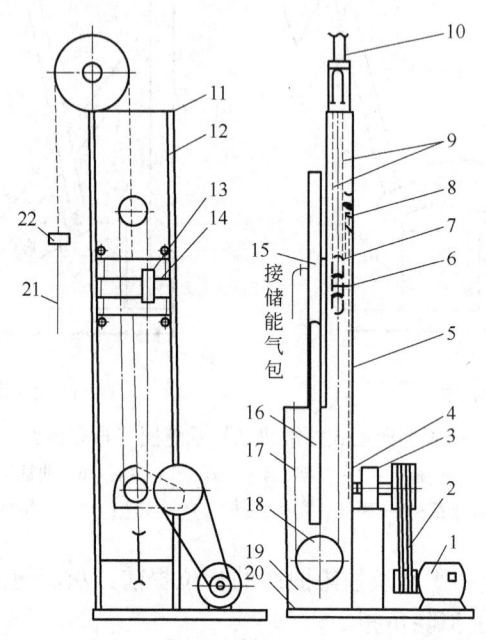

图 5-6　链条式抽油机结构示意图（据张继红，2014）

1—电动机；2—传动皮带；3—减速箱；4—主动链轮；5—轨迹链条；6—特殊链节；7—往返架；8—上链轮；9—上钢丝绳；10—滑轮；11—机架；12—导轮；13—滑块；14—主轴销；15—平衡缸；16—平衡柱塞；17—平衡链条；18—平衡链轮；19—油箱底壳；20—底座；21—光杆；22—悬绳器

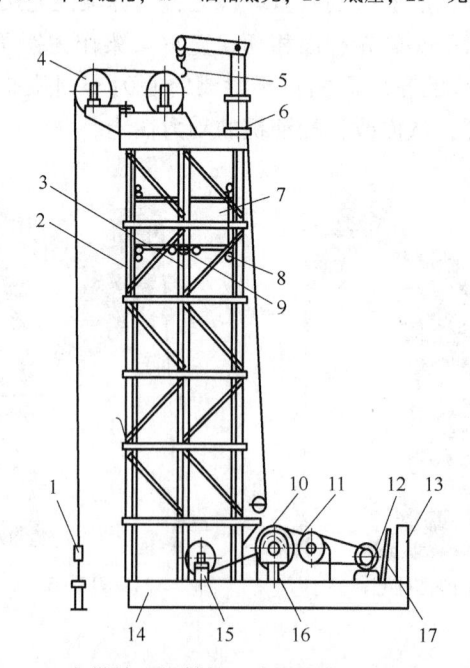

图 5-7　宽带抽油机结构示意图（据张继红，2014）

1—悬绳器；2—支架；3—宽带；4—天车；5—吊钩；6—起吊装置；7—平衡块；8—安全装置；9—十字平衡梁；10—滚筒；11—减速箱；12—电动机；13—电控箱；14—底座；15—惰轮；16—行程控制器；17—刹车

三、抽油泵结构与类型

抽油泵是有杆泵抽油系统中的主要设备,沉没在井液中通过抽油杆带动进行工作。

抽油泵主要由工作筒(外筒和衬套)、柱塞及阀(游动阀和固定阀)组成。游动阀又称为排出阀(或上部阀);固定阀又称为吸入阀(或下部阀)。

抽油泵按其结构不同,可分为管式泵和杆式泵两大类。而管式泵又分为组合泵和整筒泵。组合泵的外筒内装有许多节衬套,组合泵筒与柱塞配套,而整筒泵没有衬套,柱塞与泵筒配套。

1. 管式泵

管式泵是把外筒和衬套在地面组装好后,接在油管下部先下入井内,然后投入固定阀,最后将活塞接在抽油杆柱下端下入泵筒内[图5-8(a)]。其特点是:结构简单、成本低;在相同油管直径下允许下入的泵径较杆式泵大,因此排量较大;但检泵时需起出油管,修井工作量大。因此,管式泵适用于下泵深度不大、产量较高的井。

2. 杆式泵

杆式泵的特点是在地面将整个泵组装好后,连接于抽油杆柱下端,随抽油杆柱下入油管内的预定位置,故又被称为"插入式泵"[图5-8(b)]。杆式泵与管式泵相比,具有起下泵时不起下油管的特点,适合在深井中使用。

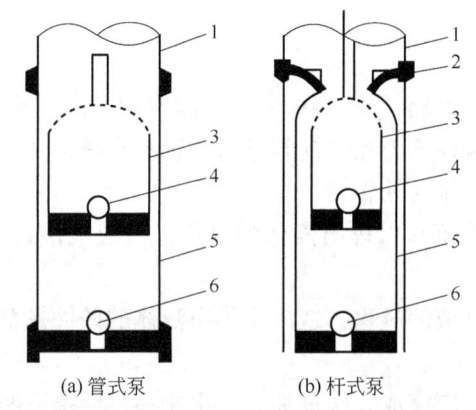

图5-8 抽油泵类型及结构示意图(据张继红,2014)
1—油管;2—锁紧卡;3—活塞;4—游动阀;5—工作筒;6—固定阀

四、抽油泵的工作原理

泵的活塞上、下运动一次称为一个冲程。冲程除了代表活塞的运动过程之外,还是描述抽油泵工作的一个重要参数,即指悬点或活塞在上、下死点间的位移,可分为光杆冲程和活塞冲程。活塞在每分钟内完成上、下冲程的次数称为冲次。

1. 上冲程

抽油杆柱带动活塞向上运动[图5-9(a)],活塞上的游动阀受油管内液柱压力作用而关闭，泵内压力随之降低。固定阀在沉没压力与泵内压力构成的压差作用下，克服重力而被打开，原油进泵而井口排油。

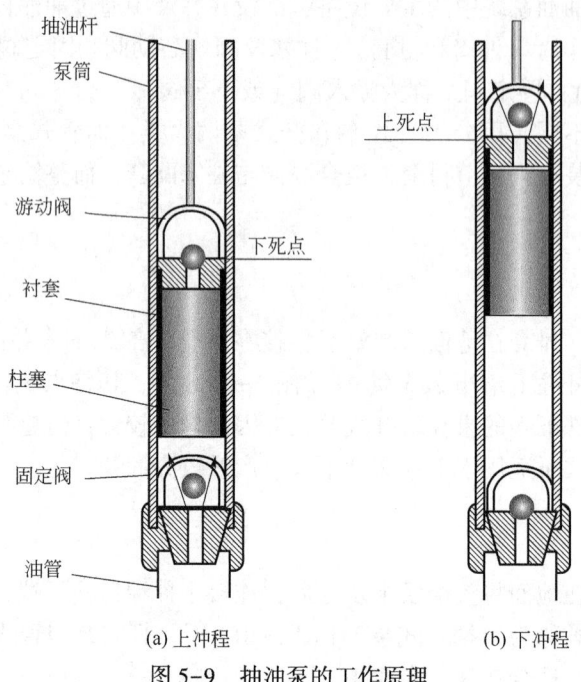

(a) 上冲程　　(b) 下冲程

图 5-9　抽油泵的工作原理

2. 下冲程

抽油杆柱带动活塞向下运动 [图 5-9(b)]，固定阀关闭，泵内压力逐渐升高。当泵内压力升高到大于活塞以上液柱压力和游动阀重力时游动阀被顶开，活塞下部的液体通过游动阀进入活塞上部，泵内液体排向油管。

上冲程是泵内吸入液体而井口排出液体的过程。造成吸液进泵的条件是泵内压力（吸入压力）低于沉没压力。

下冲程是泵向油管内排液的过程，造成泵排出液体的条件是泵内压力高于柱塞以上的液柱压力。

在一个冲程中，深井泵应完成一次进油和一次排油。活塞不断运动，游动阀与固定阀不断交替关闭和顶开，井内液体不断进入工作筒，从而上行进入油管，最后达到地面。

第二节　示功图分析

测试和分析游梁式抽油机的示功图能获得悬点实际载荷并用于抽油机、抽油泵和抽油杆的工作状况诊断分析。绘制理论示功图的目的是与实测示功图比较，找出载荷变化的差异，从而判断抽油泵的工作状况及抽油杆、油管和油层供液情况。

一、理论示功图

理论示功图是指在理想状况下，只考虑抽油机悬点所受的静载荷及由静载荷引起的杆管变形，而不考虑其他因素的影响，所绘制的示功图（图5-10）。

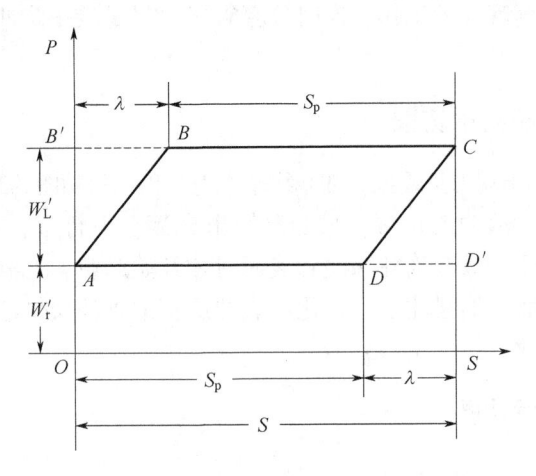

图 5-10 理论示功图

S—抽油机冲程长度；P—抽油机悬点载荷；S_p—抽油泵柱塞行程；λ—驴头悬点运行距离；W'_r—油杆柱静载荷；W'_L—油管柱静载荷；A—驴头下死点；B—固定阀打开点，游动阀关闭，柱塞开始上行程；C—驴头上死点，柱塞运行到最高点；D—固定阀关闭点，游动阀打开，柱塞开始下行程；AB—增载线；BC—柱塞上行程线（最大载荷线）；CD—卸载线；DA—柱塞下行程线（最小载荷线）；ABC—驴头上行程线；CDA—驴头下行程线；BB'—抽油杆伸长，油管缩短；DD'—抽油杆缩短，油管伸长

二、典型示功图分析

1. 泵工作正常时的实测示功图

与理论示功图差异不大，为一近似平行四边形（图 5-11）。除了抽油设备的轻微振动引起一些微小波纹外，其他因素的影响不明显。图中虚线是人为根据油井抽汲参数绘制的理论负载线，上边为最大理论负载线，下边是最小理论负载线。

2. 受气体影响的实测示功图

示功图分析：增载线和卸载线呈现为圆弧线（图 5-12）。

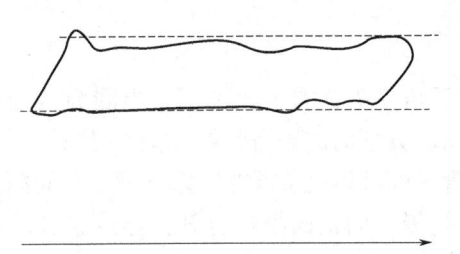

图 5-11 泵正常工作实测示功图

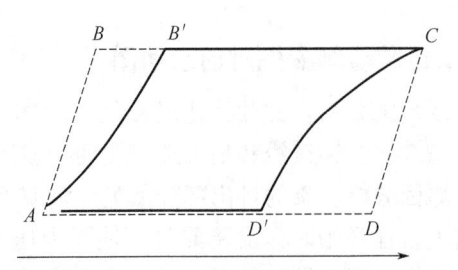

图 5-12 受气体影响的实测示功图

原因分析：上行程，气体随油进入泵内，气体体积膨胀使泵内压力不能很快降低，造成增载缓慢，固定阀推迟打开。下行程，泵内气体被压缩，使泵内压力增加缓慢，游动阀推迟

打开，卸载缓慢。受气体影响越大，圆弧曲线特征更明显，严重时会造成气锁现象。

处理措施：加强放套管气的工作，定时放套管气，尽量减小防冲距，加深泵挂深度，井下加气锚。

3. 供液不足时的实测示功图

示功图分析：示功图出现刀把现象，卸载线基本上与理论示功图的卸载线平行（图5-13）。

原因分析：上行程，示功图正常，只是泵筒未充满。下行程，由于泵筒未充满且液面低，开始悬点载荷不降低，只有当柱塞碰到液面时才开始卸载，充满程度越差，刀把越长。

处理措施：地层方面，加强注水，酸化压裂油层，改善油层供液状况；设备方面，加深泵挂深度，调整工作参数。

4. 泵漏失的实测示功图

1) 固定阀漏失时的示功图

示功图分析：增载线比卸载线陡，图形的左下角变圆，右上角变尖，而且漏失越严重，图形的左下角变得越圆，右上角变得越尖。

原因分析：下行程开始时，由于吸入部分漏失，使泵内压力上升缓慢，悬点卸载缓慢，当活塞下行速度大于漏失速度时，悬点卸载结束，游动阀打开，固定阀关闭。下行程快结束时，漏失速度大于活塞运行速度时，泵内压力降低，使游动阀提前关闭，悬点提前加载。

固定阀与阀座配合不严、阀球被砂子刺坏或凡罩内积有砂、蜡等脏物，使阀球的起落失灵等原因造成的漏失。

处理措施：不严重时碰泵或反洗井，严重时修井检泵。

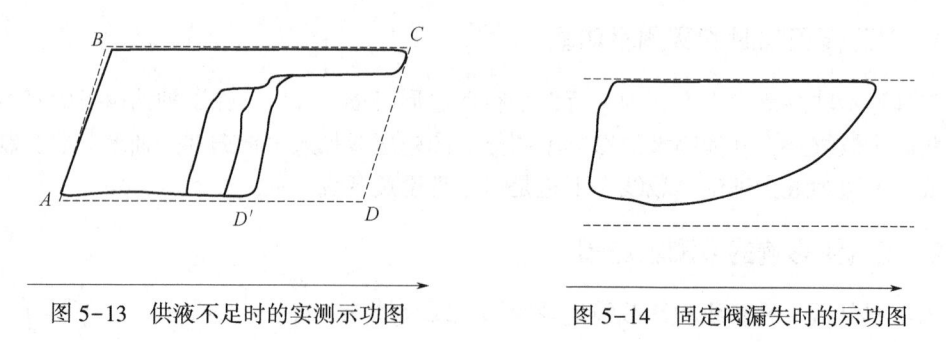

图 5-13　供液不足时的实测示功图　　　　图 5-14　固定阀漏失时的示功图

2) 游动阀漏失时的示功图

示功图分析：卸载线比增载线陡，图形的左下角变尖，右上角变圆。当漏失特别严重时，增载线、卸载线和最大载荷线便构成了一条向下方弯曲的圆滑弧线（图5-15）。

原因分析：泵的排出部分漏失，活塞上面油管内的液体就会漏在活塞下面的泵筒内。当活塞上行程开始时，由于漏失，使泵内压力下降缓慢，固定阀推迟打开，导致悬点增载缓慢。当上行程快结束时活塞上行速度减慢，当漏失速度大于活塞移动速度时，又出现漏失液体对活塞的"顶推"作用，使光杆提前卸载。排出阀球与阀座配合不严；活塞与泵的衬套配合不当；或长期磨损使间隙变大；阀罩内积有脏物、砂、蜡，使阀球起落失灵等原因造成的漏失。

处理措施：不严重时碰泵或反洗井，严重时修井检泵。

3) 双阀漏失时的示功图

示功图分析：四角消失，中间粗；两头尖，形如梭状（图5-16）。

原因分析：示功图为排出部分漏失和吸入部分漏失示功图的叠加。

处理措施：不严重时碰泵或反洗井，严重时修井检泵。

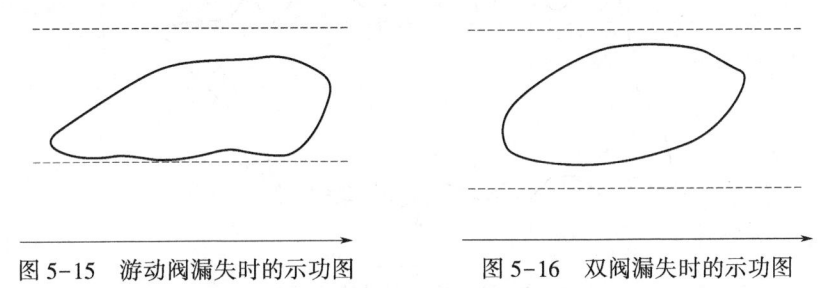

图5-15　游动阀漏失时的示功图

图5-16　双阀漏失时的示功图

5. 油管漏失时的实测示功图

示功图分析：图形面积减小，载荷下降。减少的面积与正常功图时的面积是平行减少，最大载荷下降，最小载荷线不变（图5-17）。

原因分析：上冲程柱塞以上的液体从油管的漏失点漏到油套管环形空间，悬点载荷加不到最大载荷，上冲程载荷低于最大载荷。漏失位置离井口越近，上冲程载荷越接近最大载荷线，漏失位置离泵筒越远，上冲程载荷越低。

该井产量明显减少、泵效低，用憋压的方法证实憋不起压力，而套管环空的动液面却在升高。

处理措施：修井，更换油管。

6. 连抽带喷的实测示功图

示功图分析：最大载荷线向下移动（图5-18）。

原因分析：油井具有一定的自喷能力，能量较高，井筒内动液面较高，固定阀和游动阀都处于开启状态，液柱载荷基本上不作用在悬点上，因此最大载荷线向下移动。

管理措施：该类井能量较高，应采取长冲程，较大泵径，合理冲次机抽。

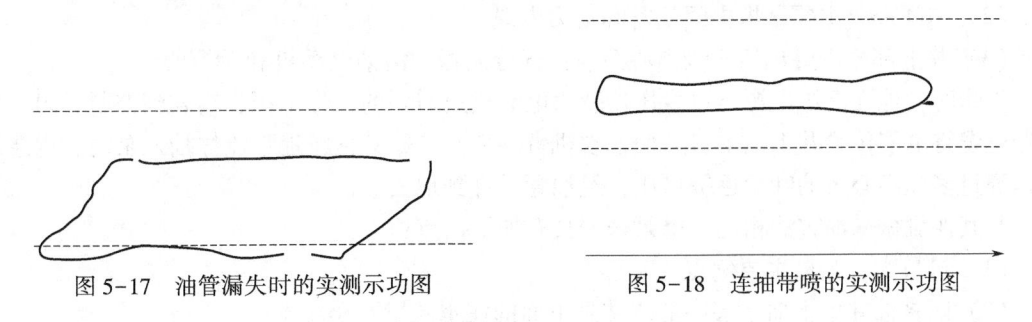

图5-17　油管漏失时的实测示功图

图5-18　连抽带喷的实测示功图

7. 油井出砂时的实测示功图

功图分析：油井出砂，有砂卡现象，上下行程会出现振动载荷，示功图呈锯齿状

（图5-19）。

出砂诊断：油井产液量逐渐下降，泵效降低，取样时有砂。油井套压下降。抽油机上行载荷增大，电机上行电流增大。光杆缓下，严重时不下。

处理措施：安装砂锚、参数优化、洗井或循环抽油，上述措施无效后进行作业处理。

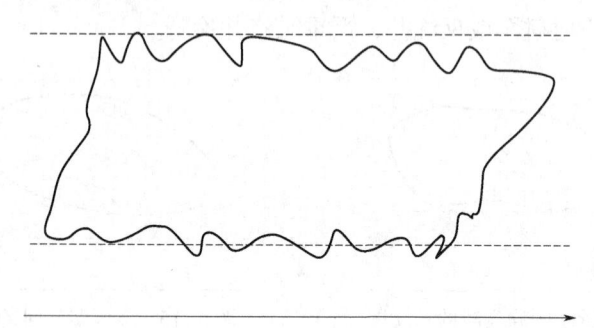

图5-19　油井出砂时的实测示功图

第三节　其他人工举升方法概述

在采油生产中，除了应用最为广泛的有杆泵采油方法之外，为了满足不同地层、不同井的条件，还有许多其他人工举升方法，常用的有潜油电泵、螺杆泵、水力活塞泵、射流泵等。

一、潜油电泵采油

潜油电泵是潜入油井液面以下，利用电动机带动离心泵进行抽油的设备。全称为潜油电动多级离心泵，简称电泵，是油田进入高含水期以后为满足产液量大的特点而开发的一种重要的采油方法。

1. 电泵井系统组成

电泵井系统主要由地面部分、中间部分和井下部分组成（图5-20）。
（1）地面部分主要包括变压器、控制屏、接线盒及特殊井口装置等。
（2）中间部分主要是指中间油管和动力电缆。
（3）井下部分主要包括多级离心泵、油气分离器、潜油电动机和保护器等。

工作时，地面高压电源通过变压器变为电动机所需要的工作电压，输入到控制屏内，然后经电缆将电能传给井下电动机，使电动机带动离心泵旋转，将地下流体抽入泵内。进泵的液体通过多级离心泵的叶轮逐级增压，经油管举升到地面。

与其他机械采油方法相比，电泵采油具有如下优点：
（1）排量大，为最主要优点。
（2）能将油井中上面水层中的水注到下面的注水层里。
（3）操作简单，管理方便。
（4）能够较好地运用于斜井、水平井及海上采油。
（5）容易处理腐蚀和结蜡。

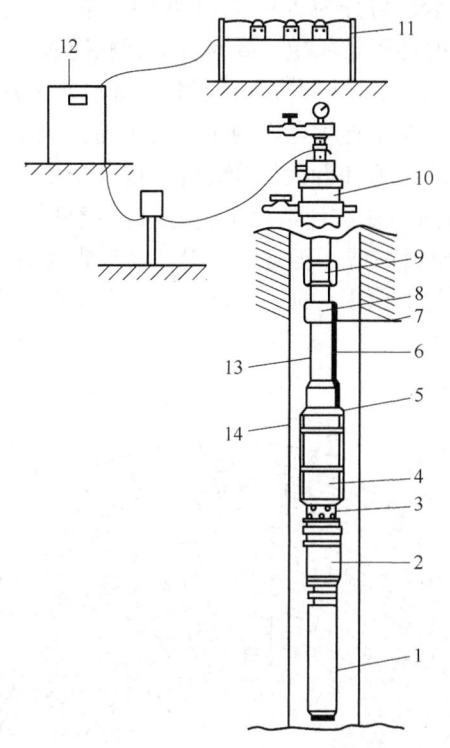

图 5-20　潜油电泵管柱示意图

1—潜油电机；2—电机保护器；3—气液分离器；4—潜油电泵；5—小扁电缆；6—电缆接头；7—圆电缆；
8—单流阀；9—泄油阀；10—井口；11—变压器；12—控制屏；13—油管；14—套管

（6）容易安装井下压力传感器，并通过电缆将压力信号传递到地面，以便进行压力测试。

2. 工作原理

与普通离心泵相同，电动机带动泵轴上的叶轮高速旋转时，叶轮内液体的每一质点受离心力作用，从叶轮中心沿叶片间的流道甩向叶轮四周，压力和速度同时增加，经过导轮流道被引向上一级叶轮，这样逐级流经所有的叶轮和导轮，使液体压能逐次增加，最后获得一定的扬程，将井液输送到地面。

3. 电流卡片分析

潜油电泵运行电流卡片是管理人员管理电泵井、分析井下机组工作状况的主要依据（图 5-21）。它可以直接反映出潜油电泵的运行是否正常，甚至发生极轻微的故障及异常情况，都可在电流卡片上显示出来。电流卡片上记录的电流变化与电动机工作电流的变化呈线性关系，因此电流卡片上记录的电流变化情况能够反映电动机的运行状况。

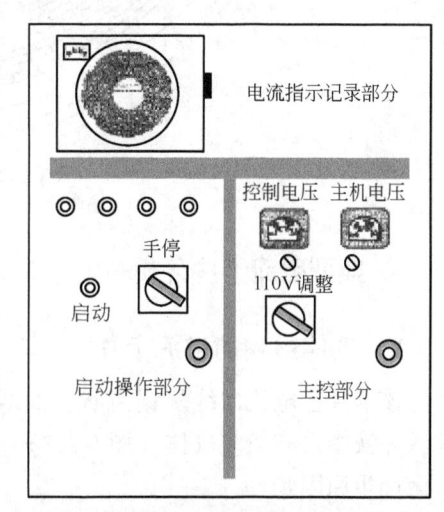

图 5-21　潜油电泵控制柜

按运行时间不同，电流卡片可分为 24h 和 7d 两种规格。对于刚投产或作业后试运行的电泵井，由于电泵的运转情况还不够稳定，要对其运行状况进行随时监测，因此常采用 24h 电流卡片。而对于运转基本正常的电泵井，一般采用 7d 电流卡片。

三相异步电动机在均匀负载下连续运行的正常的电流记录卡片如图 5-22 所示。该卡片所记录电流曲线表明，电泵的选型和设计是合理的，设计功率和实际功率基本接近，设计功率和实际功率之差在 10% 以内。在这种情况下，电流曲线呈均匀的小锯齿形状，电流波动范围为 ±1A，是比较理想的电流曲线，正常运行中，电流曲线出现上下波动是允许的，但波动范围不应超过规定值。卡片上出现任何一个较大的变化，都表明井内生产条件可能发生了变化。

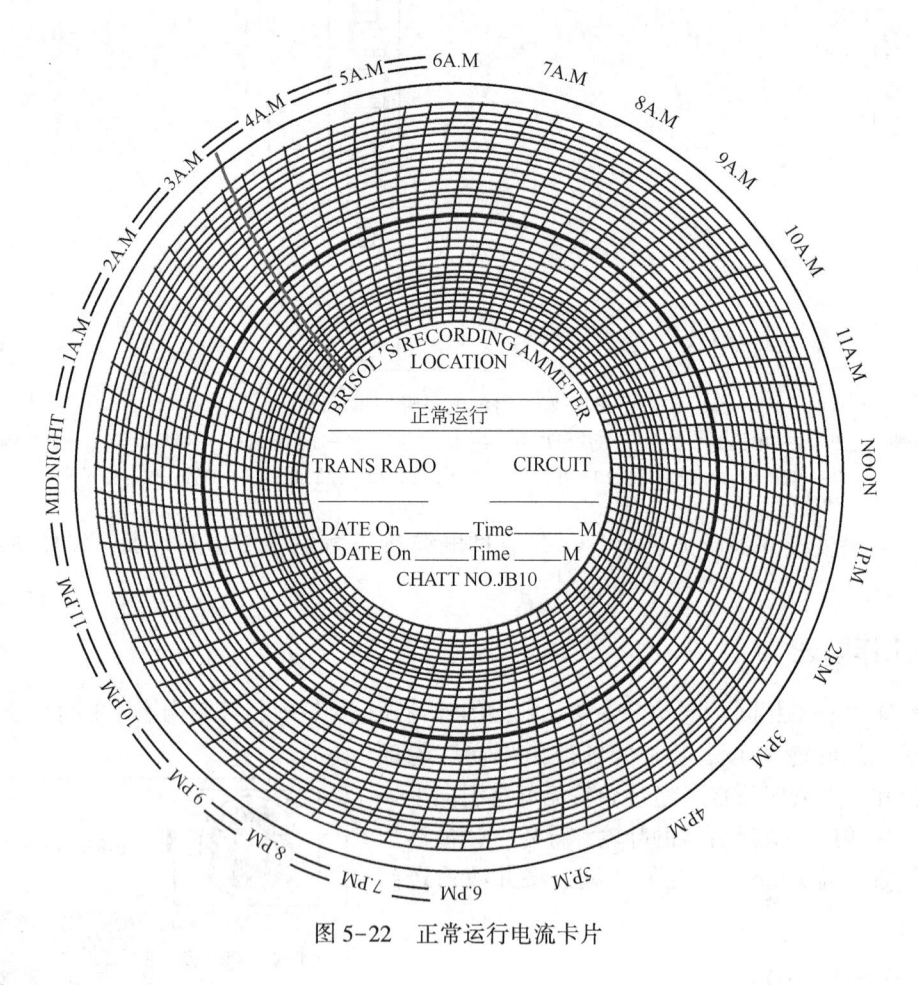

图 5-22　正常运行电流卡片

4. 典型电流卡片分析

1) 气体影响的电流卡片

该卡片上电流曲线呈锯齿状，曲线呈小范围密集波动，说明电泵选型基本符合设计要求，井液中含有较多气体（图 5-23）。

产生原因：

(1) 电流波动是由于井液中含有游离气体而造成的电流不稳定，在这种情况下不但泵的排量效率要降低，而且也容易烧坏电动机；

（2）可能由泵内的液体被气体乳化而引起。

预防方法：

（1）在泵吸入口处加装气锚或旋转式油气分离器；

（2）合理控制套管气；

（3）保证机组合理的沉没度（加深泵挂）；

（4）在井液中加入破乳剂。

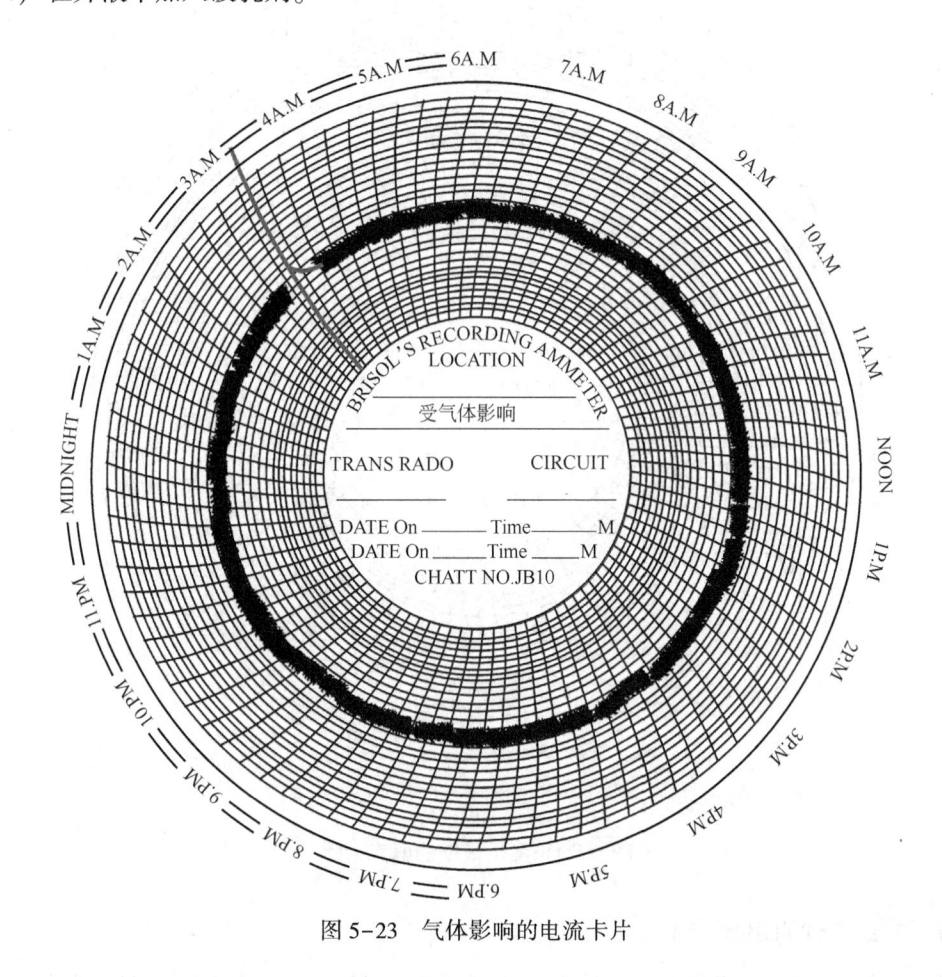

图 5-23　气体影响的电流卡片

2）发生气锁的电流卡片

该卡片上电流曲线间断分布（图 5-24），A 段表示电泵刚启动，此时沉没度比较高，运行电流比较平稳，但是产量和电流都因液面的下降而逐渐减小；B 段表示电泵正常运行，动液面基本接近设计值；C 段反映了随着液面的逐渐下降电流也慢慢下降，然后因气体分离出来，电流出现上下波动，波动幅度随时间的延长越来越大；D 段曲线表明井内气体较多而且已接近泵的吸入口，电流波动最大，直到因气锁抽空而欠载停泵。

产生原因：

离心泵在运行过程中由于某些因素影响，使井液中大量气体进入泵内，造成因气锁抽空，而欠载停泵。

预防方法：
(1) 采取防止气体进入泵的措施；
(2) 缩小油嘴；
(3) 间歇生产；
(4) 选择与供液能力相匹配的机组等。

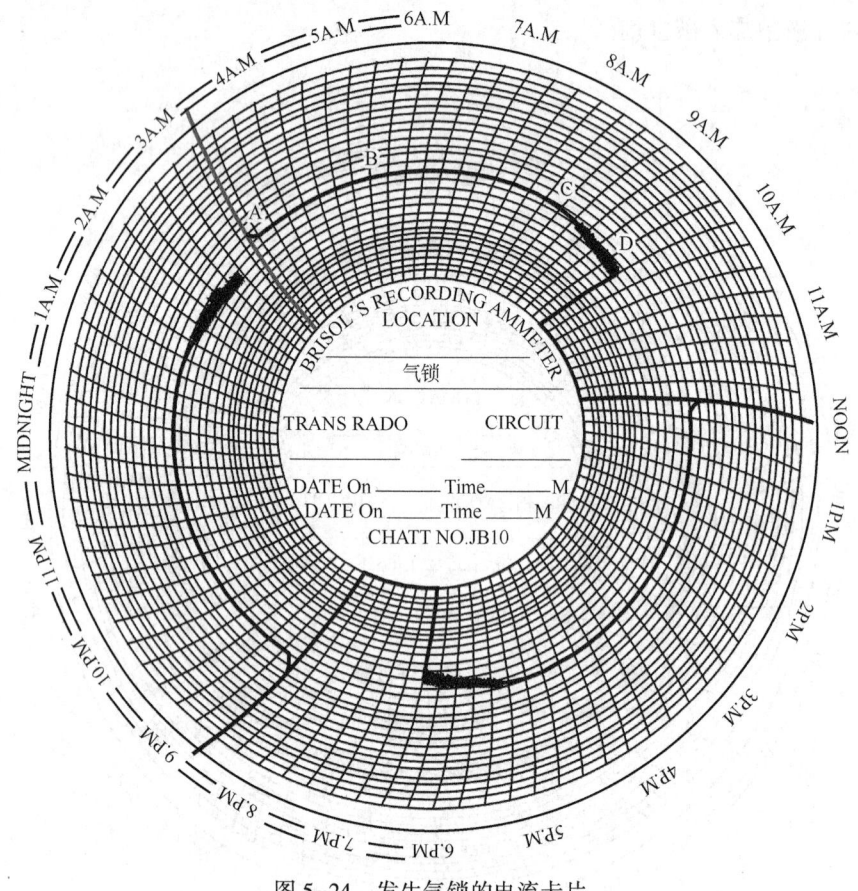

图 5-24 发生气锁的电流卡片

3) 泵抽空时的电流卡片

该卡片上 A、B、C 三段曲线表明电泵由于抽空而自动停机，间隔一定时间后，又自动启动（图 5-25）。

产生原因：
(1) 若发生在电泵井投产初期，为选泵不适当；
(2) 若发生在生产一段时间后，为油井供液不足所致。

预防方法：
(1) 适当缩小油嘴；
(2) 加深泵挂；
(3) 更换小排量机组。

图 5-25　泵抽空电流卡片

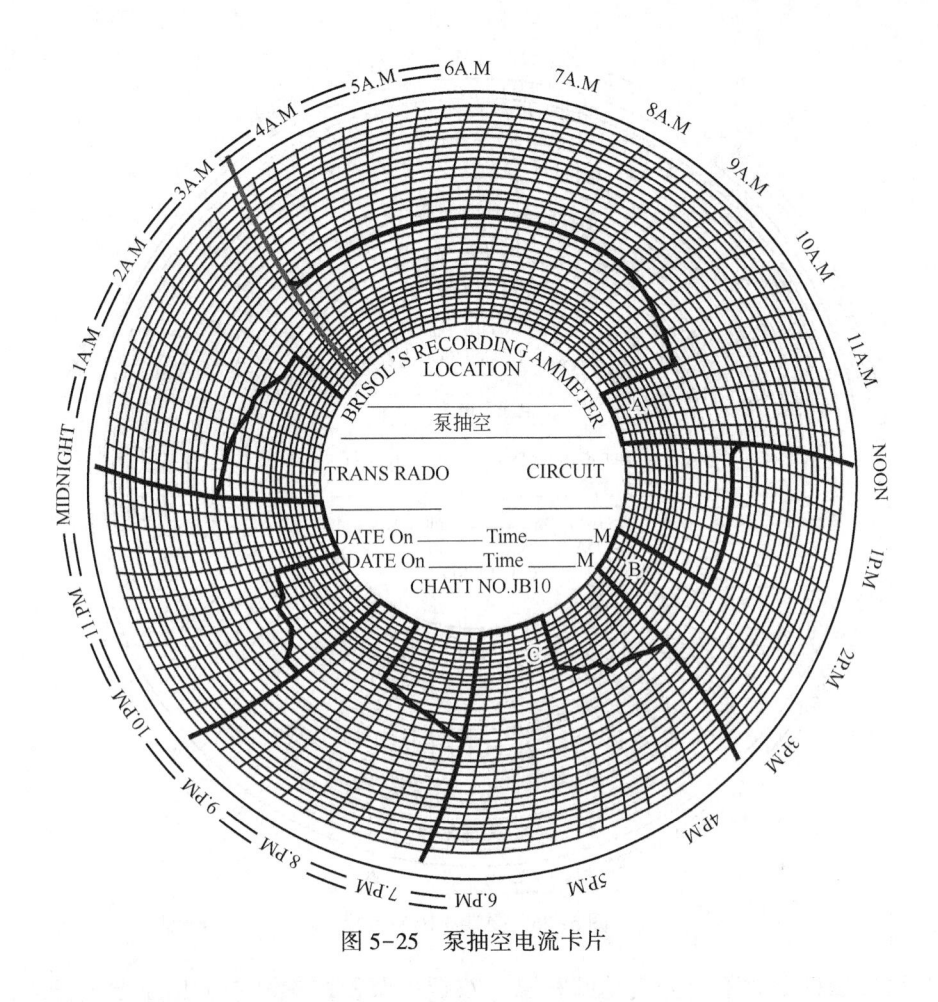

4）泵在有杂质的井液中运行的电流卡片

该卡片上电流曲线明显发生波动，运行一段时间后，自行恢复正常，表明泵启动后，电动机运行不平稳（图 5-26）。

产生原因：井液中含有松散泥沙或碎石屑，一般在钻井液压井作业后可能出现。

处理方法：电泵井作业后应彻底洗井。

5）载荷波动的电流卡片

该卡片上电流曲线变化不规则、没规律（图 5-27）。

产生原因：井液密度发生变化或地面回压过高。

处理方法：不宜手动再启泵，更不许自动启泵，应由现场技术人员检查处理后，方可投入运行。

二、螺杆泵采油

1930 年，法国人 ReneMoinean 发明了螺杆泵，此后便在世界范围内得到了广泛应用，特别是在开采高黏油、含砂、含气原油以及近年来开采聚合物驱的含聚原油等方面均取得了明显的效果。

图 5-26　受杂质影响卡片

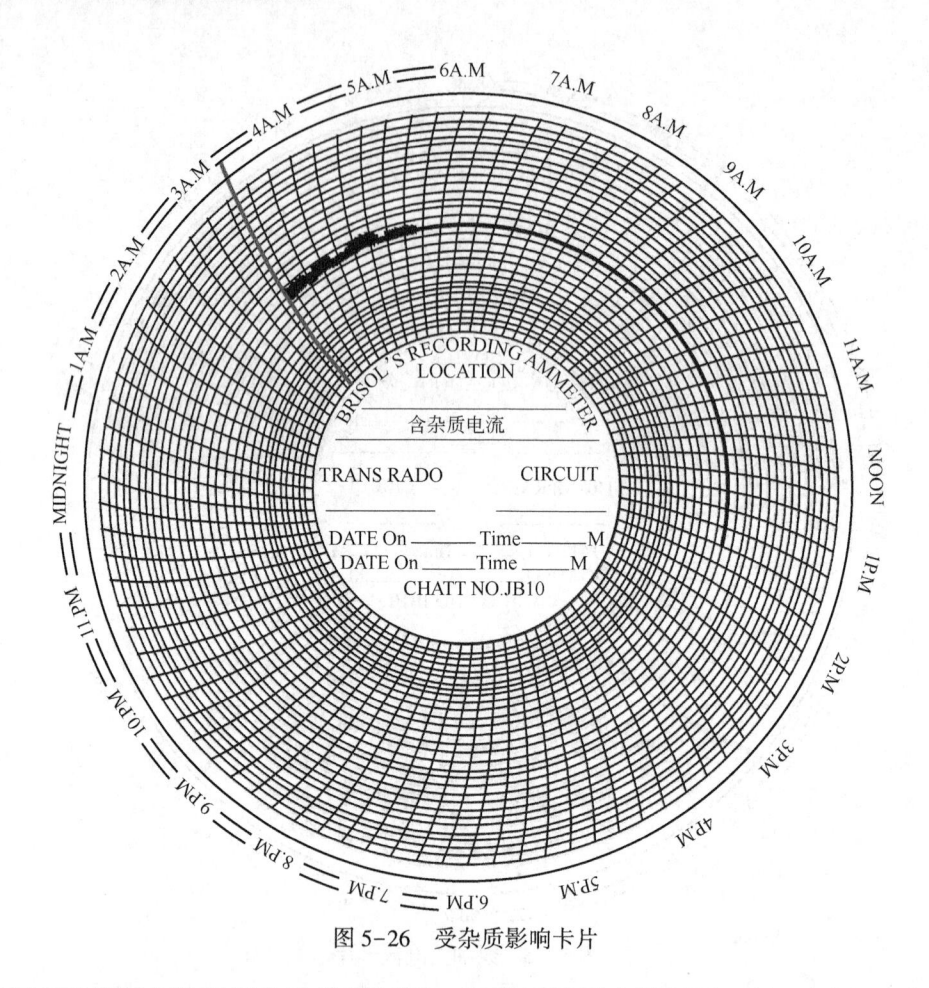

螺杆泵按螺杆个数不同分为单螺杆泵、双螺杆泵及多螺杆泵，用于原油开采的多为单螺杆泵。单螺杆泵又分为液动螺杆泵、电动潜油螺杆泵和地面驱动井下单螺杆泵三种类型。而采油生产中提到的螺杆泵采油通常是指地面驱动井下单螺杆泵，又称为机动螺杆泵。

1. 螺杆泵采油系统的组成

地面驱动井下单螺杆泵采油系统由地面驱动部分、井下部分、电控部分和配套工具等四部分组成（图 5-28）。

1）地面驱动部分

地面驱动部分包括减速箱、支撑架、电动机、密封盒、方卡等。

地面驱动装置是螺杆泵采油系统的主要地面设备，是将动力传递给井下泵转子，使转子做行星运动，实现抽汲作用的机械装置。按驱动方式不同，地面驱动装置可分为电动、液动、气动和内燃机驱动等多种类型，按调速形式不同又可分为分级调速和无级调速两种类型。

2）井下泵部分

井下泵部分包括螺杆泵定子和转子。

图 5-27　载荷波动电流卡

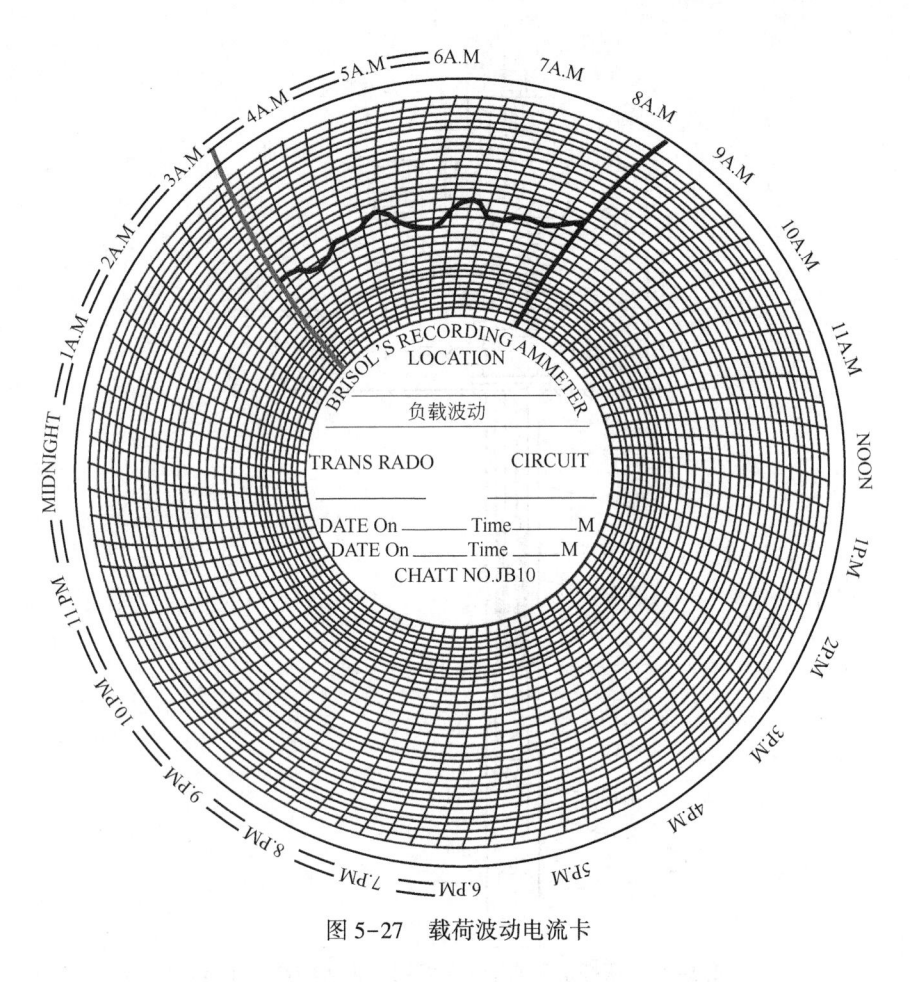

3）电控部分

电控部分包括电控箱和电缆。

4）配套工具部分

配套工具部分包括防脱工具、气锚、防蜡器、防倒转装置、防抽空装置、油管扶正器、抽油杆扶正器、专用井口、特殊光杆等。

工作时，地面动力通过减速箱带动抽油杆柱旋转，使连接于抽油杆末端的螺杆泵转子随之一起转动，井内液体则由螺杆泵下部吸入口处吸入，由上端排出口排出，沿油管流出井口，通过地面管线流至计量间。

2. 螺杆泵的结构及工作原理

1）螺杆泵的结构

螺杆泵主要由定子和转子两部分组成（图 5-29）。转子是经过精加工、表面镀铬的高强度螺杆；定子就是泵筒，它是由一种坚固、耐油、抗腐蚀的合成橡胶精磨成型，然后被永久地粘接在钢壳体内而成。

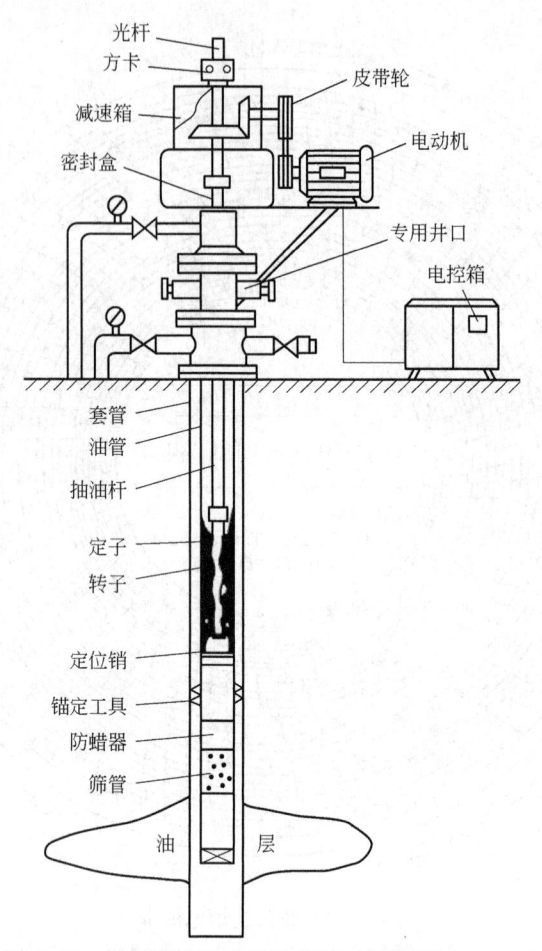

图 5-28　螺杆泵采油系统示意图（据张继红，2014）

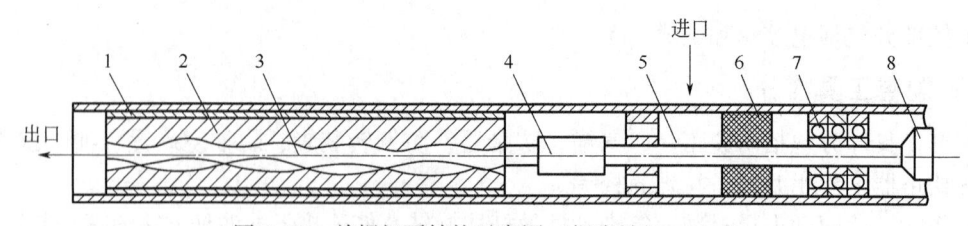

图 5-29　单螺杆泵结构示意图（据张继红，2014）
1—泵壳；2—衬套；3—螺杆；4—偏心联轴节；5—中间传动轴；
6—密封装置；7—径向止推轴承；8—普通连轴节

2）螺杆泵的工作原理

螺杆泵是摆线内啮合螺旋齿轮副的一种应用。螺杆泵靠空腔排油，即螺杆泵的转子、定子副（也称为螺杆—衬套副）利用摆线的多等效动点效应，在转子与定子间形成的一个个互不连通的封闭腔室，当转子转动时，封闭空腔沿轴线方向由吸入端向排出端方向运移。封闭腔在排出端消失，空腔内的原油也就随之由吸入端均匀地挤到排出端。同时，又在吸入端重新形成新的低压空腔将原油吸入。这样，封闭空腔不断地形成、运移和消失，原油便不断地充满、挤压和排出,从而将井中的原油不断地吸入,通过油管举升到井口(图5-30)。

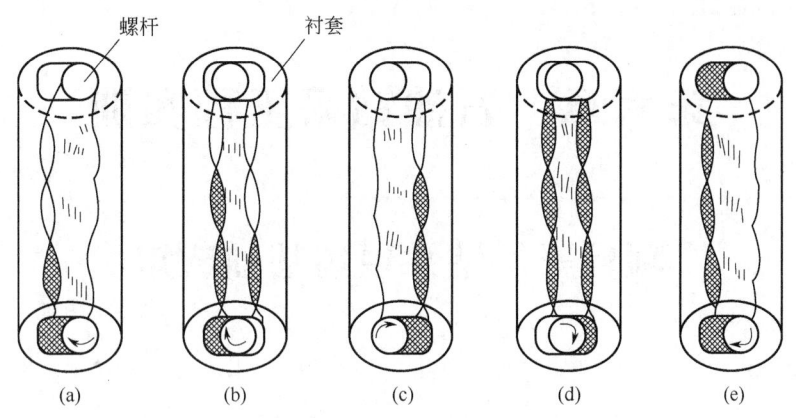

图 5-30　单螺杆泵空腔的运移(据张继红,2014)

螺杆泵是一种容积式泵,它运动部件少,没有阀件和复杂的流道,油流扰动小,排量均匀。由于钢体转子在定子橡胶衬套内表面运动时带有滚动和移动的性质,使采出液中砂粒不易沉积;同时,转子—定子间容积均匀变化而产生的抽汲推挤作用使油气混输效果良好,所以,螺杆泵在开采高黏度、高含砂和含气量较大的原油时,同其他采油方式相比具有独特的优点。

第六章　石油钻采工程实训

项目一　钻井现场基础认知

一、目的

通过穿戴式虚拟仿真设备，了解油田钻井作业现场环境，熟悉作业人员分工及设备工况。

二、设备

虚拟仿真综合实训室——Walkmini-VR 平台。

三、内容

（1）熟悉 Walkmini-VR 平台，学习手柄基本操作方法；
（2）了解钻井现场各设备基本用途。

图 6-1　钻井现场基础认知 VR 学习平台

四、准备

学生在教师指导下完成虚拟仿真设备穿戴并进入钻井现场设备认知系统，使用手柄射线选中"学习模式"，扣动扳机进入场景，开始认知学习。

五、步骤详解

1. 认识劳保穿戴

进入钻井现场，使用手柄移动至人物前，观察其标准穿戴，包含护目镜、防水防滑手套、安全帽、防静电抗油拒水工作服。

2. 认识远程控制台

使用手柄射线跳转至远程控制台附近,射线选中,语音及弹窗讲解其功能:当发生井控险情,可通过液控管线实现远程控制器开关状态,由副司钻操作(图6-2)。

图 6-2　远程控制台

3. 认识猫道

跳转至猫道附近,射线选中高亮的猫道:钻台区域上下管具、工具的通道(图6-3)。

图 6-3　猫道

4. 认识管架

使用手柄跳转至管架附近,射线选中高亮的管架:排放管具的支架。

5. 认识套管钳

使用手柄跳转至套管钳附近,射线选中高亮的套管钳:套管上卸扣动力工具,由内外钳工操作。

6. 认识防喷器组

将手柄移动至套管钳附近,射线选中高亮的封井器组:用于试油、修井、完井等作业过程中关闭井口,防止井喷事故发生(图6-4)。

图 6-4 防喷器组

7. 认识气动绞车

手柄射线选中场景中的气动绞车:气动小型起重机械,用于起吊5t以内小件吊物,由井架工操作(图6-5)。

图 6-5 气动绞车

8. 认识液气大钳

移动手柄选中场景中的液气大钳:钻具上卸扣动力工具,由外钳工操作(图6-6)。

9. 认识工具台与安全带

移动手柄依次选中场景中的高亮工具台和安全带,设备标签标注名称显示:工具台与安全带。

图 6-6　液气大钳

10. 认识司控台

手柄选中场景中高亮的司控房：钻机控制系统操作室，由司钻负责（图 6-7）。

图 6-7　司控房

11. 认识节流控制箱

用户射线选中场景中高亮的节流控制箱：用于液动控制节流阀开关状态（图 6-8）。

12. 认识吊钳

用户射线选中场景中高亮的吊钳：钻具上卸扣动力工具，由外钳工操作，配合液压猫头松扣、紧扣（图 6-9）。

13. 认识指重表

用户射线选中场景中高亮的指重表：用于显示钻压及其与钻机提升载荷关系的仪表。

图 6-8　节流控制箱

图 6-9　吊钳

14. 认识液压猫头

用户射线选中场景中高亮的液压猫头：通过液压系统为吊钳（B 型/DB 型）提供拉力，由副司钻操作（图 6-10）。

图 6-10　液压猫头

15. 认识防喷盒

用户射线选中场景中高亮的防喷盒：用于控制钻具卸扣后钻井液喷溅（图6-11）。

图 6-11　防喷盒

16. 认识小补心

用户射线选中场景中高亮的小补心：置于转盘方瓦内，用于补充口径间隙，使钻具居中。

17. 认识吊带

用户射线选中场景中高亮的吊带：起重用，纤维柔性吊索，用于吊挂套管及小物件。

18. 认识链钳

用户射线选中场景中高亮的链钳：管材上卸扣手工具，用于接卸钻铤、接头时引扣、旋扣。

19. 认识吊卡销

用户射线选中场景中高亮的吊卡销：吊卡配件，防止吊环脱出（图6-12）。

图 6-12　吊卡销

20. 认识钻杆钩

用户射线选中场景中高亮的钻杆钩：用于牵拉扶正钻具和工具。

21. 认识三片式卡瓦

用户射线选中场景中高亮的三片式卡瓦：井口工具，用于放在井内钻杆，由内外钳工操作。

22. 认识多片式卡瓦

用户射线选中场景中高亮的多片式卡瓦：井口工具，用于放在井内钻铤，由内外钳工操作（图6-13）。

图6-13 多片式卡瓦

23. 认识安全卡瓦

用户射线选中场景中高亮的安全卡瓦：配合多片卡瓦夹持井内钻铤，防止钻具下溜（图6-14）。

图6-14 安全卡瓦

24. 认识钻具护丝

用户射线选中场景中高亮的钻具护丝:用于保护钻具丝扣,分钻杆护丝和钻铤护丝(图 6-15)。

图 6-15 钻具护丝

25. 认识钻具提丝

用户射线选中场景中高亮的钻具提丝:钻具吊挂工具,分钻杆提丝和钻铤提丝(图 6-16)。

图 6-16 钻具提丝

26. 认识刮泥器

用户射线选中场景中高亮的刮泥器:用于起下钻过程中刮除钻具表面的钻井液(图 6-17)。

27. 认识防碰天车

用户射线选中场景中高亮的防碰天车:井架安全防护装置,当司钻误操作游动系统上体超过安全位置时,断开动力刹车(图 6-18)。

图 6-17　刮泥器

图 6-18　防碰天车

28. 认识吊卡

用户射线选中场景中高亮的吊卡：井口工具，用于悬持井内管柱，分钻杆吊卡和套管吊卡。

29. 结束

完成基本设备认知，可选择重新开始使用手柄自行漫游选中设备及器具，查看其名称标签及功能讲解等。

项目二　正常钻进接单根操作

一、目的

通过操作钻井仿真实训平台，学习钻井作业基本流程、基本操作及注意事项。

二、设备

钻井实训室钻井—钻井井控仿真实训教学平台（图6-19）。

图 6-19　钻井井控仿真实训教学平台

三、内容

正常钻进接单根训练。

四、准备（设备初始状态）

（1）发电机打开（GEN1#，2#，3#，4#的按钮按下）；
（2）总离合挂合（将总离合手柄扳到"挂合"位置）；
（3）各个防喷器都打开，"压井管线"阀和"节流管线"阀关闭，遥控节流阀开度为50%；
（4）其他手柄都保持在"脱开"位置，开关旋到"OFF"位置，旋钮都左旋到底；
（5）立管管路为通路。

五、操作步骤详解

钻进过程中，每当井眼钻进一根钻杆的长度后，就向钻柱中接入一根钻杆，这个过程称为接单根。

1. 开泵

对于1#泵：
（1）"1号泵离合"手柄扳到"挂合"位置；
（2）1#泵开关"MP1"的旋钮旋到"ON"位置；
（3）1#泵速调节旋钮"MUDPUMP1"右旋，此时可以在参数显示屏上看到1#泵速逐渐变化，调到合适的泵速停止即可，此时可以听到泵运行的声音，且立管压力增大。

对于2#泵：

其开泵的操作同 1#泵，对应的是"2 号泵离合"、"MP2"和"MUDPUMP2"。
注：训练过程中可根据需要开 1 个泵或开 2 个泵。

2. 转盘开转

（1）"转盘刹车"手柄扳到"挂合"位置；
（2）转盘旋转方向开关"RT"旋转到正转"FWD"位置；
（3）将司钻操作台前方的扭矩限旋钮"RTLIMIT"右旋，使其值大于 100kN；
（4）转盘转速调节旋钮"ROTARYTABLE"右旋，此时可以在参数显示屏上看到转盘转速逐渐变化，调到合适的转速停止即可，此时可以听到转盘旋转的现场声音。
场景：转盘开始旋转，转速越大，旋转的速度越快；转速越小，旋转的速度越慢。

3. 刹把抬起

刹把保持自然状态，此时钻压逐渐加大，钻速逐渐增大，当钻压达到一定值（20t）时，稳定钻压，进行钻进，直到方钻杆完全进入井筒。
场景：转盘在旋转，钻具逐渐下移。
注：在此过程中，可以将"自动送钻"手柄扳到"挂合"位置，"自动送钻开关"手柄扳到"开"位置，可实现自动送钻操作，即钻压保持恒定时的钻进操作。

4. 方入到底、刹车

方钻杆完全进入井筒后，此时钻压为 0，钻速为 0，将"工作制动"手柄下压到底刹车。

5. 转盘停转

（1）"转盘刹车"手柄扳到"脱开"位置；
（2）转盘旋转方向开关"RT"旋转到正转"OFF"位置；
（3）转盘转速调节旋钮"ROTARYTABLE"左旋到底，转速为 0。
此时转盘停止旋转，转盘旋转的声音停止。

6. 上提方钻杆

（1）"绞车 1、2 挡"手柄扳到"1 挡"或"2 挡"位置；
（2）"主滚筒控制"手柄扳到"高速"或"低速"位置；
（3）绞车方向控制开关"DW"旋转到"UP"位置；
（4）绞车调速旋钮"DRAWWORKS"右旋到合适的位置；
（5）总油门旋钮"THROTILE"右旋到合适位置；
（6）刹把抬起，即将"工作制动"手柄保持自然状态。
场景：钻具缓慢地向上移动，直到方钻杆与钻杆的接头露出转盘面。
注："绞车 1、2 挡"的"1 挡""2 挡"与"主滚筒控制"的"高速""低速"组合起来，共有 4 种上提速度。

7. 刹把刹车，停止上提钻具

(1) 将"工作制动"手柄下压到底刹车；
(2) "绞车1、2挡"手柄扳到"脱开"位置；
(3) "主滚筒控制"手柄扳到"脱开"位置；
(4) 绞车方向控制开关"DW"旋转到"OFF"位置；
(5) 绞车调速旋钮"DRAWWORKS"左旋到底；
(6) 总油门旋钮"THROTILE"左旋到底。

8. 上卡

将"气动卡瓦"手柄扳到"卡紧"位置。
场景：卡瓦由钻台上移动到井口，卡住钻具。

9. 停泵

1#泵：
(1) "1号泵离合"手柄扳到"脱开"位置；
(2) 1#泵开关"MP1"的旋钮旋到"OFF"位置；
(3) 1#泵速调节旋钮"MUDPUMP1"左旋到底，泵速为0。

2#泵：
停泵的操作同1#泵，对应的是"2号泵离合"、"MP2"和"MUDPUMP2"。
此时泵的声音停止。

10. 液压大钳卸扣

将"气动旋扣器"手柄扳到"卸扣"位置。
场景：液压大钳移动到井口，卡住钻具的接头，左旋进行卸扣，卸扣结束后，液压大钳回到原位。
注：液压大钳回到原位后，需要将"气动旋扣器"手柄扳到"脱开"位置。

11. 上提钻具脱扣

场景：钻具上提，脱扣。手柄操作同步骤6。

12. 接单根

按接单根按钮（当有声音提示时，松开）。
场景：方钻杆由井口移动到小鼠洞，并与小鼠洞内的单根进行对扣。

13. 液压大钳上扣

将"气动旋扣器"手柄扳到"上扣"位置。
场景：液压大钳移动到小鼠洞，卡住钻具的接头，右旋进行上扣，上扣结束，液压大钳回到原位。
注：液压大钳回到原位后，需要将"气动旋扣器"手柄扳到"脱开"位置。

14. 上提钻具

（1）"绞车1、2挡"手柄扳到"1挡"或"2挡"位置；
（2）"主滚筒控制"手柄扳到"高速"或"低速"位置；
（3）绞车方向控制开关"DW"旋转到"UP"位置；
（4）绞车调速旋钮"DRAWWORKS"右旋到合适的位置；
（5）总油门旋钮"THROTILE"右旋到合适位置；
（6）刹把抬起，即将"工作制动"手柄保持自然状态。
场景：小鼠洞内的钻具缓慢地向上移动，到达井口上方0.5m处。

15. 刹把刹车，停止上提钻具

操作步骤同7。

16. 下放钻具，与井口钻具对扣

刹把抬起，即将"工作制动"手柄保持自然状态。
场景：钻具下放，与井内钻具对扣。

17. 刹把刹车

手柄下压到底刹车。

18. 液压大钳上扣

将"气动旋扣器"手柄扳到"上扣"位置。
场景：液压大钳移动到井口，卡住钻具的接头，右旋进行上扣，上扣结束后，液压大钳回到原位。
注：液压大钳回到原位后，需要将"气动旋扣器"手柄扳到"脱开"位置。

19. 去卡

将"气动卡瓦"手柄扳到"脱开"位置。
场景：卡瓦由井口移到钻台上。

20. 下放钻具

刹把抬起，即将"工作制动"手柄保持自然状态。
场景：钻具缓慢下放，直到钻头到井底。

21. 刹把刹车

钻具到达井底后，刹把刹车。

22. 开泵，转盘开转，刹把抬起，继续钻进

正常钻进画面和正常钻进接单根画面如图6-20、图6-21所示。

图 6-20　正常钻进画面　　　　　　　图 6-21　正常钻进接单根画面

项目三　正常钻进井控

一、目的

通过操作钻井仿真实训平台,学习钻井作业基本流程、基本操作及注意事项。

二、设备

钻井实训室钻井—钻井井控仿真实训教学平台（图 6-19）。

三、内容

正常钻进关井训练。

四、准备（设备初始状态）

(1) 发电机打开（GEN1#、2#、3#、4#的按钮按下）;
(2) 总离合挂合（将总离合手柄扳到"挂合"位置）;
(3) 各个防喷器都打开,"压井管线"阀和"节流管线"阀关闭,遥控节流阀开度为 50%;
(4) 其他手柄都保持在"脱开"位置,开关旋到"OFF"位置,旋钮都左旋到底;
(5) 立管管路为通路。

五、操作步骤详解

1. 开泵

1#泵:(1)"1 号泵离合"手柄扳到"挂合"位置;(2) 1#泵开关"MP1"的旋钮旋到"ON"位置;(3) 1#泵速调节旋钮"MUDPUMP1"右旋,此时可以在参数显示屏上看到 1#泵速逐渐变化,调到合适的泵速停止即可,此时可以听到泵运行的声音,且立管压力增大。

2#泵:其开泵的操作同 1#泵,对应的是"2 号泵离合"、"MP2"和"MUDPUMP2"。

注：训练过程中可根据需要开1个泵，还是开2个泵。

2. 转盘开转

（1）"转盘刹车"手柄扳到"挂合"位置；
（2）转盘旋转方向开关"RT"旋转到正转"FWD"位置；
（3）将司钻操作台前方的扭矩限旋钮"RTLIMIT"右旋，使其值大于100kN；
（4）转盘转速调节旋钮"ROTARYTABLE"右旋，此时可以在参数显示屏上看到转盘转速逐渐变化，调到合适的转速停止即可，此时可以听到转盘旋转的现场声音。
场景：转盘开始旋转，转速越大，旋转的速度越快；转速越小，旋转的速度越慢。

3. 刹把抬起

刹把保持自然状态，此时钻压逐渐加大，钻速逐渐增大，方入逐渐增加，当钻压达到一定值（20t）时，稳定钻压，进行钻进。
场景：转盘在旋转，钻具逐渐下移。

4. 溢流报警、停止钻进

（1）钻头进尺1m后开始溢流，参数显示屏上的钻井液池增量超过$1m^3$后开始报警，此时报警器鸣叫，立即按报警器，使其"长鸣"进行报警；
（2）将"工作制动"手柄下压到底刹车；
（3）将转盘停转。过程如下：1)"转盘刹车"手柄扳到"脱开"位置；2）转盘旋转方向开关"RT"旋转到正转"OFF"位置；3）转盘转速调节旋钮"ROTARYTABLE"左旋到底，转速为0。
此时转盘停止旋转，转盘旋转的声音停止。

5. 上提方钻杆

（1）"绞车1、2挡"手柄扳到"1挡"或"2挡"位置；
（2）"主滚筒控制"手柄扳到"高速"或"低速"位置；
（3）绞车方向控制开关"DW"旋转到"UP"位置；
（4）绞车调速旋钮"DRAWWORKS"右旋到合适的位置；
（5）总油门旋钮"THROTILE"右旋到合适位置；
（6）刹把抬起，即将"工作制动"手柄保持自然状态。
场景：钻具缓慢地向上移动，直到方钻杆与钻杆的接头露出转盘面。
注："绞车1、2挡"的"1挡"、"2挡"与"主滚筒控制"的"高速"、"低速"组合起来，共有4种上提速度。

6. 刹把刹车，停止上提钻具

（1）将"工作制动"手柄下压到底刹车；
（2）"绞车1、2挡"手柄扳到"脱开"位置；
（3）"主滚筒控制"手柄扳到"脱开"位置；
（4）绞车方向控制开关"DW"旋转到"OFF"位置；

(5) 绞车调速旋钮"DRAWWORKS"左旋到底；
(6) 总油门旋钮"THROTILE"左旋到底。

7. 停泵

1#泵：(1)"1号泵离合"手柄扳到"脱开"位置；(2) 1#泵开关"MP1"的旋钮旋到"OFF"位置；(3) 1#泵速调节旋钮"MUDPUMP1"左旋到底，泵速为0。

2#泵：停泵的操作同1#泵，对应的是"2号泵离合"、"MP2"和"MUDPUMP2"。此时泵的声音停止。

8. 打开节流管线阀

左手将防喷器控制箱上的"气源开关"手柄右扳到底，右手将防喷器控制箱上的"节流管线"手柄扳到"开"的位置，保持5s，此时"节流管线"的指示灯变灭，"节流管线"阀打开。

9. 关闭环形防喷器

左手将防喷器控制箱上的"气源开关"手柄右扳到底，右手将防喷器控制箱上的"环形防喷器"手柄扳到"关"的位置，保持5s，此时"环形防喷器"的指示灯变亮，"环形防喷器"关闭。

场景：此时大屏幕上显示防喷器组合中的"环形防喷器"关闭的动作。

10. 关闭上闸板防喷器

左手将防喷器控制箱上的"气源开关"手柄右扳到底，右手将防喷器控制箱上部的"闸板防喷器"手柄扳到"关"的位置，保持5s，此时"闸板防喷器"的指示灯变亮，"闸板防喷器"关闭。

场景：此时大屏幕上显示防喷器组合中的"上闸板防喷器"关闭的动作。

11. 打开环形防喷器

左手将防喷器控制箱上的"气源开关"手柄右扳到底，右手将防喷器控制箱上的"环形防喷器"手柄扳到"开"的位置，保持5s，此时"环形防喷器"的指示灯变灭，"环形防喷器"打开。

场景：此时大屏幕上显示防喷器组合中的"环形防喷器"打开的动作。

12. 关闭遥控节流阀

(1) 将遥控节流箱右下方的开关扳到"ON"位置，此时对应指示灯"灭"。
(2) 将遥控节流箱下方遥控节流阀的控制手柄扳向"CHOKECLOSE"位置，直到节流阀完全关闭，此时，遥控节流箱上的节流开度表指针指向"0"。

注：节流开度表下方的旋钮可以控制"遥控节流阀"开关的速度。

13. 记录参数

等待压力稳定，记录关井立管压力、关井套管压力以及钻井液池增量。

14. 关井结束

关井时防喷器动作画面如图 6-22 所示。

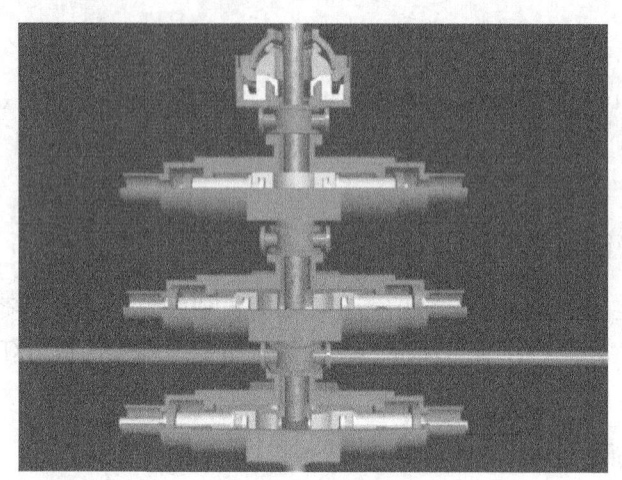

图 6-22　井控关井时防喷器动作画面

正常钻进井控训练评分标准为：
（1）未上提方钻杆，分数为零；
（2）先停泵，后停转，扣 10 分；
（3）停泵后，再提方钻杆，扣 10 分；
（4）节流阀与防喷器操作次序不对，扣 10 分；
（5）关井溢流量大于 1.5m³ 小于 2.0m³，扣 2 分；大于 2.0m³ 小于 3.0 方，扣 5 分；大于 3.0m³ 小于 6.0m³，扣 10 分；
（6）操作过程中发生井漏，扣 10 分；
（7）压井结束后，关井立压及关井套压不为零，扣 10 分；
（8）发生井喷，零分；
（9）钻杆被切断，零分；
（10）压井过程中每分钟记录一次井底压力，若其比地层压力小 0.3MPa，扣 1 分；若小 0.8MPa，扣 3 分；若小 1.5MPa，扣 5 分；若大 1.5MPa，扣 2 分；若大 3.0MPa，扣 5 分。

注意：系统逐步判断，如整个操作过程井底压力始终小于地层压力，则分数会逐渐减为零。

项目四　顶驱正常钻进接立柱训练

一、目的

通过操作钻井仿真实训平台，学习顶驱正常钻进接立柱基本流程、基本操作及注意事项。

二、设备

钻井实训室钻井—钻井仿真实训教学平台（图 6-23）。

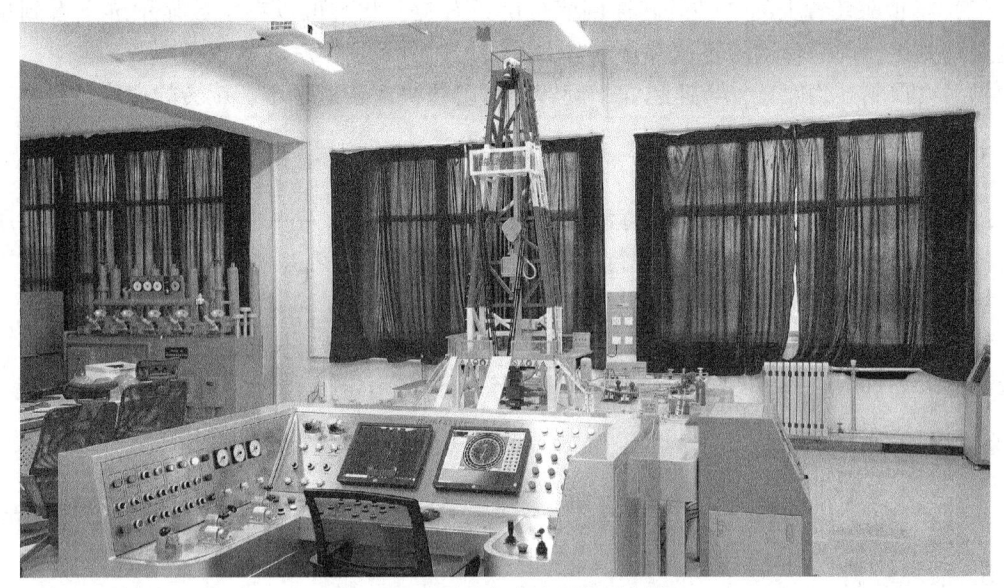

图 6-23　钻井仿真实训教学平台

三、内容

顶驱正常钻进接立柱。

四、准备（设备初始状态）

（1）发电机打开（GEN1#，2#，3#，4#的按钮按下）；
（2）总离合挂合（将总离合手柄扳到"挂合"位置）；
（3）各个防喷器都打开，"压井管线"阀和"节流管线"阀关闭，遥控节流阀开度为 50%；
（4）其他手柄都保持在"脱开"位置，开关旋到"OFF"位置，旋钮都左旋到底；
（5）立管管路为通路。

五、操作步骤详解

1. 开泵

1#泵：（1）"1 号泵离合"手柄扳到"挂合"位置；（2）1#泵开关"MP1"的旋钮旋到"ON"位置；（3）1#泵速调节旋钮"MUD PUMP 1"右旋，此时可以在参数显示屏上看到1#泵速逐渐变化，调到合适的泵速停止即可，此时可以听到泵运行的声音。

2#泵：其开泵的操作同 1#泵，对应的是"2 号泵离合"、"MP2"和"MUD PUMP 2"。

注：训练过程中可根据需要开 1 个泵或开 2 个泵。

2. 顶驱开转

（1）将顶驱装置上"钻井扭矩限"旋钮右旋，使其值大于100kN；

（2）将顶驱装置上的"钻井转速调节"旋钮右旋，此时可以在参数显示屏上看到顶驱转速逐渐变化，调到合适的转速停止即可，此时可以听到顶驱旋转的现场声音。

场景：顶驱开始旋转，转速越大，旋转的速度越快；转速越小，旋转的速度越慢。

3. 刹把抬起

刹把保持自然状态，此时钻压逐渐加大，钻速逐渐增大，钻头进尺逐渐增加，当钻压达到一定值（20t）时，稳定钻压，进行钻进，直到立柱完全进入井筒。

场景：顶驱在旋转，顶驱及钻具逐渐下移。

注：在此过程中，可以将"自动送钻"手柄扳到"挂合"位置，"自动送钻开关"手柄扳到"开"位置，可实现自动送钻操作，即钻压保持恒定时的钻进操作。

4. 立柱到底、刹车

立柱完全进入井筒后，此时钻压为0，钻速为0，将"工作制动"手柄下压到底刹车。

5. 顶驱停转

将顶驱装置上的"钻井转速调节"旋钮左旋到底，顶驱转速为0。

此时顶驱停止旋转，顶驱旋转的声音停止。

6. 上卡

将"气动卡瓦"手柄扳到"卡紧"位置。

场景：卡瓦由钻台上移动到井口，卡住钻具。

7. 停泵

1#泵：（1）"1号泵离合"手柄扳到"脱开"位置；（2）1#泵开关"MP1"的旋钮旋到"OFF"位置；（3）1#泵速调节旋钮"MUD PUMP 1"左旋到底，泵速为0。

2#泵：停泵的操作同1#泵，对应的是"2号泵离合"、"MP2"和"MUD PUMP 2"。

此时泵的声音停止。

8. 背钳卸扣

将顶驱装置上的"背钳"旋钮式开关旋到"卸扣"位置，进行卸扣。

场景：背钳在卸扣，卸扣结束后，顶驱上移。

注：卸扣后，需要将"背钳"开关旋到"OFF"位置。

9. 上提顶驱

（1）"绞车1、2挡"手柄扳到"1挡"或"2挡"位置；

（2）"主滚筒控制"手柄扳到"高速"或"低速"位置；

（3）绞车方向控制开关"DW"旋转到"UP"位置；

(4) 绞车调速旋钮"DRAWWORKS"右旋到合适的位置；
(5) 总油门旋钮"THROTILE"右旋到合适位置；
(6) 刹把抬起，即将"工作制动"手柄保持自然状态。

场景：顶驱缓慢的向上移动，直到顶驱上移到二层平台。

注："绞车1、2挡"的"1挡"、"2挡"与"主滚筒控制"的"高速"、"低速"组合起来，共有4种上提速度。

10. 刹把刹车，停止上提顶驱

(1) 将"工作制动"手柄下压到底刹车；
(2) "绞车1、2挡"手柄扳到"脱开"位置；
(3) "主滚筒控制"手柄扳到"脱开"位置；
(4) 绞车方向控制开关"DW"旋转到"OFF"位置；
(5) 绞车调速旋钮"DRAWWORKS"左旋到底；
(6) 总油门旋钮"THROTILE"左旋到底。

11. 吊环前伸

将顶驱装置上的"吊环"旋钮式开关旋到"前伸"位置，吊环伸出去抓取立柱盒内的立柱。

场景：吊环前伸，抓取立柱盒内的立柱，并与井口钻具对扣。

注：立柱与井口钻具对扣后，需要将"吊环"旋钮旋到初始位置（中间）。

12. 背钳上扣

将顶驱装置上的"背钳"旋钮式开关旋到"上扣"位置，进行上扣。

场景：背钳在上扣。

注：上扣后，需要将"背钳"开关旋到"OFF"位置。

13. 液压大钳上扣

将"气动旋扣器"手柄扳到"上扣"位置。

场景：液压大钳移动到小鼠洞，卡住钻具的接头，右旋进行上扣，上扣结束后，液压大钳回到原位。

注：液压大钳回到原位后，需要将"气动旋扣器"手柄扳到"脱开"位置。

14. 去卡

将"气动卡瓦"手柄扳到"脱开"位置。

场景：卡瓦由井口移到钻台上。

15. 开泵、顶驱开转，刹把抬起，继续钻进

顶驱正常钻进画面如图6-24至图6-26所示。

图 6-24　顶驱正常钻进画面

图 6-25　吊环前倾抓立柱画面

图 6-26　顶驱接立柱画面

项目五　顶驱正常钻进井控训练

一、目的

通过操作钻井仿真实训平台，学习顶驱正常钻进接立柱基本流程、基本操作及注意事项。

二、设备

钻井实训室钻井—钻井仿真实训教学平台（图6-23）。

三、内容

顶驱正常钻进关井训练。

四、准备（设备初始状态）

(1) 发电机打开（GEN1#，2#，3#，4#的按钮按下）；
(2) 总离合挂合（将总离合手柄扳到"挂合"位置）；
(3) 各个防喷器都打开，"压井管线"阀和"节流管线"阀关闭，遥控节流阀开度为50%；
(4) 其他手柄都保持在"脱开"位置，开关旋到"OFF"位置，旋钮都左旋到底；
(5) 立管管路为通路。

五、操作步骤详解

1. 开泵

1#泵：(1)"1号泵离合"手柄扳到"挂合"位置；(2) 1#泵开关"MP1"的旋钮旋到"ON"位置；(3) 1#泵速调节旋钮"MUD PUMP 1"右旋，此时可以在参数显示屏上看到1#泵速逐渐变化，调到合适的泵速停止即可，此时可以听到泵运行的声音。

2#泵：其开泵的操作同1#泵，对应的是"2号泵离合"、"MP2"和"MUD PUMP 2"。

注：训练过程中可根据需要开1个泵或开2个泵。

2. 顶驱开转

(1) 将顶驱装置上"钻井扭矩限"旋钮右旋，使其值大于100kN；
(2) 将顶驱装置上的"钻井转速调节"旋钮右旋，此时可以在参数显示屏上看到顶驱转速逐渐变化，调到合适的转速停止即可，此时可以听到顶驱旋转的现场声音。

场景：顶驱开始旋转，转速越大，旋转的速度越快；转速越小，旋转的速度越慢。

3. 刹把抬起

刹把保持自然状态，此时钻压逐渐加大，钻速逐渐增大，钻头进尺逐渐增加，当钻压达到一定值（20t）时，稳定钻压，进行钻进。

场景：顶驱在旋转，顶驱及钻具逐渐的下移。

4. 溢流报警、停止钻进

（1）钻头进尺1m后开始溢流，参数显示屏上的钻井液池增量超过1m³后开始报警，此时蜂鸣器鸣叫，立即按报警器，使其"长鸣"进行报警；

（2）将"工作制动"手柄下压到底刹车；

5. 顶驱停转

将顶驱装置上的"钻井转速调节"旋钮左旋到底，顶驱转速为0。
此时顶驱停止旋转，顶驱旋转的声音停止。

6. 上提顶驱及钻具

（1）"绞车1、2挡"手柄扳到"1挡"或"2挡"位置；

（2）"主滚筒控制"手柄扳到"高速"或"低速"位置；

（3）绞车方向控制开关"DW"旋转到"UP"位置；

（4）绞车调速旋钮"DRAWWORKS"右旋到合适的位置；

（5）总油门旋钮"THROTILE"右旋到合适位置；

（6）刹把抬起，即将"工作制动"手柄保持自然状态。

场景：钻具缓慢地向上移动，直到立柱的接头露出钻台平面。

注："绞车1、2挡"的"1挡""2挡"与"主滚筒控制"的"高速""低速"组合起来，共有4种上提速度。

7. 刹把刹车，停止上提

（1）当立柱接头露出钻台平面后，将"工作制动"手柄下压到底刹车；

（2）"绞车1、2挡"手柄扳到"脱开"位置；

（3）"主滚筒控制"手柄扳到"脱开"位置；

（4）绞车方向控制开关"DW"旋转到"OFF"位置；

（5）绞车调速旋钮"DRAWWORKS"左旋到底；

（6）总油门旋钮"THROTILE"左旋到底。

8. 停泵

1#泵：（1）"1号泵离合"手柄扳到"脱开"位置；（2）1#泵开关"MP1"的旋钮旋到"OFF"位置；（3）1#泵速调节旋钮"MUD PUMP 1"左旋到底，泵速为0。

2#泵：停泵的操作同1#泵，对应的是"2号泵离合"、"MP2"和"MUD PUMP 2"。

此时泵的声音停止。

9. 打开节流管线阀

左手将防喷器控制箱上的"气源开关"手柄右扳到底，右手将防喷器控制箱上的"节流管线"手柄扳到"开"的位置，保持5s，此时"节流管线"的指示灯变灭，"节流管线"阀打开。

10. 关闭环形防喷器

左手将防喷器控制箱上的"气源开关"手柄右扳到底,右手将防喷器控制箱上的"环形防喷器"手柄扳到"关"的位置,保持5s,此时"环形防喷器"的指示灯变亮,"环形防喷器"关闭。

场景:此时大屏幕上显示防喷器组合中的"环形防喷器"关闭的动作。

11. 关闭上闸板防喷器

左手将防喷器控制箱上的"气源开关"手柄右扳到底,右手将防喷器控制箱上部的"闸板防喷器"手柄扳到"关"的位置,保持5s,此时"闸板防喷器"的指示灯变亮,"闸板防喷器"关闭。

场景:此时大屏幕上显示防喷器组合中的"上闸板防喷器"关闭的动作。

12. 打开环形防喷器

左手将防喷器控制箱上的"气源开关"手柄右扳到底,右手将防喷器控制箱上的"环形防喷器"手柄扳到"开"的位置,保持5s,此时"环形防喷器"的指示灯变灭,"环形防喷器"打开。

场景:此时大屏幕上显示防喷器组合中的"环形防喷器"打开的动作。

13. 关闭遥控节流阀

(1)将遥控节流箱右下方的开关旋转至"ON"位置,此时对应指示灯"灭"。

(2)将遥控节流箱下方遥控节流阀的控制手柄扳向"CHOKE CLOSE"位置,直到节流阀完全关闭,此时,遥控节流箱上的节流开度表指针指向"0"。

注:节流开度表下方的旋钮可以控制"遥控节流阀"开关的速度。

14. 记录参数

等待压力稳定,记录关井立管压力、关井套管压力以及钻井液池增量。

15. 关井结束

空井溢流画面如图6-27所示。

顶驱正常钻进井控训练评分标准:

(1)未上提钻具,分数为零;

(2)先停泵后停转,扣10分;

(3)停泵后再提钻具,扣10分;

(4)节流阀与防喷器操作次序不对,扣10分;

(5)关井溢流量大于$1.5m^3$小于$2.0m^3$,扣2分;大于$2.0m^3$小于$3.0m^3$,扣5分;大于$3.0m^3$小于$6.0m^3$,扣10分;

(6)操作过程中发生井漏,扣10分;

(7)压井结束后,关井立压及套压不为零,扣10分;

(8)发生井喷,零分;

图 6-27　空井溢流画面

（9）钻杆被切断，零分；
（10）压井过程中每分钟记录一次井底压力，若其比地层压力小 0.3MPa，扣 1 分；若小 0.8MPa，扣 3 分；若小 1.5MPa，扣 5 分；若大 1.5MPa，扣 2 分；若大 3.0MPa，扣 5 分。

注意：每一点都判断一次，因此，如果整个操作过程井底压力始终小于地层压力，则分数会逐渐减为零。

项目六　采油工程全景认知

一、目的

通过漫游油气生产全景系统，熟悉各采油作业方法及其主要设备组成、注意事项。

二、设备

虚拟仿真综合实训室—油气生产实训全景系统：www.yqscqj.xsyu.edu.cn（图 6-28）。

图 6-28　油气生产实训全景系统

三、内容

（1）完成全景系统采油场景各学习要点学习；
（2）完成全景系统采油场景在线考试。

四、准备

学生穿戴鞋套进入虚拟仿真综合实训室，并在教师指导下完成油气生产实训全景系统学员信息注册。

五、操作步骤详解

1. 进入课程

使用学号登陆系统进入采油生产实训场景。点击"采油实训"进入课程页面（图6-29）。

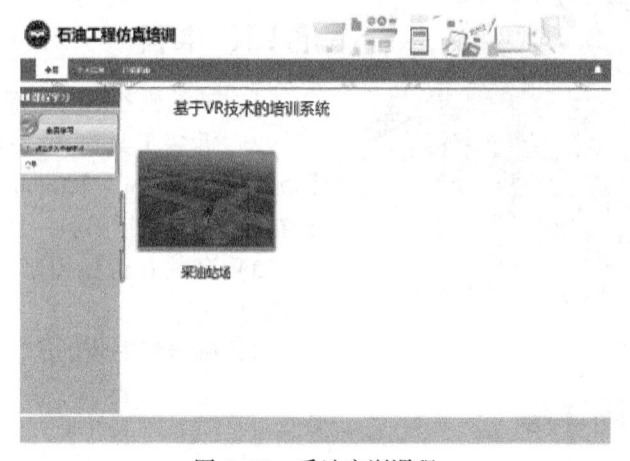

图6-29　采油实训课程

2. 开始学习

按系统提示依次完成课程介绍、热点学习、课程考试三部分内容学习（图6-30）。

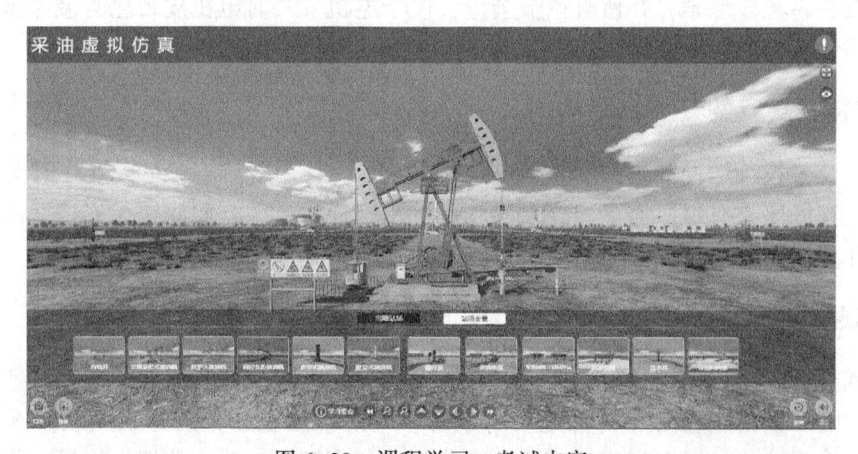

图6-30　课程学习、考试内容

项目七 抽油机拆装实训

一、目的

通过漫游油气生产全景系统，熟悉各采油作业方法及其主要设备组成、注意事项。

二、设备

采油装备实训室—游梁式抽油机拆装教学模型（图6-31）。

三、内容

分组完成游梁式抽油机教学模型拆装。

四、准备

（1）抽油机各组装零部件准备齐全；

（2）拆装工具榔头、扳手、内六角扳手、活扳手（150mm、200mm）、钳子、螺丝刀（梅花，平口）、铜棒各一件；

（3）穿戴好劳保用具（安全帽、工作服、手套等）；

（4）确定好安装场地。

图6-31 游梁式抽油机拆装教学模型

五、操作步骤详解

1. 安装底座

将底座各零部件摆放于安装场地旁边，预留出安装抽油机时的场地。清点底座各零部件是否齐全。五至六人一组，把底座放置于安装场地上，组装各零部件。将电机支座固定在底座上，用扳手将螺栓上紧，并留有调节余量，便于电机安装时电机皮带轮与减速箱皮带轮横向调节，确保皮带在同一直线上。

2. 安装驴头支架

将支架及各连接螺栓准备好，清点支架等零件是否齐全。5~6人一组，把支架放置于底座前端，在底座上有出厂前事先打好的孔。选用螺栓将支架与底座进行连接，用扳手将螺母上紧，并留有调节余量，便于调节游梁与减速器输出轴连接曲柄的平行度。

3. 减速器的安装

安装减速器时，首先检查减速器是否漏油；手动转动减速器输入轴，观察减速器输出轴是否异常，听一下齿轮箱齿轮转动是否有杂音，确定减速箱合格后进行安装。五至六人一组，首先，将橡胶垫放置于底座减速器的安装位置的支架上，对好位置。然后，将减速器放置到橡胶垫上，协同橡胶垫一起对好位置（注：减速器放置于安装位置时，不允许将手伸到减速器底下扶正橡胶垫，待放置好减速器后可以调整）。选用合适螺栓将减速器固定在底座支架上，用扳手将螺母扳紧。

4. 安装减速器皮带轮、曲柄

减速器安装好后，检查输入轴、输出轴是否有附带的平键。将输入轴及输出轴的皮带轮，曲柄，刹车轮及刹车装置零部件准备齐全。

先安装皮带轮及制动轮，将皮带轮对准输入轴，键槽对正，选用铜棒将其嵌入输入轴，直到顶到二级台阶。选用同样的方法将制动轮嵌入输入轴的另一端输出轴。嵌入皮带轮后，将平键镶入轴与皮带轮上的键槽里。输入轴皮带轮用螺钉将皮带轮与输入轴连接在一起，确保工作时皮带轮因惯性与皮带拉力原因向外滑脱。

安装曲柄，将曲柄置放于输出轴，对正键槽口，用铜棒将其嵌入输出轴至顶到二级台阶，将平键镶入。然后曲柄靠近输出轴的一端是开口的，用双头螺柱将其背紧，这样能更可靠地固定在输出轴上。曲柄为成对使用，减速器两端的曲柄安装方法一样。安装好以后用螺钉将轴与曲柄连接，防止滑脱。

5. 安装电动机

在安装电动机前，将输出皮带轮安装在电机输出轴上，固定好。把安装好皮带轮的电动机置于底座事先安装好的电机支架上，用螺栓固定，并留有调节余量。安装V带，安装V带应该先安装小皮带轮，借助大皮带轮的摩擦以及V带的弹性，将V带安装到位。调整电动机纵向、横向V带的偏斜，保证V带松紧程度合适及减速器皮带轮与电动机皮带轮在同一直线上。上紧电动机底座及电机座上的螺母，防止电动机偏斜或纵向移动，造成抽油机工作不平稳。

6. 安装制动装置

抽油机的制动装置是在抽油机未接通电路或断电的情况下控制抽油机立即停止转动或停留在任意位置的一个装置，在安装的时候可以起到一定的安全作用。

将制动装置各零部件准备齐全，根据图纸要求进行组装。

（1）刹车总成：根据图纸组装刹车片。将刹车带固定与刹车片上，选用铆钉或沉头螺钉将其固定（图6-32）。将弹簧安装于刹车销轴上，一端将凸轮拉杆与刹车销轴固定，另一端待两片刹车片连接后选用螺母扳紧，调整到合适位置，再用螺栓将刹车片固定在减速器上。

（2）刹车连接座：将组装完的刹车连接座固定于抽油机底座安装位置上，用螺栓扣紧（图6-33）。

（3）刹车支架、手柄：根据装配图纸，组装刹车支架及手柄。安装在抽油机底座上，用螺栓固定。刹把安装完后，用手握住刹把与手柄时，确定锁块能锁住或打开手柄，保证安装无误（图6-34）。

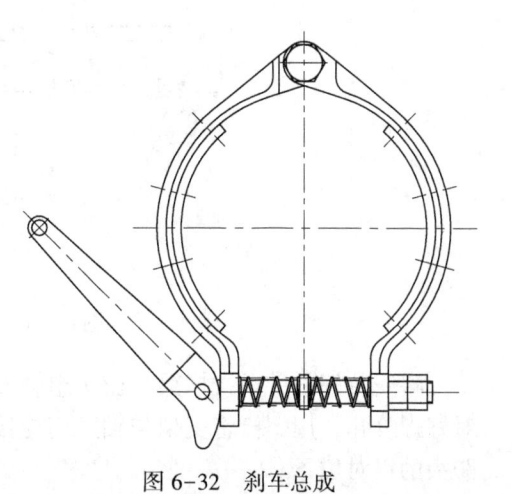

图6-32 刹车总成

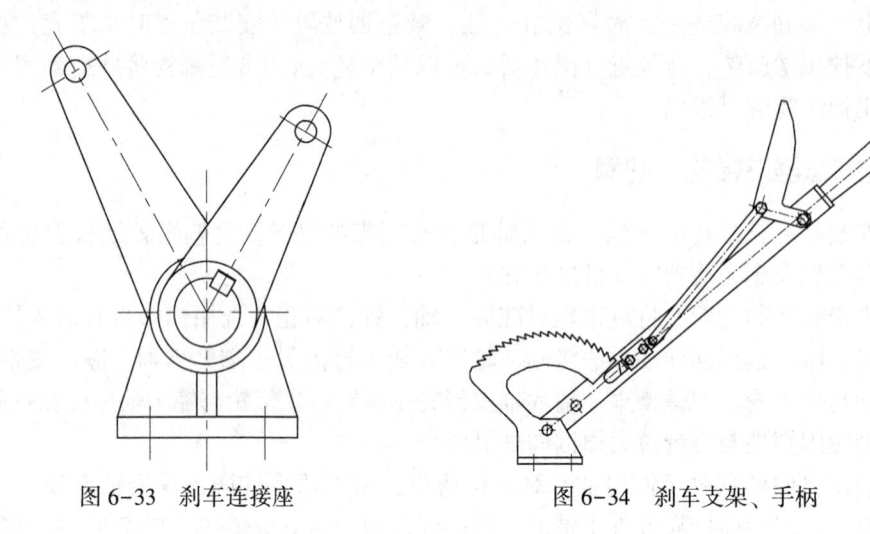

图 6-33　刹车连接座　　　　　　图 6-34　刹车支架、手柄

（4）连接连杆：将刹车片、连接座、刹车支架固定完后，用连杆连接各结构。

制动装置安装完成后，两名学员握住手柄，反复试验几次，观察刹车片是否能抱死制动轮。另一名学员用手转动 V 带（注：转动 V 带时注意安全，不要挤伤手指），确定转不动为宜。松开手柄，观察刹车片是否与制动轮摩擦。避免摩擦，保证刹车带的使用寿命。

7. 安装游梁、驴头、横梁

安装游梁，首先进行组装，将连接横梁、支架的轴承座安装在游梁上。轴承座可以在地面上操作安装。将组装好的轴承座装配到游梁上，用螺栓背紧。游梁与支架间的连接轴承座可以组装到一起安装在游梁上，用销轴连接各轴承座，紧钉定位。横梁上轴承座的安装与前面相同，装入轴承，上紧压盖。用销轴将横梁轴承座与连接在游梁上的轴承座相连接，紧钉顶紧销轴定位。转动横梁或轴承座，观察其旋转是否自如，保证在工作时不会被卡死。之后，将驴头安装在游梁上，用销钉固定驴头，在工作时使其不能转动。将踏板安装到游梁上，螺栓上紧固定（图 6-35）。

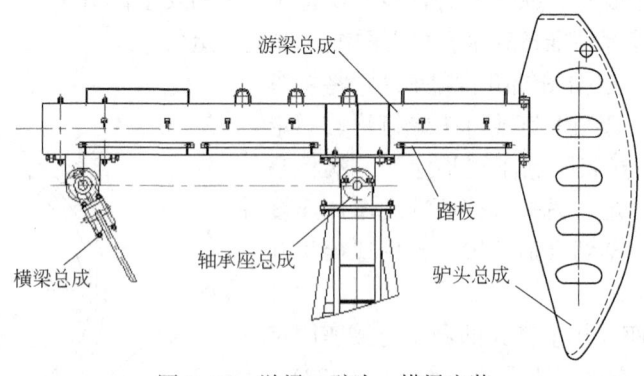

图 6-35　游梁、驴头、横梁安装

将安装好的游梁、横梁、驴头组合安装到井架上。将游梁、驴头组合放置在支架上端，对好螺纹孔，用螺栓将支架与轴承座连接在一起，螺栓不要上紧并留有调节余量，便于调节驴头的正对位置。

8. 安装平衡块

检查平衡块及定位块等各配件是否齐全。在安装平衡块前，学员可以用手转动皮带，将曲柄调节到适合位置进行安装。曲柄调整到合适位置后，另外学员扳动制动装置手柄，锁住减速器，使之不能自由转动，保证在安装平衡块时，加重后曲柄自由转动，造成伤害。在确保制动装置锁死状态时，将定位块安装在平衡块牙口位置，用螺栓固定在平衡块上。然后将平衡块安装在曲柄上，采用V型槽调节螺栓将平衡块固定。定位块在平衡块牙口中正好卡在曲柄丝杠上，进行固定，保证平衡块的安全工作。

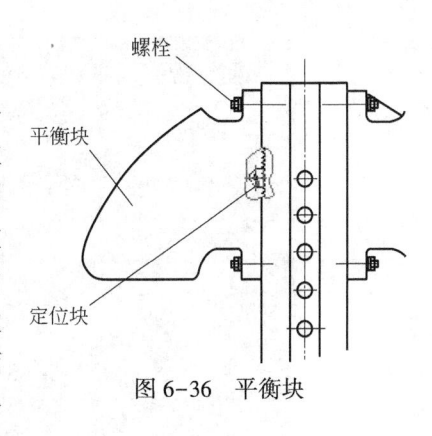

图 6-36 平衡块

9. 连杆组装

将连杆各组件准备齐全。轴承座装入轴承，两岸两端有丝扣，将其上紧到连接座内，调整两件连杆长度一样，使之在运转时平稳工作。与曲柄相连的一端，用螺栓将其背紧在曲柄上的光孔内，里面加弹簧垫用螺母背紧。另一端采用销子将其与横梁相连，开口销固定防止销子脱落。可根据装配实际情况调节两杆长度，使之均衡运转工作。

上述装配完成后，基本装配就完成了。接下来做的就是整体调节抽油机。学员可以用手转动V带（注：松开制动装置），使抽油机运转，观察抽油机的工作状态是否平稳，调整驴头的偏斜度，观察轴承的运转是否自如，调节两岸的长短等。整体运转没有问题后，将先前没有背紧的螺母全部背紧。

机械部分安装完成。

项目八 井下管柱拆装实训

一、目的

通过实际拆装训练，熟悉整筒泵采油生产管柱、螺杆泵采油生产管柱内部结构、工作原理以及关键部件之间的组合关系。

二、设备

采油装备实训室—井下管柱组装模型（图6-37）。

三、内容

分组完成整筒泵采油生产管柱、螺杆泵采油生产管柱教学模型拆装。

四、准备

（1）在教师指导下完成采油生产安全仿真实训教学系统中"井下设备"部分学习；
（2）管柱各组装零部件准备齐全：光杆、抽油杆、抽油杆防脱器、抽油杆扶正器、释

图6-37 井下管柱组装模型

放接头、脱接器、管式抽油泵、筛管、丝堵、螺杆泵、油管扶正器、油管锚、油管；
(3) 穿戴好劳保用具（安全帽、工作服、手套等）；
(4) 确定好安装场地。

五、操作步骤详解

1. 整筒泵采油生产管柱

整筒泵采油生产管柱的组成顺序为：光杆→抽油杆→油管→抽油杆扶正器→抽油杆防脱器→释放接头→脱接器→管式抽油泵→筛管→丝堵。

该管柱应用于有杆泵采油管柱。通过抽油杆带动管式抽油泵柱塞做往复运动，抽汲原油自地层流出，经筛管进入管式泵的固定阀、游动阀、油管，然后排至地面管汇。其中抽油杆扶正器用于对抽油杆柱的扶正，防止抽油杆及其接箍与油管的接触磨损；抽油杆防脱器可自身旋转，防止抽油杆柱在运动过程中产生旋转运动时倒扣、卸扣现象的发生；脱接器和释放接头用于抽油杆柱与管式泵柱塞间的对接与脱开，以方便下一步的检泵等井下作业。

2. 螺杆泵采油生产管柱

螺杆泵采油生产管柱的组成顺序为：光杆→抽油杆→油管→抽油杆扶正器→油管扶正器→螺杆泵→油管锚→筛管→丝堵。

该管柱属螺杆泵采油管柱。抽油杆从地面设备获得的旋转能量传递给螺杆泵的转子，转子相对定子旋转，形成一系列由转子和定子的接触线所密封的腔室。随着转子的转动，泵入口处不断形成敞开室，在沉没压力作用下不断被井液充满，并逐渐形成密封腔向泵排出端移动，将井液排出井口。其中抽油杆扶正器用于对抽油杆柱的扶正，防止抽油杆及其接箍与油管的接触磨损；油管扶正器用于对油管柱进行扶正，防止油管过度弯曲；油管锚用于对螺杆泵定子的锚定，防止定子随转子旋转倒扣。

项目九 抽油机示功图分析

一、目的

通过绘制、分析抽油机示功图,了解理论示功图的概念及各点、线含义。能够根据实际示功图判识常见故障,并提出简单的排故方案。

二、设备

采油实训室—采油生产安全仿真实训教学系统(6-38)。

图 6-38 采油生产安全仿真实训教学系统

三、内容

(1)绘制理论示功图,注明各点、线含义(表6-1);

表 6-1 理论示功图各点、线意义分析

项目		意义
四个点	A 点	
	B 点	
	C 点	
	D 点	
六条线	AB 线	
	BC 线	
	CD 线	
	DA 线	
	ABC 线	
	CDA 线	
两条虚线	BB′	
	DD′	

(2)根据测试数据,在方格纸或白纸上绘制标准实测示功图,标明各点、线及单位,并与理论示功图进行比较;

(3) 分析影响抽油井工作状况的主要因素，并提出改进措施。

四、准备

完成实训项目六学习。

五、操作步骤详解

(1) 使用教师端登陆采油生产安全仿真实训教学系统。

(2) 单击右上角"故障下发"按钮，弹出窗口（图6-39），在左上角"区域名称"中选择"抽油机井口"，即可在"故障项目"中显示所有抽油机故障项目。

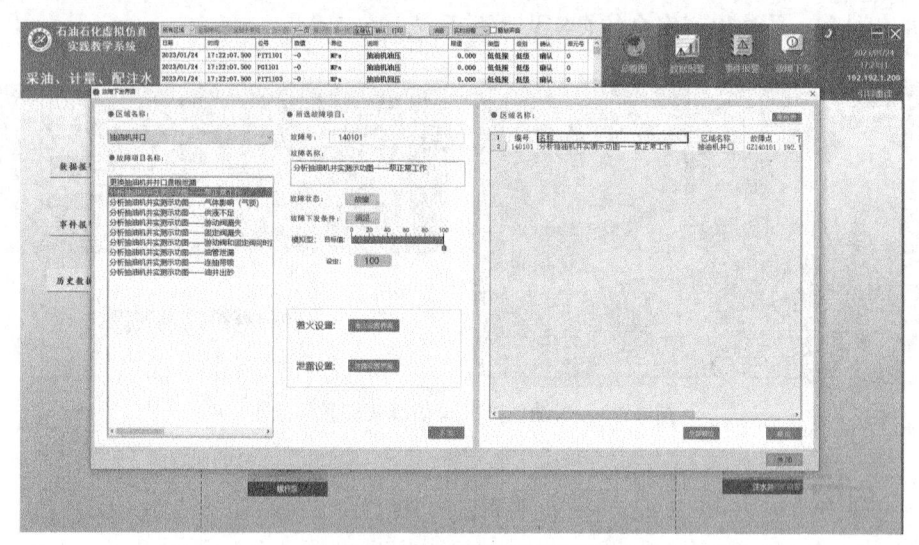

图 6-39　抽油机故障下发弹窗

(3) 在"故障项目"中选择"分析抽油机井实测示功图"某一项，例如：选择"分析抽油机井实测示功图——泵正常工作"。单击按钮"下发"，实测示功图即下发成功（图6-40）。

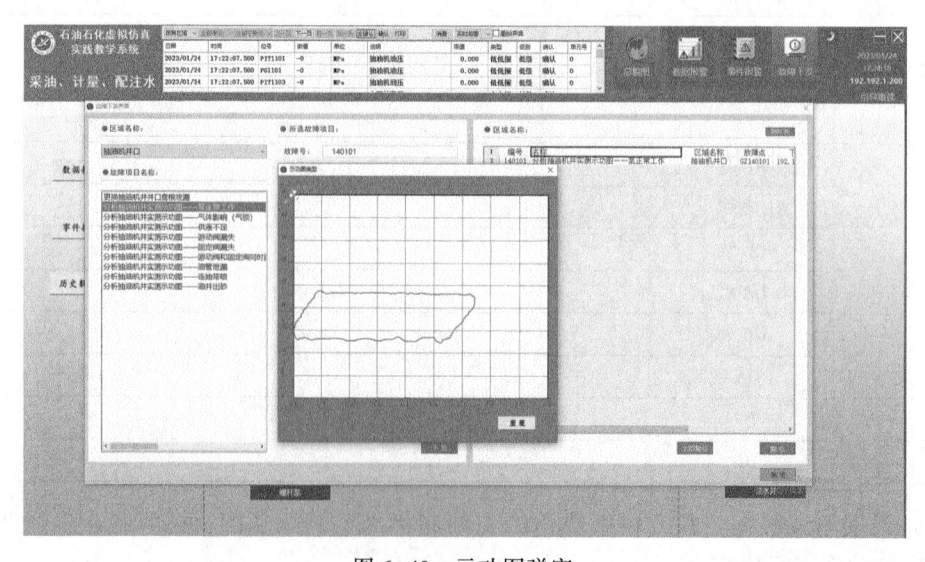

图 6-40　示功图弹窗

(4) 学员登录学生端,在抽油机界面单击"读功图"按钮,即可在计算机屏幕或游梁式抽油机控制柜显示屏上查看教师端下发的实测示功图,进行学习、分析等练习。

(5) 分析抽油机井实测示功图,提交实训报告(表6-2)。

(6) 实训结束后,清理实训平台桌面,恢复实训前状态。

表 6-2　实测示功图分析

运行状况		故障名称	
原因分析			
处理措施			

项目十　电泵井电流卡片分析

一、目的

通过不同工况电流卡片分析,熟悉潜油电泵工作原理以及生产所用各类工具的用途、内部结构、工具之间的组合关系。能够根据实际电流卡片判识常见故障,并提出简单的排故方案。

二、设备

采油实训室—采油生产安全仿真实训教学系统(图6-38)。

三、内容

(1) 比较实际电流卡片与理想工作电流的差异。
(2) 观察卡片曲线形状,定性卡片运行状况。
(3) 分析出影响电泵井正常生产的原因,提出相应措施。

四、准备

已完成实训项目六学习。

五、操作步骤详解

(1) 使用教师端登陆采油生产安全仿真实训教学系统。

(2) 单击右上角"故障下发"按钮,弹出窗口(图6-41),在左上角"区域名称"中选择"电潜泵井口"。即可在"故障项目"中显示所有电潜泵故障项目。

(3) 在"故障项目"中选择"分析电泵井电流卡片"某一项,例如:选择"分析电泵井电流卡片——正常工作"。单击按钮"下发",即实测电流图下发成功。

(4) 学员登录学生端,在潜油电泵界面单击"读功图"按钮,即可在计算机屏幕或电潜泵控制柜显示屏上查看教师端下发的实测示功图,进行学习、分析等练习。

(5) 观察故障设备电流曲线形状,定性卡片运行状况,分析影响电泵井正常生产的主要原因,提出预防或改进措施,完成实训报告(表6-3)。

(6) 实训结束后,清理实训平台桌面,恢复实训前状态。

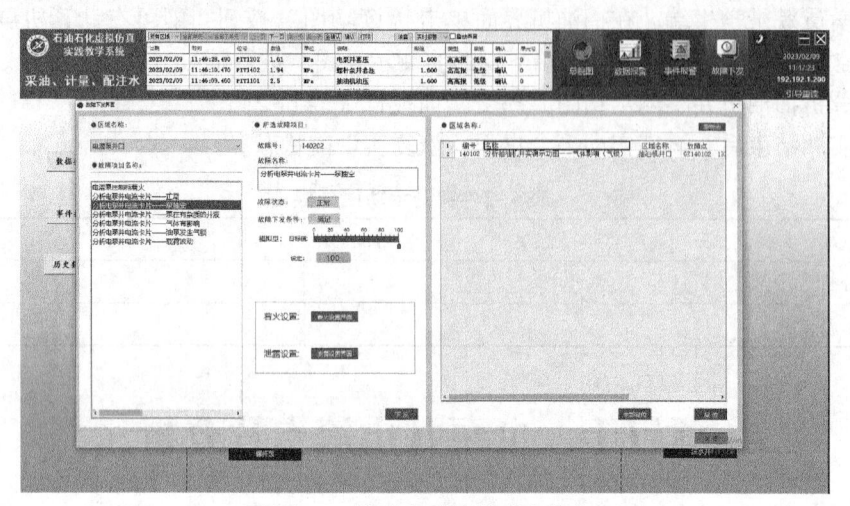

图 6-41　潜油电泵故障下发弹窗

表 6-3　潜油电泵故障分析表

运行状况		故障名称	
原因分析			
预防方法			

第三篇

油气集输与催化裂化

第七章　油气集输工艺及装备基础

将油田各油井采出的原油和天然气进行收集、分离、初步处理并输送到油库（外输首站）和天然气用户的整个过程，称为油气集输。

矿场油气集输的主要工作内容包括：

(1) 确定油田油井产物的集输方案，设计相应的流程；

(2) 确定油气水分离、计量、净化、稳定等过程的工艺实施方案，选择和设计实现这些过程的设备，并配置管网；

(3) 对油气集输的各种设施进行日常运行管理、维修、保温等。

第一节　油气集输基础

一、油气集输流程分类

将各油井生产的原油和天然气进行收集、初加工，并输送到油库和天然气用户过程中的油气流向、布局和所采用的方法，称为油气集输流程。

1. 按转油和量油方式分类

根据转油和量油方式不同，可分为分井计量分井转油、集中计量集中转油、分井计量集中转油等典型流程。

1) 分井计量分井转油集输流程

这种流程是每口井都装有量油分离器，计量和油气分离工作都在每口井的井场上进行，分离后的油气分别进入集油和集气两条管路进行输送。

这种流程大多利用油井剩余能量进行输送，分离器压力必须比集油管线压力高，而且要有相当的余量。

2）集中计量集中转油集输流程（小站流程）

一个区的油井计量和分离工作都集中在计量转油站，由一个生产分离器担任几口井的转油工作，把几口井的产物一起分离、一起计量。对每一口井的油气产量计量，另用一个单井分离器，轮流计量。

3）分井计量集中转油集输流程（单管密闭混输）

油井油气在井场计量后，油气再混入同一条管线混输到转油站。转油站工作是将各井送来的油气混合物进行油气分离，记录其总产量。这种流程，节约管线，但必须注意各井回压问题，否则油井间生产干扰特别严重。

2. 按输送介质分类

根据输送介质不同，可分为单管密闭混输流程和油气分输流程（小站流程）。

1）单管密闭混输流程

油井产出的混合物，从井口到分离器计量后，油气又重新混合，混输到转油站，转油站再将油气分离，分别外输，即如上所述的分井计量集中转油（图7-1）。

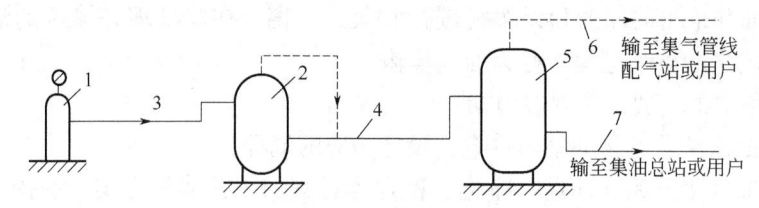

图7-1 油气混输（单管密闭）流程示意图

1—油井；2—计量分离器；3—出油管线；4—集油管线；5—集油站油气分离器；6—气管线；7—油管线

2）油气分输流程（小站流程）

油井产出的油气混合物，从井口混输到计量站分别计量油气产量，经过油气分离分别将油气送到转油站和用户（图7-2）。

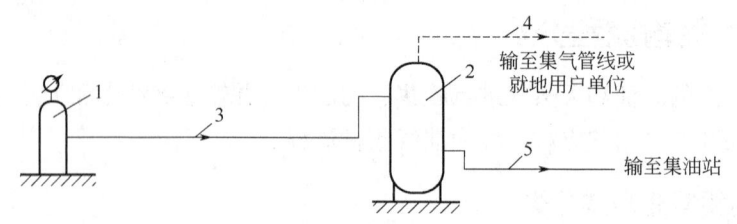

图7-2 油气分输（双管）流程示意图

1—油井；2—油气分离器；3—出油管线；4—气管线；5—油管线

3. 按集输管网形状分类

1）排状或环状管网

整个油井串连在一条干线上，相当于单管密闭混输，单井计量集中转油（图7-3）。其优点是：省钢材；省设备，因为泵站少，因而所用设备、机泵、锅炉少，耗电少，适合新开发的油田。其缺点是：适应性差，主要体现在回压高，端点井产液进不了干线，不适合多套井网开采，后期不好调整；集中控制自动化比较困难；井口复杂。

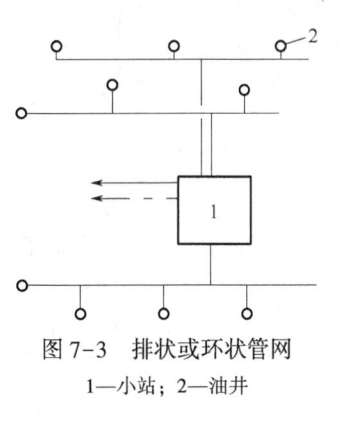

2)"米"字形管网

相当于集中计量、集中转油的小站流程（图7-4）。其优点是：适应性强，对地层复杂、断层多、地层压力变化大的地层均有一定适用性；后期调整方便；井场设备简单，便于集中控制和自动化管理。缺点是：投资大。

图 7-3 排状或环状管网
1—小站；2—油井

3) 放射状管网

放射状管网实际上是以上两种管网的结合，相当于集中计量、集中转油，其特点与"米"字形管网相同（图7-5）。

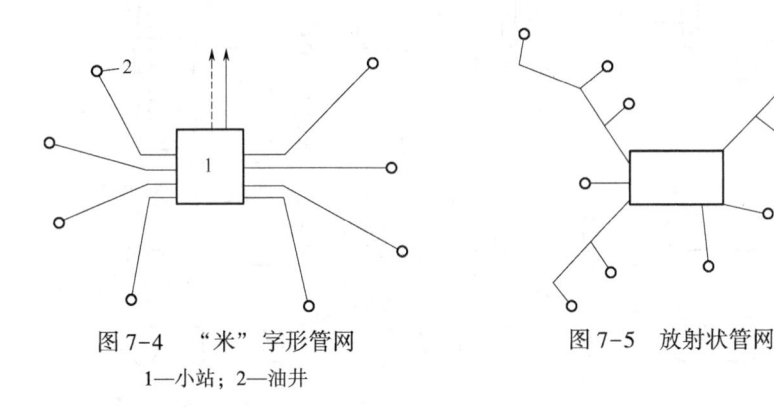

图 7-4 "米"字形管网
1—小站；2—油井

图 7-5 放射状管网

二、常见集输流程

因各油田的地质条件和地理位置不同，油气性质各异，开采方法也不一样，因此，各油田所选用的油气集输流程也各有千秋。

1. 萨尔图流程（"串糖葫芦"流程）

萨尔图流程是大庆油田根据早期采用的内部切割注水开发方案、原油性质、以及当地自然条件提出的（图7-6）。

特点：单管多井串联集输，井口采用水套炉加热保温，单井计量，井口产品在转油站、脱水站分离脱水后外输，为"单管混输"流程。

优点：省钢材，省投资，省动力；多井串联，集油半径大，节省设备，电力消耗少。

缺点：井间干扰严重，端点井和低压井原油进不了干线；不利于油井调整；不利于集中控制和自动化。

2. 喇嘛甸流程

喇嘛甸流程即井口加热、双管出油、高压热油洗井的流程（图7-7）。

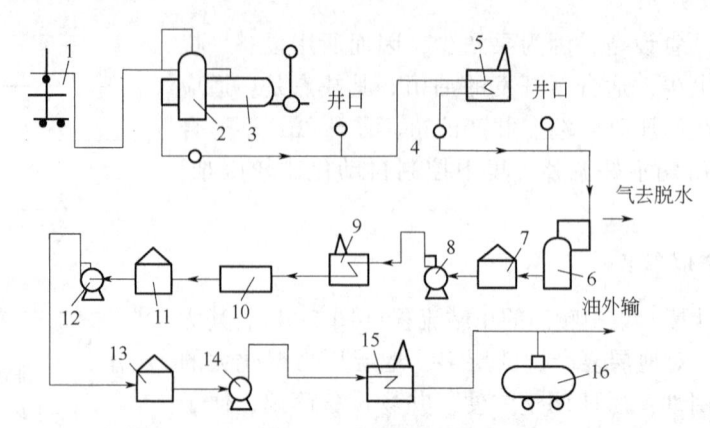

图 7-6 萨尔图流程

1—油井；2—计量分离器；3—分离缓冲罐；4—井口；5,9,15—加热炉；6—油气分离器；
7,11—缓冲罐；8,12,14—输油泵；10—沉降罐；13,16—储油罐

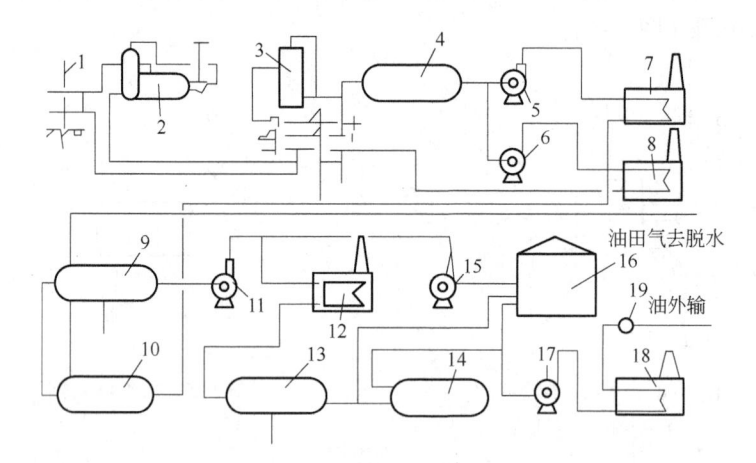

图 7-7 喇嘛甸流程图

1—油井；2—井口水套炉；3—计量分离器；4—分离缓冲罐；5—油泵；6—热洗泵；
7—外输炉；8—热洗炉；9—沉降罐；10—分离器；11—脱水泵；12—脱水炉；13—电脱水器；
14—油缓冲罐；15—事故泵；16—储油罐；17—外输泵；18—外输炉；19—流量计

特点：不但具有萨尔图流程井口加热的特点，还具有单井进站集中计量的小站流程特点。该流程采用双管流程。洗井清蜡时，利用热洗管将高压热油送至井口，正常生产时则双管出油，热洗管也作为出油管使用。这样既提高了管网利用率，又防止了热洗冻结。

优点：单井计量集中在站上，管理方便，计量准确；管线热损失小。

3. 三管热水伴随流程

三管热水伴随流程是由计量站将水泵进热水炉，加热升温后由站内总机关分配到各井，然后由回水管线与出油管线一起伴随进站，热水循环使用，构成三管式集输流程（图 7-8）。油气进站后进行分离和计量，原油进罐，经外输泵进入加热炉，升温至 40～60℃后被送往脱水转油站或联合站，天然气进外输干线。

特点：去油井热水管线单独保温，对井口装置伴随加热，回水管线与油井出油管线一起保温，计量工艺简单准确。

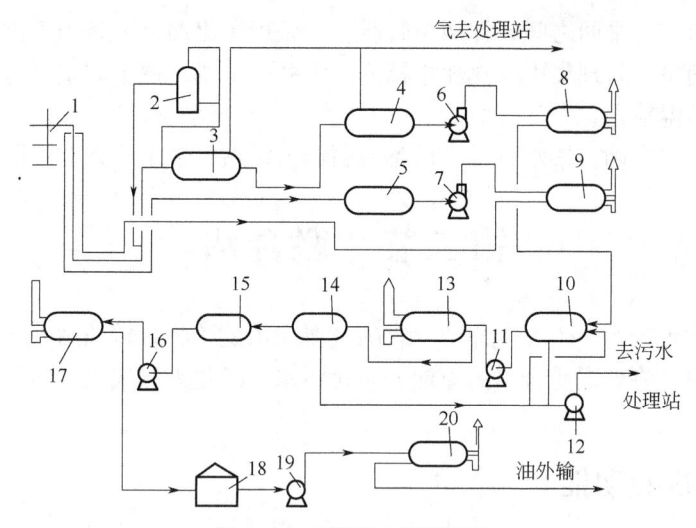

图 7-8 三管热水伴随流程

1—油井；2—计量分离器；3—分离缓冲罐；4—缓冲罐；5—水罐；6,16,19—外输泵；7—热水泵；8,17,20—外输炉；9—热水炉；10—沉降罐；11—脱水泵；12—污水泵；13—脱水罐；14—电脱水器；15—缓冲罐；18—储油罐

优点：适应性强；井场简化，集中计量，集中管理，便于集中控制和自动化；关井作业方便，不堵管线，计量准确。

缺点：一次投资、消耗钢材和施工工作量大；耗热指标高，热水管线腐蚀严重。

4. 双管掺热水流程

双管掺热水流程是在井口将污水和生产出的原油混合，输至计量站的分离缓冲罐，而后再用泵将油水混合物输至脱水站的沉降罐，进行沉降脱水处理（图 7-9）。

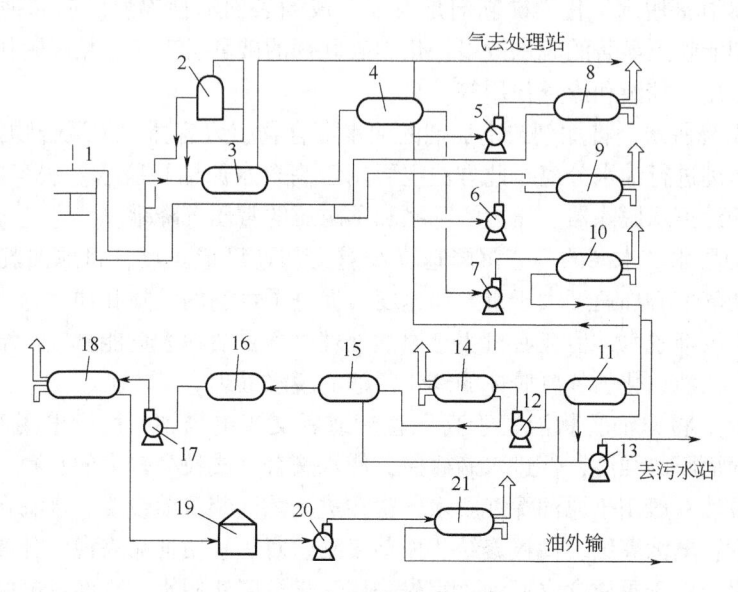

图 7-9 双管掺热水流程

1—油井；2—计量分离器；3—分离缓冲罐；4—游离水脱除器；5—掺水泵；6—洗井泵；7,17,20—外输泵；8—掺水二合一；9—热洗二合一；10,18—外输炉；11—沉降罐；12—脱水泵；13—污水泵；14—脱水加热炉；15—电脱水器；16—缓冲罐；19—储油罐；21—外输加热炉

特点：在井口与计量间之间设计两条管线，一条用于出油，一条用于掺水。

优点：井场简单，管理集中，热耗指标低；无井间干扰，便于调整，适应性强；高含水期后有利于实现常温输送。

缺点：计量不够准确；掺水管线、设备易腐蚀，结垢；热水洗井对油层有伤害。

第二节　联合站

联合站是原油生产的一个关键环节，它的主要作用是接收各转油站来油，对油气水进行分离、净化、加热，将处理后合格的原油、净化污水、净化天然气输送向下一级处理单元或使用单元。

一、联合站的功能

在实际的生产过程中，采油井产物包括原油、气、水、砂、盐等，为了便于处理，必须先对它们进行初步分离预处理。各计量站来油进入联合站后，经油气水三相分离器后，气体去天然气处理区，污水去水处理区，含有一定量水的原油依次进入电脱水器、加热炉、稳定塔，得到稳定的原油，由外输泵提供能量，计量后外输。

1. 原油脱水

原油中所含的水分，有的在常温下用简单的沉降方法较短时间内就能从原油中分离出来，这类水称为游离水；有的则很难用沉降法从原油中分离出来，这类水称为乳化水。乳化水与原油的混合物称为乳化液，需用专门的办法才能脱除。

一般采取的脱水方法有：

（1）化学破乳剂脱水。化学破乳剂是人工合成的表面活性物质。向原油与乳状液中加入少量破乳剂即能收到显著的脱水效果。化学破乳剂的破乳机理有正相吸附作用、反相乳化作用、反离子作用、润湿和渗透作用等。

（2）重力沉降脱水。将加剂或不加剂的油水混合物引入容器，为混合物提供停留时间，依靠重力沉降原理进行油水分离。此方法主要用于高含水原油预脱水。按容器的耐压能力，容器分为耐压的游离水脱除器、压力沉降罐和不耐压的常压沉降罐。

（3）离心力脱水。水滴的匀速沉降速度和重力加速度成正比，将原油乳状液置于离心场内，水滴所受的离心加速度大于重力加速度，促进了水滴的沉降和油水分层，故离心脱水速度远高于重力沉降脱水，但离心机用于原油处理时需要消耗大量能量，且结构复杂。此方法常用于含较多泥沙、化学絮凝胶体的老化污油的脱水处理。

（4）电脱水。将原油乳状液置于高压直流或者交流电场中，由于电场对水滴的作用，削弱了水滴界面面膜的强度，促进水滴碰撞，使水滴合并成粒径较大的水滴，在原油沉降中分离出来。此方法一般用于原油深度脱水，常在进入炼油装置前设置。水滴在电场中的聚结方式主要有三种：电泳聚结、偶极聚结、振荡聚结。对于轻质油品来说，分离宜采用热沉降化学沉降法脱水；对于重质含水原油，宜先采用化学沉降法脱水，再经过电脱水。

2. 原油稳定

在通常情况下，原油中含有甲烷、乙烷和丁烷等气体。这些轻烃从原油中挥发出来时会带走大量戊烷、乙烷等组分，从而造成原油大量的损失。为了降低油气集输过程中原油的蒸发损耗，一个有效的办法就是将原油中挥发性较强的轻烃比较完全的脱除出来，使得原油在常温常压下的蒸气压低于环境压力，这就是原油的稳定。原油稳定所采用的基本方法可有：闪蒸法（正压闪蒸、负压闪蒸、常压闪蒸、冷热汽提闪蒸）、分馏法（精馏、提馏、分馏和多级分馏）等。

3. 轻烃回收

在各级分离和原油稳定过程中，经过回收加工得到的轻烃是石油化工的重要原料，是工业和民用洁净燃料。石油工业的迅速发展和原油产量的不断增加，为大量回收利用油中的轻烃创造了条件。总的趋势是力求提高加工深度，合理利用油气资源。油田轻烃回收技术已由比较简单易行的直接冷冻法，发展为直接膨胀冷凝和冷凝法、膨胀法等多种工艺方法，并注重深度加工，以期回收更多的轻烃产品。

4. 天然气脱水

随原油一起生产出来的油田伴生气，一般都含有饱和水蒸气，伴生气中存在水蒸气不仅降低了管线输送能力和气体热值，而且当输送压力和环境条件变化时，还可能引起水蒸气从天然气中析出，形成液态水、冰或天然气固体水化物，从而增加管路压降，严重时堵塞管道。天然气脱水有固体吸附剂吸附法、甘醇吸附法、分子筛吸附法、自然冷冻分离等方法。当伴生气中存在酸性气体时，更会加速二氧化硫和二氧化碳对管线、设备的腐蚀，同时若将这种天然气作为化工原料也会十分不利，因为这些酸性物质会使催化剂中毒，影响产品和中间产品的质量，并且污染环境。因此，无论作为燃料或化工原料，都必须脱除气体中的水蒸气和酸性物质，以满足输送、加工和化工利用的要求。

5. 油田采出污水处理

油田采出污水来源于油气生产过程中产出的地层伴生水。油田采出污水以水为主，含固体杂质、油类等复合体系为了使油田采出污水达到回注和排放的水质要求，必须针对不同的污水水质选用合适的方法进行处理，污水处理是联合站不可缺少的功能。

目前回注主要采用的工艺是：浮动收油+斜板沉降除油+气浮除油除杂+两级过滤。湿蒸汽注汽锅炉回用采用的主要工艺是：浮动收油+斜板沉降除油+气浮除油除杂+两级过滤+两级软化。生化达标排放采用的主要工艺是：浮动收油+斜板沉降除油+气浮除油除杂+两级水解酸化+两级（三级）好氧。

二、联合站集输系统及其工艺流程

联合站集输系统是进行油水处理的一个重要环节，原油的油水分离过程有自然沉降脱水、化学脱水、机械过滤脱水、电脱水等多种方法。目前我国各油田普遍采用的是沉降脱水、电脱水、电化学脱水、联合使用等方法，脱水流程主要有两种，即两段式和三段式。

1. 两段式处理工艺

两段式脱水流程为：来自中转站的高含水原油进入联合站后，首先进入三相分离器，在破乳剂的化学作用和重力沉降作用下，分离出大部分游离水，高含水原油变成含水 20%~

30%的中含水原油。三相分离器出口原油进入脱水加热炉，加热升温至45～50℃。加热后的含水原油在输送管道中与一定数量的破乳剂混合，进入复合电脱水器进行油水分离。原油在电脱水器内的电场力和化学破乳剂的共同作用下，进行油水的最终分离，经过合理控制电场强度、加药量和脱水器的油水界面，使电脱水后的原油含水达到0.5%以下，从而得到满足要求的净化原油。脱水后的净化原油进入净化油缓冲罐，再经外输泵外输。脱出的污水进入污水沉降罐，进行污水处理（图7-10）。

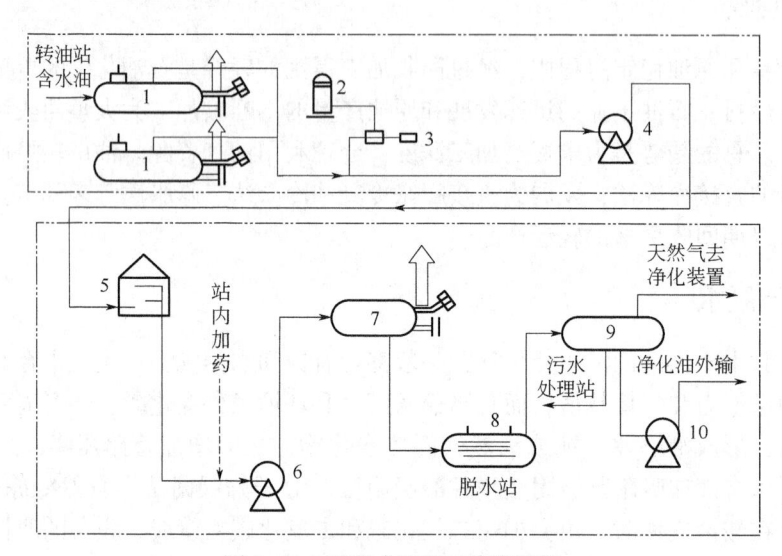

图7-10 两段式处理工艺流程图

1—分离缓冲沉降罐；2—加药罐；3—加药泵；4—输油泵；5—沉降罐；6—脱水泵；
7—加热炉；8—电脱水器；9—净化油缓冲罐；10—外输泵

两段式处理系统主要包括两个子系统：自然沉降脱水系统（一段脱水系统）、电脱水系统（二段脱水系统）。目前，油田绝大多数联合站都采用这种处理系统。该系统简单、节省设备、能耗低、脱水效果较好。但随着分离技术的进步，加之电脱水装置维护麻烦，许多油田已停用电脱水器，采用三相分离+大罐沉降工艺处理原油。

2. 三段式处理工艺

三段式集输系统与两段式集输系统工艺原理相似，主要的区别在于中转站的来油首先进入游离水脱除器，进行沉降脱水，脱水至含水70%左右，然后进入压力沉降罐，进行压力沉降脱水，脱水至30%左右，再进入电脱水器进行电脱水，经电脱水后，成为净化原油。

三段式集输系统包括三个子系统：自然沉降脱水系统、压力沉降脱水系统、电脱水系统。这种集输系统虽流程复杂、设备较多、能耗较高，但是脱水效果较好。

第三节　常见油气集输设备

一、加热设备

加热是转油站工作的重要组成部分，原油的分离、沉降脱水与输送过程中需要加热，油井的保温与热洗也需要转油站提供热载体，加热是采油生产正常运行的重要条件。

1. 站用水套加热炉

站用水套加热炉简称水套炉，用于加热原油，供外输用（图7-11）。在水套炉壳内，火筒上方有油盘管，被加热的原油等液体从其中流过，水套炉壳与火筒的空间充满水。燃料在火筒内燃烧后将热量传递给炉壳内的水，油盘管浸于水中而吸收水的热量，从而使油盘管内的原油受热。

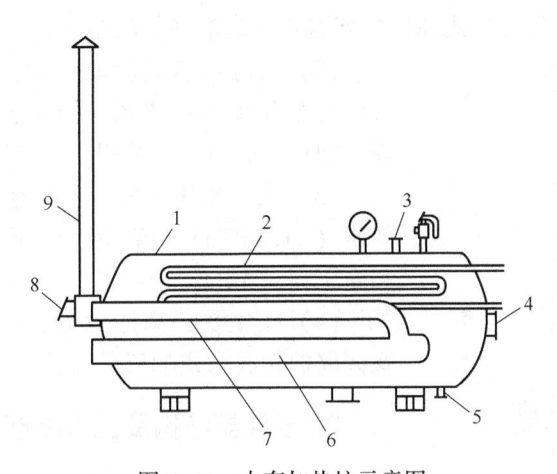

图 7-11　水套加热炉示意图

1—壳体；2—盘管；3—加水管；4—人孔；5—排污孔；6—火筒；7—烟管；8—防爆门；9—烟囱

2. 加热、缓冲二合一装置

加热、缓冲二合一加热设备是集加热与缓冲等功能为一体的联合装置，也是转油站加热油、水的主要设备（图7-12）。二合一装置主要由壳体、火筒、进液管与出液管等组成。隔板将壳体内的空间分隔成两大部分，靠火筒一侧称为加热段，出液口一段称为缓冲段。

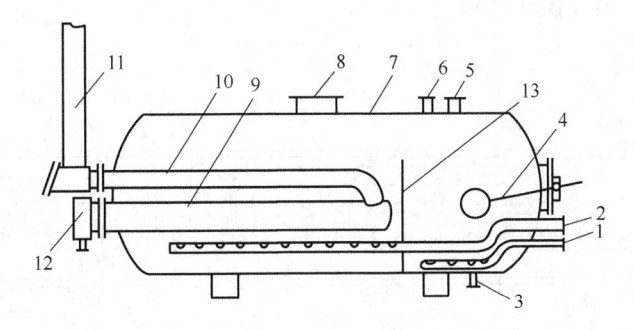

图 7-12　加热、缓冲二合一装置简图

1—出液管；2—进液管；3—排污口；4—浮漂连杆机构；5—安全阀接管；6—压力表接管；7—炉壳；
8—人孔；9—火筒；10—烟管；11—烟囱；12—燃烧器；13—隔板

二合一装置的工作过程是：从进液管进入到炉壳的液体，在加热段经进液管上均布的孔流入壳体下部空间。在火筒加热液体过程中，液体受热上升，并通过隔板上部进入缓冲段。在加热炉的缓冲段，有足够的容积容纳被加热的液体，并使液面稳定。最后，被加热的液体从缓冲段的出液管流出，供井站使用。

二、油气水分离设备

油气水分离是油气集输工作的重要内容，油气水分离所用设备是分离器。油气分离器是矿场油气集输使用最多、最重要的设备之一。

1. 油气分离器的分类

（1）按安装方式分为：立式油气分离器和卧式油气分离器。

（2）按分离器的功能分为：油气两相分离器；油气水三相分离器；加热、分离、缓冲三合一装置；沉降、加热、分离、缓冲四合一装置等。

（3）按工作压力分为：真空（<0.1MPa）分离器、低压（<1.5MPa）分离器、中压（1.5~6MPa）分离器和高压（>6MPa）分离器。

（4）按主要分离原理分为：重力式分离器、离心式分离器和混合式油气分离器。

2. 分离器结构及工作原理

1）站用立式分离器

站用立式分离器主要在一些较小型的转油站使用，立式分离器的原油处理量较小，但其油气分离效果较好（图7-13）。

2）卧式三相分离器

卧式三相分离器相较立式分离器处理量较大，具有缓冲、分离和沉降作用（图7-14）。

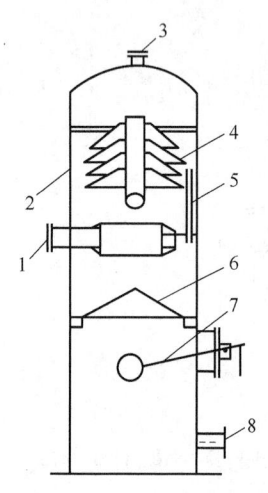

图7-13 站用立式分离器结构图
1—进油口；2—壳体；3—出气口；4—分离伞；5—连通管；6—散油帽；7—浮漂连杆机构；8—出油口

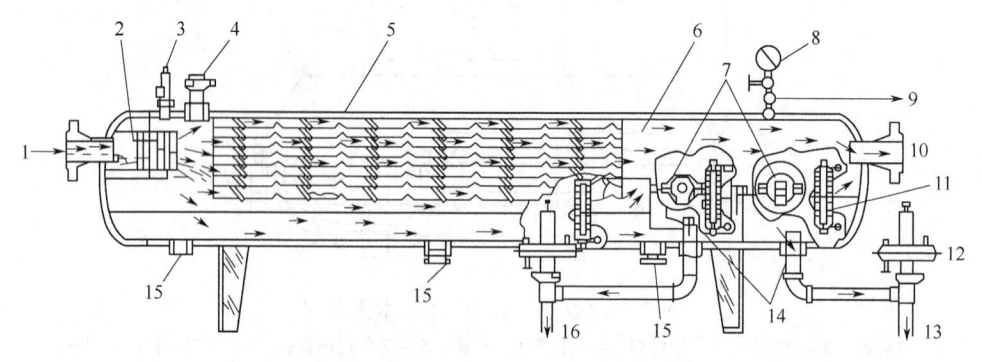

图7-14 卧式三相分离器结构图
1—油气水混合物入口；2—入口分流器；3—安全阀；4—保安装置接口；5—除雾器；6—原油脱气区；7—快速液位调节器；8—压力表；9—仪表用气出口；10—气体出口；11—液位计；12—膜片阀；13—污水出口；14—防涡流板；15—排污口；16—原油出口

3）沉降、加热、电脱水三合一装置

沉降、加热、电脱水三合一装置简称为"电脱水三合一"装置，分沉降段、加热段和电脱水段三部分，这三部分是由两块圆形隔板按各自所需用的容积分开，每一部分用管连接互相沟通（图7-15）。

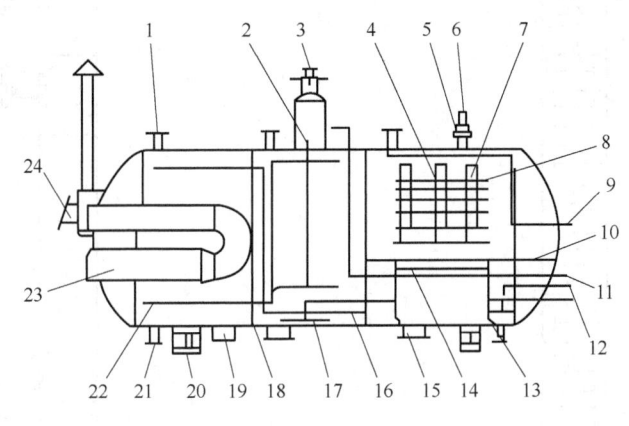

图 7-15　沉降、加热、电脱水三合一装置图

1—安全阀接口管；2—沉降段油分配管；3—捕雾器；4—调正悬挂器；5—电极接线；6—绝缘棒；7—绝缘吊板；8—平挂电极；9—净化油出口管；10—周围平挡板；11—混合液进口管；12—脱除水排出管；13—水室竖挡板；14—电脱水段油分配管；15—油室竖挡板；16—热液进电脱水段连接管；17—沉降水排出管；18—隔板；19—人孔；20—鞍式支座；21—排污接管；22—沉降段原油进加热段连通管；23—火管；24—防爆门

三、原油稳定设备

1. 塔设备

从原油稳定的工艺流程可知，稳定塔是各种稳定流程中的主要设备。尽管不同稳定方法中的稳定塔名称各异，但按其内部结构来划分，无外乎板式塔和填料塔两大类（图7-16、图7-17）。其中，板式塔是分级接触型气液传质设备，在塔内装有一定数量的塔板，气体以鼓泡或喷射的形式穿过塔板上的液层，通过两相密切接触进行传质。填料塔是以填料作为气液接触的元件，在塔内装有一定的填料层，液体沿填料表面呈膜状向下流动，气体自下而上流动，气液两相在填料层中逆流接触传质。

2. 闪蒸稳定设备

1）负压稳定塔

负压闪蒸稳定塔是原油稳定工艺中常用的稳定设备，负压稳定塔大多是在塔内设置数层筛板的筛板塔。负压闪蒸稳定效果的好坏则取决于蒸发面积和闪蒸时间。

由喷淋装置均匀喷出的来料，经过多层筛孔式塔板，其闪蒸面积逐渐扩大，加之在一定的负压条件下，原油中的轻组分不断从液相中分离。分离出的气体通过塔板的筛孔上升，与筛板上滞留的液体形成良好的气液传质。塔板是稳定塔的主体结构，对负压稳定塔来说，塔板数和塔板的布置形式应满足闪蒸面积的需要。目前，常用的负压稳定塔的塔板块数为4~6

块，塔板布置形式分为悬挂式筛板和折流式筛板两种（图 7-18）。

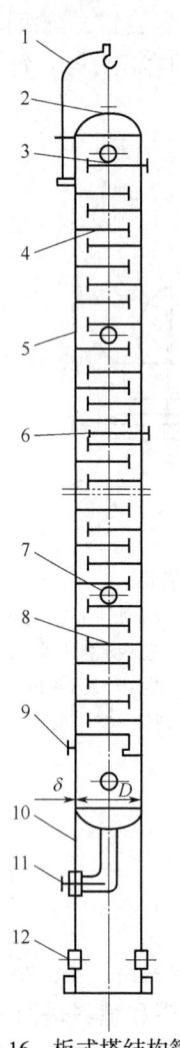

图 7-16　板式塔结构简图

1—吊柱；2—气体出口；3—回流液入口；
4—精馏段塔板；5—壳体；6—料液进口；7—人孔；
8—提馏段塔板；9—气体入口；10—裙座；
11—液体出口；12—出入孔

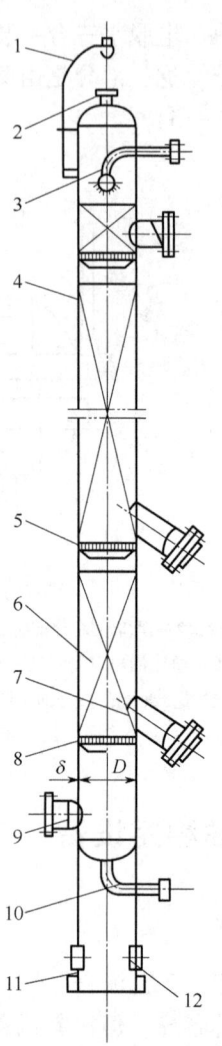

图 7-17　填料塔结构简图

1—吊柱；2—气体出口；3—喷淋装置；4—壳体；
5—液体再分配器；6—填料；7—卸填料入孔；
8—支撑装置；9—气体入口；10—液体
出口；11—裙座；12—出入孔

2）闪蒸罐

稳定闪蒸罐是另一种常见的闪蒸稳定设备。闪蒸罐中常安装有 1~2 层筛板，工作时，来料从立式分离头进入，经分离伞形成油膜柱淋降至卧式罐中的筛板上，闪蒸面积大幅度增加，原油中的轻组分不断逸出。逸出的气体在通过筛板上的筛孔和分离伞的上升过程中，不断与液体接触，形成良好的气液传质，达到油气分离的目的。由于卧式容器的筛板面积很大，且筛孔也形成淋降，加大了闪蒸面积，有利于气液分离（图 7-19）。同时，大面积的筛板有效降低了原油分离过程中的流速，对消泡十分有利，因而闪蒸罐适合于黏度较大的原油的稳定处理。

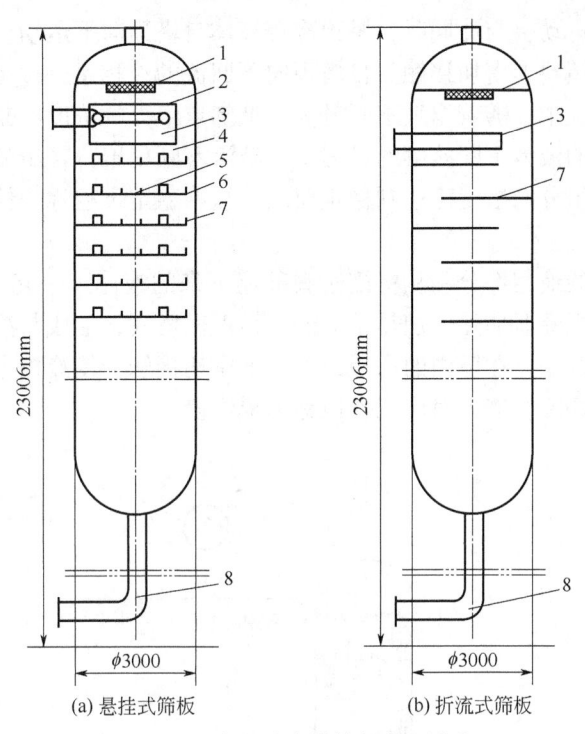

图 7-18 负压稳定塔筛板布置形式

1—除雾器；2—环形挡板；3—进油管；4—升气孔；5,6—气体通道（内孔和外环）；7—塔板；8—出油管

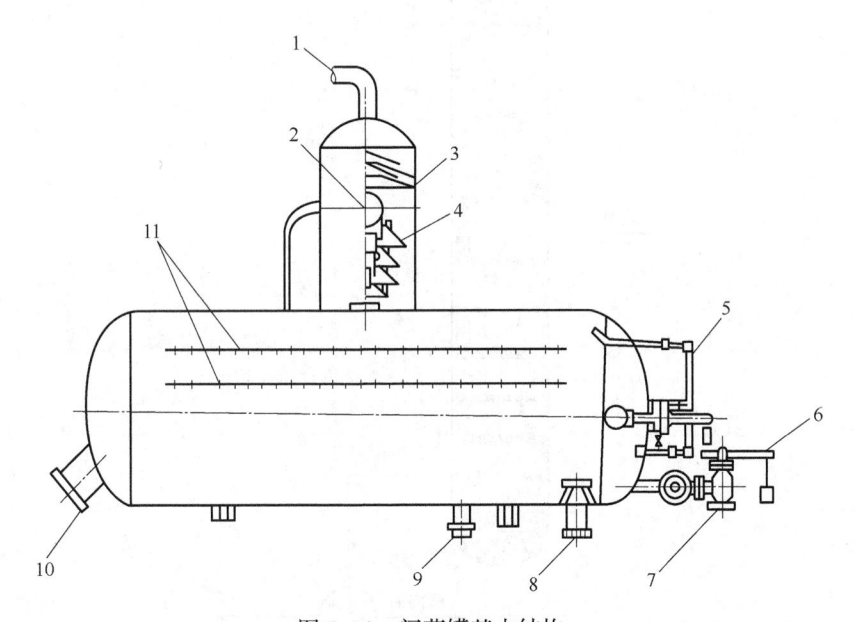

图 7-19 闪蒸罐基本结构

1—闪蒸气出口；2—来料入口；3—立式分离头；4—分离伞；5—液位计；6—浮子连杆机构；
7—出油阀；8—出油口；9—排污口；10—人孔；11—筛板

3. 分馏稳定设备

分馏塔是分馏稳定的主要设备（图 7-20）。工作时，进塔原料首先在进料段部分汽化，产生的气体向塔顶部运动,与此同时,塔顶冷凝液体自塔顶向下运动。逆向运动的气液相物料,在塔内的塔板或填料上密切接触。自塔顶向下回流的液相是经过冷却后的轻组分含量很高的物料,在回流过程中,随着温度不断升高,低沸点组分的浓度不断下降。而向塔顶运动的气体在与逆向运动的液体不断接触的过程中,液滴不断凝聚,轻组分的浓度不断升高。当气体到达塔顶时,轻组分的浓度已达到稳定要求。这一稳定过程称为精馏,塔内对应工作段称为精馏段。

在进料段汽化后的液相部分和从精馏段底部流下来的液体,一起自上而下向塔底运动,流至塔底的液体进入再沸器加热,加热生成的气体返回塔底,形成与液体反向运动的气相运动。逆向运动的气液两相,在塔内的塔板或填料上密切接触,使液相中的低沸点组分逐渐被提出。这一过程称为提馏,塔内对应工作段称为提馏段。

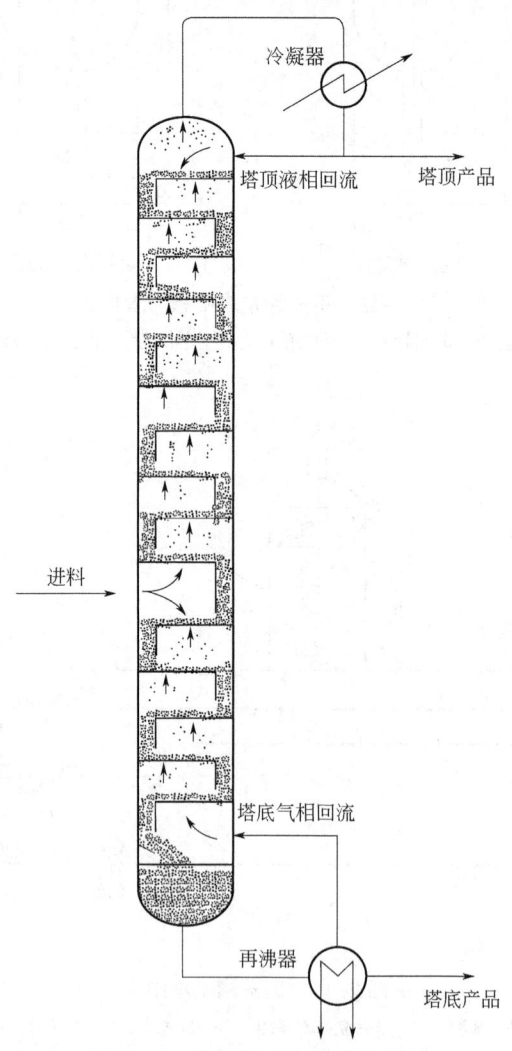

图 7-20 分馏塔工作原理示意图

第八章 油气田采出污水处理

第一节 油气田采出污水性质

由于不同地区、不同地层的油藏中的油层水组成不同，不同采油方法对采出水的影响也不同，使得油气田采出污水的水质有很大的不同，应根据不同的污水性质采用合适的污水处理技术。

一、油气田采出污水共性

1. 高有机物含量

油气田采出污水中含有多种有机物，如挥发酚、石油烃等。此外，在采油及油层改造过程中常使用各种化学添加剂，也使得采出水含有大量有机成分。

2. 高矿化度

油气田采出污水矿化度通常不低于1000mg/L，有的油气田甚至高达140000mg/L以上。油气田采出污水中常见的阳离子有Ca^{2+}、Mg^{2+}、Ba^{2+}、Sr^{2+}等，阴离子有CO_3^{2-}、Cl^-等，这些离子在水中的溶解度是有限的。一旦污水所处的物理条件（温度、压力等）发生变化或水的化学成分发生变化，均可能引起结垢。

3. 高含油量

一般油气田采出污水中的含油量均超过1000mg/L，远大于回注水所要求的水质标准。含油污水中油的存在形式主要有以下三种：

（1）分散油：油珠在水中的直径较大，通常>10μm，易于浮升至水面而被除去，占污水含油量的60%~80%。

（2）乳化油：其在污水中的分散粒径较小，为0.1~10μm，与水形成水包油（O/W）型乳状液。这部分油不易除去，必须使用破乳剂之后才能将其除去，占污水含油量的10%~15%。

（3）溶解油：油珠直径小于0.1μm。由于油在水中的溶解度很小，为5~15mg/L，这部分油难以除去，占污水含油量的0.2%~0.5%。

4. 细菌含量高

油气田采出污水中常见的微生物包括硫酸盐还原菌（SRB）、腐生菌（TGB）和铁细菌（B）等，均为丝状菌，多数油气田采出污水中细菌含量为10^2~10^4个/mL，有的细菌含量

高达 10^8 个/mL。细菌大量繁殖不仅腐蚀管线，还会造成地层严重堵塞，对油气开采造成巨大危害。

5. 悬浮物含量高

油气田采出污水中悬浮物，主要包括石英砂、黏土、细菌聚集体等，颗粒细小，回注地层时容易造成堵塞。

二、油气田采出污水的特殊性

（1）对于黏度大的稠油或高含蜡原油的开采，采用蒸汽热采技术，导致采出水温度高，使油田污水中的可溶物含量高。

（2）聚合物驱采油的采出污水，其聚合物含量高达几十甚至几百毫克每千克。由于聚合物的存在，水的黏度增加。聚合物在油水界面上和固体颗粒表面的吸附使油珠和固体颗粒的分散稳定性增强，导致油水分离更加困难。

（3）三元复合驱采油的污水中不仅含有聚合物，还含有碱、表面活性剂以及碱与原油中酸性、醛类物质反应形成的界面活性物质。这些界面活性物质在油水界面上和固体颗粒表面的吸附使原油与水乳化更为严重，固体颗粒更稳定，导致油水分离、固液分离十分困难。

（4）有的地层中砂粒的胶结物易流失，或由于添加了化学剂的溶解作用造成胶结物黏土和砂粒被水带出地层，可能导致井筒、管线和设备严重磨损，使污水中的砂粒和铁屑等机械杂质含量增加。

第二节　油气田采出污水处理工艺

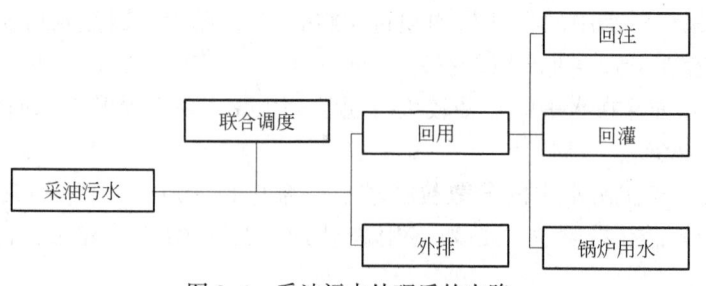

一、采油污水处理后的出路

采油污水处理后的出路，如图 8-1 所示。

图 8-1　采油污水处理后的出路

以胜利油田为例，胜利油田各采油厂积极推行清洁生产工艺，对含油污水进行积极回注。胜利油田在污水回注方面，完善了污水回注管理办法，如设立专职污水调度岗位，每天 24h 监控污水的处理和调运情况；完善污水管网配套技术；改造污水站，修建污水储存池；改造一些地层压力低、高渗透、不影响生产的报废油井，进行污水回灌，把因压电、限电关停注水泵而剩余的污水回灌地下；在采取以上措施仍然不能杜绝污水外排的情况下，关闭一些高含水、低产能的油井；根据单元产液量变化，适时调整采油区的月度注水总量计划，科学把握运行动态，不断提高污水回注的针对性和有效性。

二、油田注水处理工艺

1. 处理工艺选择原则

由于各油田或区块原水物理化学性质及油珠粒径分布不同，注水水质标准也不同，因此必须合理地对处理工艺进行选择，其原则及方法为：

(1) 对原水应进行物理化学性质分析、油珠粒径分布测试、小型试验及模拟试验；
(2) 污水处理工艺在满足注水水质标准的前提下应力求简单、管理方便、运行可靠；
(3) 对所采用的工艺必须进行经济技术比较，合理选定。

2. 油田废水处理方法

各种废水处理方法、所用设备、处理对象等如表 8-1 所示。

表 8-1　油田废水处理方法、设备及对象

		方法名称	主要设备	处理对象
分离原理	澄清法	沉淀或浮上法	沉淀池、隔油池	悬浮物、乳化油或浮油
		混凝沉淀法	混凝池和沉淀池	悬浮物、乳化油或浮油、胶状物
		浮选(气浮)法	澄清池浮选(气浮)池	悬浮物、乳化油或浮油、胶状物
	离心法		离心机、旋流分离器	悬浮物
	过滤或粗粒化法		滤筛、滤池、粗粒化罐	悬浮物、乳化油或浮油
	化学沉淀法		反应池和沉淀池	某些溶解物
	吸附法		反应池和沉淀池	某些溶解物、乳化油或浮油、胶状物
	离子交换法		滤池	某些溶解物
	膜析法	扩散渗析法	渗析槽	某些溶解物
		电渗析法	渗析槽	某些溶解物
		反渗析法	渗透器	某些溶解物
		超过滤法	过滤器	悬浮物、乳化油或浮油、胶状物
	电解法		电解槽	某些溶解物
	结晶法		蒸发器和结晶器	某些溶解物
	萃取法		萃取器和分离器	某些溶解物、乳化油或浮油
	精馏法		精馏器	某些溶解物
转化原理	化学法		反应池	某些溶解物
	生物法	生物膜法	生物滤池和沉淀池	悬浮物,乳化油或浮油,有机物,硫、氰等无机物
		活性污泥法	曝气池和沉淀池	悬浮物、乳化油或浮油、溶解性物质
		厌氧生物处理法	消化池	乳化油或浮油,有机物

一种污染物往往可以用不同的处理方法予以去除。有的方法去除率较低，处理后还会留下一定的残留量，如混凝沉降等，但其处理费用较低。有些方法处理效果较好，但费用较高，如臭氧氧化、活性炭吸附等。一种废水如果只用一种方法进行处理，其效果不一定最好，几种方法综合处理才可达到取长补短的效果。

3. 回注水处理工艺

1）重力沉降处理工艺

重力沉降处理工艺主要有以下两种：
(1) 油站来水→一次除油罐→粗粒化罐→缓冲罐→外输泵→斜板除油罐→过滤→回注。
(2) 油站来水→一次除油罐→斜板除油罐→缓冲罐→外输泵→过滤→回注。

2）压力沉降处理工艺

压力沉降处理工艺主要有以下两种：
(1) 油站来水→一次除油罐→二次除油罐→缓冲罐→外输泵→压力滤罐→回注。
(2) 油站来水→自然除油罐→混凝除油罐→缓冲罐→压力滤罐→回注。

以目前国内各油田普遍采用的"自然除油—混凝除油—压力过滤流程"为例（图8-2），从脱水转油站送来的原水（要求压力为0.15~0.20MPa）经自然除油罐除油后，可使污水中含油量由5000mg/L降至500mg/L以下，再投加混凝剂经混凝沉降进一步除油除悬浮物后，可使含油量降至50~100mg/L，同时悬浮物去除率可达70%~80%，再经石英砂压力过滤罐过滤后一般可使含油量降到20mg/L以下，悬浮物降到10mg/L，再进行杀菌便可得到合格的净化水用于回注。

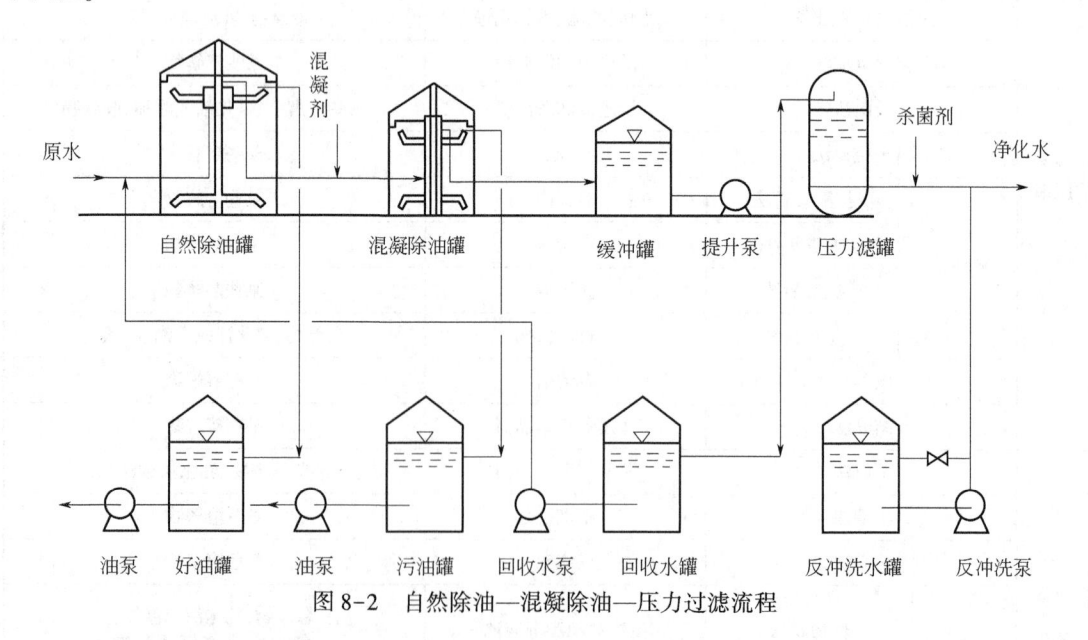

图8-2 自然除油—混凝除油—压力过滤流程

3）沉降除油和气浮工艺

沉降除油和气浮工艺一般为：油站来水→一次除油罐（接收罐）→气浮选机→缓冲罐→过滤→回注。

4）水力旋流工艺

水力旋流工艺一般为：油站来水→水力旋流器→回注。采用该工艺的联合站来水经水力旋流处理后，水中含油量可由 500mg/L 降至 30mg/L 以下，装置运转状况良好，有少量污水事故性外排。

5）深度处理工艺

深度处理工艺一般常用的工艺为：油站来水→一、二级沉降除油→气浮→混凝沉降→过滤→离子交换柱→回注。

三、含油污水外排

含油污水进行外排处理时，多采取"隔油→絮凝→气浮→生化处理→外排"的工艺流程。其中，前期的隔油、气浮等预处理措施主要是为了去除水中石油类，以保证后期生化处理的效果。

目前生产现场常用的后期生化处理方法主要有如下几种。

1. 活性污泥法

最基本的活性污泥法生化操作系统由反应器、沉淀池以及包括曝气、混合、回流、排出剩余有机体等辅助设备组成。

活性污泥法的主要优点表现在它能以相对合理的费用得到优良的出水水质，但其明显的缺点是可控性较差，达到预期的水质往往需要复杂的操作技能。提高微生物对环境和水质变化的适应能力，降低生化操作及运转管理方面的繁复性，是革新活性污泥法的主要目的。

2. 生物膜法

生物膜法主要用于去除水中的溶解性有机质，它的基本原理是通过废水与生物膜的相对运动，使废水与生物膜接触，进行固、液两相的物质交换，并在膜内进行有机物的生物氧化，使废水获得净化。同时，生物膜内微生物不断得以生长和繁殖。

3. 氧化塘法

构成氧化塘处理系统的单元主要有兼性塘、好氧塘、厌氧塘和熟化塘四种，各塘都有其各自的功能。厌氧塘主要用于高浓度污水的预处理，一般处于系统前段；兼性塘和好氧塘主要用于低浓度污水的处理或在厌氧塘之后对 BOD 物质进一步降解；熟化塘用于去除病原体。

氧化塘可以用于处理各种污水。与活性污泥法相比，氧化塘法具有投资少、运行费用低、运行管理简单的优点。研究表明，氧化塘投资费用是活性污泥法的 1/3～1/26，运行费用是活性污泥法的 1/5～1/3，不足之处在于它需要比活性污泥法更大的占地面积。因此，在中小城市和土地资源丰富的地区，氧化塘作为一种高效率、低能耗的污水处理技术具有广阔的应用前景。

4. 厌氧消化法

普通厌氧消化池可借助消化池内的厌氧活性污泥来净化有机污染物。作为处理对象的污泥或废水从池子上部或顶部投入池内，经与池中原有的厌氧活性污泥混合和接触后，通过厌氧微生物产生 CH_4 和 CO_2 为主的气态产物——生物气（习惯称沼气）。如处理的对象为污泥，经搅拌均匀后从池底排出；如处理对象为废水，经沉淀分层后从液面下排出。

四、稠油废水处理

稠油需热力开采，即热采锅炉将水加热至315℃、17MPa、干度为80%左右的饱和蒸汽，注入油层以提高油层温度、降低稠油黏度，通过采油设备把稠油提升到地面。从采油井口采出的油和水混合物被称为原油采出液。原油采出液中含水率达80%~90%。用各种方法对采出液进行油水分离，分离出的水被称为稠油废水，其出路为回注、热采锅炉给水和外排。

1. 稠油废水特点

稠油废水水质较复杂，水质不仅被原油所污染，而且在高温、高压的油层中还溶解了地层中的各种盐类和气体；在采油过程中，从油层里携带许多悬浮固体；在采油和油气集输过程中还掺进了各种化学药剂。稠油废水主要有以下特点：

（1）油水密度差小。稠油平均密度为 $900kg/m^3$ 以上，一些特稠油和超稠油密度大于 $990kg/m^3$，原油颗粒可长期悬浮在水中。

（2）黏滞性大。稠油废水具有较大的黏滞性，特别在水温低时更显著。

（3）温度较高。为降低原油黏度，常将温度提高到 70~80℃。

（4）乳化较严重。稠油废水易形成水包油型乳状液，由于稠油所含的大量胶质和沥青质是很好的天然乳化剂，并且在原油生产过程中经过泵的多次离心剪切作用，所以稠油污水一般乳化较严重。

（5）成分复杂和多变。由于不同开采区块的油品性质和开采、集输、脱水工艺的不同，生产中所加的各种化学药剂的变化引起水质的波动较大。

（6）稠油废水可生化性差，$BOD/COD_{Cr} < 0.2$，COD_{Cr} 最高达 2000mg/L，平均 400~500mg/L 左右，废水中生物营养成分少并含一定量的有毒有害成分。其中的主要污染物是石油类、悬浮物，还含有硫化物、挥发酚、氯化物、氟化物、氨氮、腐生菌和硫酸盐还原菌等，并具有一定的硬度和矿化度。

2. 稠油废水处理特点

根据稠油废水的水质，稠油废水处理一般具有以下特点：

（1）为达到油、水和泥的分离，破乳是先决条件。首先应保证稠油废水的处理温度，选择合适的破乳剂，并选择最佳投药量、加药点，确定混合、反应和沉降的方式。

（2）保证足够的油、水和泥分离时间。因稠油密度大，油水密度差小，其重力分离虽在充分破乳条件下进行，为使油珠有效上浮，加长油、水和泥分离时间还是必要的，一般需 2~3h。

（3）在使用混凝剂时，pH 值对混凝效果影响较大。

3. 稠油废水外排的处理流程

稠油废水深度处理达标外排，主要是废水中 COD 不能达标，可生化性较差，此时采用一般的"隔油—气浮—生化处理"技术不能完全满足要求。相关研究人员的初步研究表明：稠油废水的常规处理（即混凝沉降、浮选、过滤）能去除30%~40%的COD，单独的活性炭吸附稠油废水中的COD饱和时间较短；臭氧紫外线联用处理稠油废水中的COD，去除率约为35%，处理后废水中COD约为260mg/L左右；臭氧紫外线活性炭联用处理稠油废水中的COD，去除率约75%，可将废水中的COD处理至100mg/L以下；氯气、二氧化氯对稠油废水中的COD有一定去除能力，去除率约为27%~37%，废水中COD可降至250~300mg/L；好氧生物处理对稠油废水中COD的去除效果不明显。

第九章 催化裂化工艺基础

催化裂化装置的发明人是法国工程师兼工业家尤金·胡德利。他于1936年在马库斯·胡克炼油厂建成完全商业化的固定床催化裂化装置。1941年,新泽西标准石油公司成功开发出了流化催化裂化工艺。到了20世纪60年代,随着高活性分子筛催化剂的应用,催化裂化装置进入提升管时代。

催化裂化是在高温和有催化剂存在的条件下,将重质油转化成汽油和柴油等轻质产品的过程,是提高原油加工深度、增加轻质油收率的重要手段,也是目前石油炼制工业中最重要的二次加工过程之一,是重油轻质化过程的核心工艺。

常规催化裂化装置的反应温度一般为460~530℃,反应压力为2~4个大气压。但对于多产低碳烯烃的催化裂化装置来说,反应温度可以高达600℃。由于有催化剂的参与,提高了反应的速度和选择性,催化裂化装置的产品分布优于热加工过程,如常规催化裂化装置的轻质油收率可达70%以上,液收率(不包括油浆)接近90%,焦炭收率一般为5%~10%,远远优于焦化装置。

目前,工业催化裂化装置中使用的催化剂是分子筛催化剂,一般做成直径只有几十微米的微球状,在催化裂化装置中呈流化状态(就像沙尘暴一样),可以在反应—再生系统内按照预定的方向流动。即再生催化剂由再生器进入提升管反应器中,完成催化反应,反应过程中生成的少量焦炭沉积到催化剂上,导致催化剂失活;失活后的待生剂进入再生器,用空气烧掉催化剂上的焦炭,使催化剂恢复活性,再生好的催化剂重新进行下一轮的循环。

由此可见,催化裂化是最重要的重质油轻质化转化过程之一,催化裂化过程投资较少、操作费用较低、原料适应性强、轻质产品收率高、技术成熟。从经济效益考虑,炼油企业中一半以上的效益是靠催化裂化取得的。因此,催化裂化工艺在石油加工的总流程中占据十分重要的地位,为当今石油炼制的核心工艺之一,并将继续发挥举足轻重的作用。

第一节 催化裂化工艺流程

催化裂化工艺系统一般由三个部分组成,即反应—再生系统、分馏系统、吸收—稳定系统。对于处理量较大、反应压力较高(例如>0.25MPa)的装置,常常还有再生烟气的能量回收系统。图9-1是高低并列式提升管催化裂化装置反应—再生系统和分馏系统的工艺流程简图。

一、反应—再生系统

新鲜原料油经换热与回炼油混合,经加热炉(或分馏塔底油浆循环系统)加热至200~400℃后至提升管反应器下部的喷嘴,原料油由蒸汽雾化并喷入提升管内,在其中与来自再生器的高温催化剂(600~750℃)接触,随即汽化并进行反应。油气在提升管内的停留时间很短,一般只有几秒钟,反应产物经旋风分离器分离出夹带的催化剂后离开沉降器去分

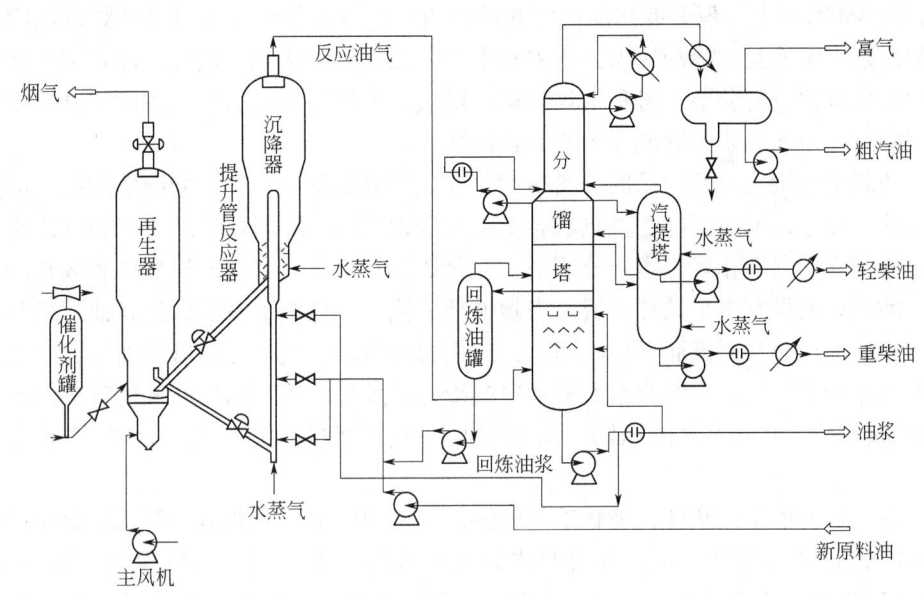

图 9-1　高低并列式提升管催化裂化装置反应—再生系统和分馏系统工艺流程简图

馏塔。

积有焦炭的催化剂（称待生催化剂）由沉降器落入下面的汽提段。汽提段内装有多层人字形挡板并在底部通过热水蒸气。待生催化剂上吸附的油气和颗粒之间的空间内的油气被水蒸气置换出而返回上部，提升后的待生催化剂则通过待生斜管进入再生器。

再生器的主要作用是烧去待生催化剂上因反应而生成的积炭，使催化剂的活性得以恢复。再生用空气由主风机供给，空气通过再生器下面的辅助燃烧室及分布管进入流化床层。对于热平衡式装置，辅助燃烧室只在开工升温时使用，正常运转并不使用燃料油。再生后的催化剂落入淹留管，再经再生斜管送回反应器循环使用。再生烟气经旋风分离器分离出夹带的催化剂后，经双动滑阀排入大气。在加工生焦率高的原料时，再生器热量过剩，需在再生器设置取热设施取走多余热量。此外，由于再生烟气温度很高，利用烟气能量回收系统，驱动主风机以节约电能，甚至可对外输出电能。

在生产过程中，催化剂会有损失及失活，为了维持系统内的催化剂藏量和活性，需要定期向系统补充或置换新鲜催化剂。为此，装置内至少应设两个催化剂储罐。装卸催化剂时采用稀相输送的方法，输送介质为压缩空气。

在流化催化裂化装置自动控制系统中，除了有与其他炼油装置相似的温度、压力、流量等自动控制系统外，还有一整套维持催化剂正常循环的自动控制系统和发生流化异常时的自动保护系统。

催化裂化装置的反应—再生系统还有其他多种形式，如同高并列式、同轴式等。

二、分馏系统

油气从底部进入分馏塔，经底部脱过热后在分馏塔内至上而下依次分布：塔顶为富气及粗汽油，侧线有轻柴油、重柴油和回炼油，塔底为油浆。轻柴油和重柴油分别经汽提后，再经换热、冷却后出装置。

催化裂化装置的分馏塔与一般分馏塔相比有如下几个特点：

进料为450℃以上、带有催化剂粉尘的过热油气，因此分馏塔底部设有脱过热段。从塔底抽出的油浆，经换热和冷却后返回塔内和上升的油气逆流接触，油气冷却至饱和状态并洗下夹带的粉尘以便进行分馏，避免结焦和堵塞塔板。为保持循环油浆中的固体含量低于一定数值，需要有一定的油浆回炼或作为产品排出装置。

全塔的剩余热量大而且产品的分离精度要求比较容易满足。进入分馏塔的绝大部分热量是由反应油气在接近反应温度的过热状态下带入分馏塔的。除塔顶产品以气相状态离开分馏塔外，其他产品均以液相状态离开分馏塔，在分馏过程中需要取出大量显热和液相产品的冷凝潜热，因此一般设有多个循环回流：塔顶循环回流、一至两个中段回流和油浆循环。

塔顶回流采用循环回流而不用冷回流，其主要原因是：进入分馏塔的油气含有相当大数量的惰性气体和不凝气，它们会影响塔顶冷凝冷却器效果；采用循环回流代替冷回流可以降低从分馏塔顶至气压机入口的压降，从而提高了气压机的入口压力、降低气压机的功率消耗。

近年来，随着催化剂和催化裂化工艺的发展，不少炼油厂成功地在催化裂化原料中掺炼渣油。与馏分油催化裂化不同，渣油催化裂化生成的油浆中饱和烃减少约40%（质量分数），油浆回炼的生焦率约40%（质量分数），所以趋向于单程裂化和外甩油浆。发达国家近几年设计的渣油催化裂化装置就采用这种工艺，相应的分馏系统原则流程如图9-2所示。

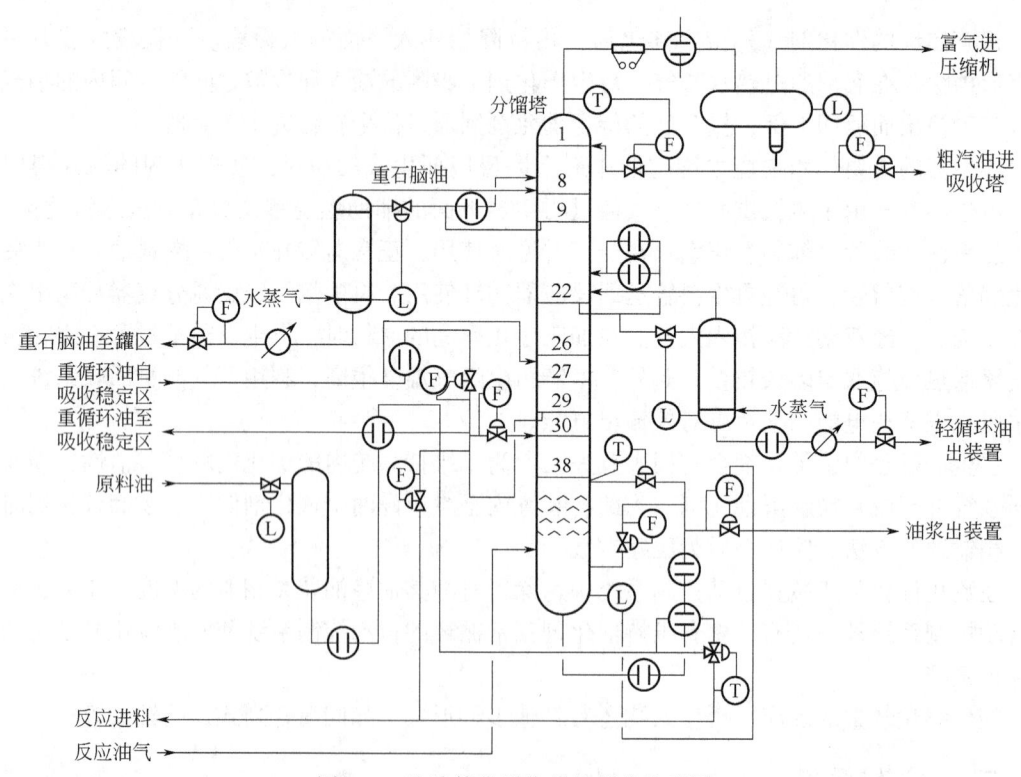

图9-2 渣油催化裂化分馏部分流程图

渣油催化裂化装置的特点为：

（1）由于渣油催化裂化的原料油雾化蒸汽量比馏分油催化裂化约大1倍，反应产物中水蒸气的量大大增加，而且干气和液化气产率增加，汽油产率减少，因此分馏塔顶流出物中汽油的分压降低，水蒸气的分压增加。为此塔顶采用两段冷凝，以热回流取代了典型流程中的顶循环流，可确保水蒸气在塔内不冷凝，操作比较稳定。

（2）在塔顶和轻循环油抽出板之间设立重石脑油循环回流。

（3）由于采用单程裂化，因为没有回炼油抽出口，油浆也不回炼，在轻循环油抽出板下只设一个中段回流，即重循环油回流。

三、吸收—稳定系统

催化裂化装置吸收—稳定系统的任务是加工来自催化裂化分馏塔顶油气分离器的粗汽油和富气，目的是分离出干气（C_2 及以下），并回收汽油和液化气。吸收—稳定系统（图 9-3）主要由吸收塔、再吸收塔、解吸塔及稳定塔组成。

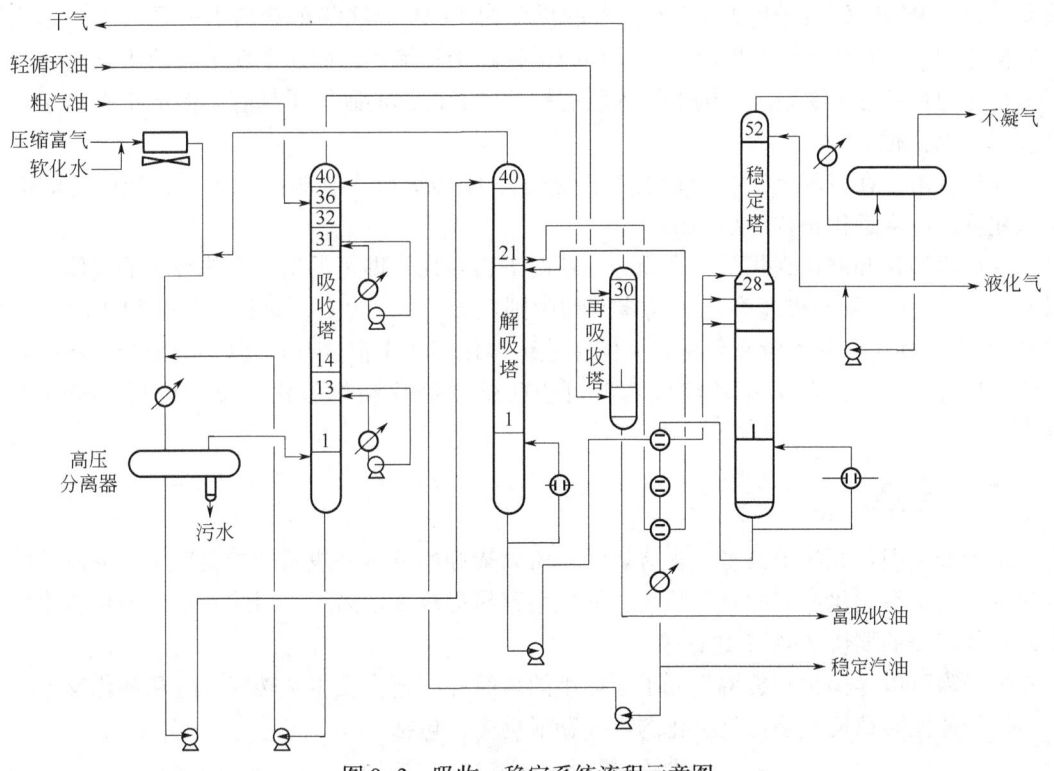

图 9-3　吸收—稳定系统流程示意图

从分馏塔顶油气分离出来的富气中带有汽油组分，而粗汽油中则溶解有 C_3、C_4 组分。吸收—稳定系统的作用就是利用吸收和精馏的方法将富气和粗汽油分离成干气（≤C_2）、液化气（C_3、C_4）和蒸气压合格的稳定汽油。其中的液化气再利用精馏的方法通过气体分馏装置，将其中的丙烯、丁烯分离出来，进行化工利用。

第二节　催化裂化过程中的化学反应

在催化剂的作用下，石油组分的裂化反应活化能显著降低（约为 40~60kJ/mol），在相同温度下其反应速度比热裂化反应加快若干数量级，同时，其反应产物与热裂化相比也明显不同，这说明催化裂化和热裂化在反应历程上是有本质差异的。石油催化裂化过程中的反应是极其复杂的，既有催化反应也有热反应，既有一次反应又有二次反应，反应物与产物之间又会进行反应。所以，迄今还有许多问题尚无定论，本节主要就各类单体烃的一般反应规律做一介绍。

一、烷烃

烷烃在催化裂化条件下，主要发生异构化和裂解反应，生成分子量更小的烷烃和烯烃，其反应速度比热裂化的 1~2 个数量级，烷烃催化裂化的第一步骤是形成正碳离子，至于烷烃如何形成正碳离子的问题迄今仍无定论。有一种看法是认为烷烃首先因热裂解而生成烯烃，然后烯烃从酸性催化剂得到 H⁺ 而形成正碳离子；另一种看法是烷烃在催化剂的 L 酸中心处脱去氢负离子而形成正碳离子；还有的认为烷烃在强 B 酸作用下，先形成五配位的正碳离子，如 RCH_3 先质子化为 $R\overset{+}{C}H_4$，然后再变为 $R\overset{+}{C}H_2$。这些正碳离子一旦形成，则会发生异构化和 β—断裂反应，生成一个较小的正碳离子和烯烃，而这个新生成的正碳离子又可以继续异构化和 β—断裂。正构烷烃的碳链越长，其内部的碳原子越容易形成正碳离子，其反应速度也就越快。

此外，由于在叔碳上比在仲碳上更容易失去 H 而形成正碳离子，所以，异构烷烃的催化裂化反应速度远比正构烷烃的快。

烷烃热裂化和催化裂化反应产物分布情况进行对比，即可看出，在热裂化的气体产物中以 C_1、C_2 为主，而在催化裂化的气体产物中则以 C_3、C_4 为主。此外，在热裂化产物中含有 C_6 以上的烯烃，基本没有异构烃，但在催化裂化产物中很少有 C_6 以上的烯烃，而有相当量的异构烷烃。从产物分布及组成角度可说明催化裂化和热裂化在反应历程上确有本质差别。

二、烯烃

由于催化裂化原料中大多不含有烯烃，所以烯烃的反应一般属于二次反应。烯烃的催化裂化反应与其热裂化反应的差别很大，烯烃很容易形成正碳离子，因此，它的催化裂化反应比同碳数烷烃的要快 2~3 个数量级。

烯烃除可以异构化和裂解为分子量更小的烯烃外，还会发生氢转移反应和环化反应。

烯烃的氢转移反应是催化裂化的重要特征反应，包括：

$$烯烃+烯烃\longrightarrow 烷烃+二烯烃$$
$$烯烃+芳烃\longrightarrow 烷烃+缩合芳烃$$
$$烯烃+环烷烃\longrightarrow 烷烃+芳香烃$$

经过氢转移反应，烯烃转化为烷烃，使产物趋于饱和，更加稳定；而生成的二烯烃和缩合芳烃则留在催化剂表面，它们会进一步脱氢缩合而形成焦炭。

烯烃在催化裂化条件下还会发生环化反应，如：

$$\overset{+}{R}CHCH_2CH_2CH=CH_2 \longrightarrow \text{(环状正碳离子)}$$

所形成的环状正碳离子能从烃类分子夺取氢负离子而形成环烷烃，也可以失去质子而形成环烯烃，而环烯烃进一步脱氢又可形成芳香烃。

三、环烷烃

环烷烃的催化裂化反应速度与异构烷烃的相近，其基本反应是环断裂生成烯烃和二烯烃，脱氢生成芳香烃以及异构化。六元环正碳离子的裂解可以有两种途径：C—C 键的断裂或 C—H 键的断裂。

C—C 键的断裂会生成烯烃和二烯烃，如：

$$\text{C}_6\text{H}_{11}^+\text{-R} \longrightarrow \text{CH}_2=\overset{R}{\text{C}}-\text{CH}_2\text{CH}_2\overset{+}{\text{CH}}_2$$

$$\text{CH}_2=\overset{R}{\text{C}}-\text{CH}_2\text{CH}_2\overset{+}{\text{CH}}_2 \longrightarrow \text{CH}_2=\overset{R}{\overset{+}{\text{C}}}-\text{CHCH}_2\text{CH}_3$$

$$\text{CH}_2=\overset{R}{\text{C}}-\text{CH}_2\text{CH}_2\overset{+}{\text{CH}}_2 + \text{R}'\text{H} \longrightarrow \text{CH}_2=\overset{R}{\text{C}}-\text{CH}_2\text{CH}_2\text{CH}_3 + \overset{+}{\text{R}}'$$

或

$$\text{CH}_3=\overset{R}{\overset{+}{\text{C}}}-\text{CHCH}_2\text{CH}_3 + \text{R}''\text{CH}=\text{CH}_2 \longrightarrow$$

$$\text{CH}_2=\overset{R}{\text{C}}-\text{CH}=\text{CHCH}_3 + \text{R}''\overset{+}{\text{CHCH}}_3$$

C—H 键的断裂则会逐步脱氢成为芳香烃。

环己烷在催化裂化时约有 25%转化为苯，气体中氢的含量显著比烷烃裂化时多。六元环烷烃还会异构化为五元环，其反应很可能是经过质子化环己烷中间物进行的，如：

$$\text{[cyclohexyl cation]} \rightleftharpoons \text{[protonated cyclohexane]} \rightleftharpoons \text{[secondary cation]} \rightleftharpoons \text{[methylcyclopentyl cation]}$$

当环烷烃上带有长侧链时，还会发生侧链的异构化和侧链的断裂反应。

四、芳香烃

无取代基的芳香烃在催化裂化条件下是很稳定的。甲基取代的芳烃的反应速度与烷烃的相近，侧链上碳数不小于 3 者的裂化速度与烯烃的相近。由于芳香环对质子的亲和力较大，烷基芳烃的主要反应是脱烷基，如：

$$\text{C}_6\text{H}_5\text{-CH}_2\text{CH}_2\text{R} + \text{H}^+ \longrightarrow \text{C}_6\text{H}_5(\text{H}^+)\text{-CH}_2\text{CH}_2\text{R} \longrightarrow \text{C}_6\text{H}_6 + \overset{+}{\text{CH}}_2\text{CH}_2\text{R}$$

烷基芳烃的反应速度随其侧链的增长而加快。

由于甲基正碳离子的生成需要更高的能量，所以甲苯的裂解比较困难，而主要发生歧化反应。

$$2\text{C}_6\text{H}_5\text{CH}_3 \longrightarrow \text{C}_6\text{H}_6 + \text{C}_6\text{H}_6(\text{CH}_3)_2$$

多甲基苯除发生歧化反应外还有甲基取代位置的异构化反应，如多环芳烃会牢固地吸附于催化剂的表面上，不断脱氢缩合形成焦炭而导致催化剂失活。

综上所述，各族烃类的催化裂化反应与热裂化相比有存在一定差异（表9-1）。其中特别值得注意的是在催化裂化条件下异构化反应、氢转移反应和芳构化反应比较显著。

表 9-1 催化裂化和热裂化的比较

项目	催化裂化	热裂化
反应历程	正碳离子反应	自由基反应
烷烃	1. 异构烷烃的反应速度比正构烷烃快得多； 2. 产物中异构烃多； 3. 产物中烯烃少； 4. 气体产物以 C_3、C_4 为主	1. 异构烷烃的反应速度比正构烷烃快得不多； 2. 产物中异构烃少； 3. 产物中烯烃多； 4. 气体产物以 C_1、C_2 为主
环烷烃	1. 反应速度与异构烷烃相近； 2. 氢转移反应显著，生成相当量的芳香烃	1. 反应速度比异构烷烃还要慢； 2. 氢转移反应不显著
带 $\geqslant C_1$ 烷基侧链的芳香烃	1. 反应速度与烯烃相近； 2. 在烷基侧链与苯环连接键处断裂（即脱烷基）	1. 反应速度较烯烃慢； 2. 在烷基侧链断裂，苯环上留有 1~2 个碳的短侧链

第三节 催化剂

催化裂化技术的发展密切依赖于催化剂的发展。例如，有了微球催化剂，才出现了流化床催化裂化装置；沸石催化剂的诞生，才发展了提升管催化裂化；CO 助燃催化剂使高效再生技术得到普遍推广；抗重金属污染催化剂使用后，渣油催化裂化技术的发展才有了可靠的基础。选用适宜的催化剂对于催化裂化过程的产品产率、产品质量以及经济效益具有重大影响。

一、催化剂的种类

工业上广泛采用的裂化催化剂分为两大类：无定形硅酸铝催化剂和结晶形硅酸铝催化剂。前者通常称为普通硅酸铝催化剂（简称硅酸铝催化剂），后者称为沸石催化剂（通常称为分子筛催化剂）。

1. 普通铝催化剂

硅铝催化剂的主要成分是氧化硅和氧化铝（SiO_2、Al_2O_3）。按 Al_2O_3 含量的多少又分为低铝和高铝催化剂，低铝催化剂 Al_2O_3 含量在 12%~13%左右；Al_2O_3 含量超过 25%称为高铝催化剂。高铝催化剂活性较高。

硅铝催化剂是一种多孔性物质，具有很大的表面积，每克新鲜催化剂的表面积（称比表面）可达 500~700m^2。这些表面就是进行化学反应的场所，催化剂表面具有酸性，并形成许多酸性中心，催化剂的活性来源于这些酸性中心。

普通硅铝催化剂用于早期的床层反应器流化催化裂化装置。

2. 沸石催化剂

沸石（又称分子筛）催化剂是一种新型的高活性催化剂，它是一种具有结晶结构的硅铝酸盐。与无定形硅铝催化剂相似，沸石催化剂也是一种多孔性物质，具有很大的内表面积。所不同的是它是一种具有规则晶体结构的硅铝酸盐，它的晶格结构中排列着整齐均匀、孔径大小一定的微孔，只有直径小于孔径的分子才能进入其中，而直径大于孔径的分子则无法进入。由于它能像筛子一样将不同直径的分子分开，因此被形象地称为分子筛。按其组成及晶体结构的差异，沸石催化剂可分为 A 型、X 型、Y 型和丝光沸石等几种类型。目前工业上常用的是 X 型和 Y 型。X 型和 Y 型沸石的初型含有钠离子，这时催化剂并不具多少活性，必须用多价阳离子置换出钠离子后才具有很高的活性。目前催化裂化装置上常用的催化剂包括：H—Y 型、RE—Y 型和 RE—H—Y 型（分别用氢离子、稀土金属离子和两者兼用置换得到）。

沸石催化剂表面也具有酸性，单位表面上的活性中心数目约为硅铝催化剂的 100 倍，其活性也相应高出 100 倍左右。如此高的活性，在目前的生产工艺中还难以应用，因此，工业上所用的沸石催化剂实际上仅含 5%~20% 的沸石，其余是起稀释作用的载体（低铝或高铝硅酸铝）。

沸石催化剂与无定型硅铝催化剂相比，大幅度提高了汽油产率和装置处理能力。这种催化剂主要用于提升管催化裂化装置。

二、催化剂的使用性能及要求

催化裂化工艺对所用催化剂有诸多的使用要求。催化剂的活性、选择性、稳定性、抗重金属污染性能、流化性能和抗磨性能是评定催化剂性能的重要指标。

1. 活性

活性是指催化剂促进化学反应进行的能力。对不同类型的催化剂，实验室评定和表示方法有所不同。对无定形硅铝催化剂，采用 D+L 法，它是以待定催化剂和标准原料在标准裂化条件下进行化学反应，以反应所得干点小于 204℃ 的汽油加上蒸馏损失占原料油的质量分数，即 (D+L)% 来表示。工业上经常采用更为简便的间接测定方法：硅铝催化剂带有酸性，而酸性的强弱和活性有直接关系，因此，以过量的 KOH 滴定，再以 HCl 滴定过量的 KOH 根据滴定结果算出 KOH 指数，然后再用图表查出相应的 (D+L) 活性，称为指 (D+L) 指数法。新鲜微球硅铝催化剂的活性约为 55。

对沸石催化剂，由于活性很高，对吸附在催化剂上的焦炭量很敏感。在实际使用时，反应时间很短，而 D+L 法的反应时间过长，会使焦炭产率增加，用 D+L 法不能显示分子筛催化剂的真实活性。目前，对分子筛催化剂，采用反应时间短、催化剂用量少的微活性测定法，所得活性称为微活性。

平衡活性是指新鲜催化剂在开始投用时，一段时间内，活性急剧下降，降到一定程度后则缓慢下降。另外，由于生产过程中不可避免地损失一部分催化剂而需要定期补充相应数量的新鲜催化剂，因此，在实际生产过程中，反应器内的催化剂活性可保持在一个稳定的水平上，此时催化剂的活性称为平衡活性。显然，平衡活性低于新鲜催化剂的活性。平衡活性的高低取决于催化剂的稳定性和新鲜剂的补充量。普通硅铝催化剂的平衡活性一般在 20~30 左右[(D+L)活性]，沸石催化剂的平衡活性约为 60~70（微活性）。

2. 选择性

将进料转化为目的产品的能力称为选择性，一般采用目的产物产率与转化率之比，或以目的产物与非目的产物产率之比来表示。对于以生产汽油为主要目的的裂化催化剂，常常用"汽油产率/焦炭产率"或"汽油产率/转化率"表示其选择性。选择性好的催化剂可使原料生成较多的汽油，而较少生成气体和焦炭。

沸石催化剂的选择性优于无定形硅酸铝催化剂，当焦炭产率相同时，使用分子筛催化剂可提高汽油产率15%~20%。

3. 稳定性

催化剂在使用过程中保持其活性和选择性的性能称为稳定性。高温和水蒸气可使催化剂的孔径扩大、比表面减小而导致性能下降，活性下降的现象称为"老化"。稳定性高表示催化剂经高温和水蒸气作用时活性下降少、催化剂使用寿命长。

4. 抗重金属污染性能

原料中的镍（Ni）、钒（V）、铁（Fe）、铜（Cu）等金属的盐类，沉积或吸附在催化剂表面上，会大大降低催化剂的活性和选择性，称为催化剂"中毒"或"污染"，从而使汽油产率大大下降，气体和焦炭产率上升。沸石催化剂比硅铝催化剂更具抗重金属污染能力。

为防止重金属污染，一方面应控制原料油中重金属含量，另一方面可使用金属钝化剂以抑制污染金属的活性。

5. 流化性能和抗磨性能

为保证催化剂在流化床中有良好的流化状态，要求催化剂有适宜的粒径或筛分组成。工业用微球催化剂颗粒直径一般在20~80μm。粒度分布大致为：0~40μm占10%~15%，大于80μm的占15%~20%，其余是40~80μm的筛分。适当的细粉含量可改善流化质量。为避免在运转过程中催化剂过度粉碎，以保证流化质量和减少催化剂损耗，要求催化剂具有较高机械强度，通常采用"磨损指数"评价催化剂的机械强度，其测量方法是将一定量的催化剂放在特定的仪器中，用高速气流冲击4h后，所生成的小于15μm细粉的质量占试样中大于15μm催化剂质量的百分数即为磨损指数。

三、催化剂的失活与再生

1. 催化剂失活

石油馏分催化裂化过程中，由于发生缩合反应和氢转移反应，产生高度缩合产物——焦炭，焦炭沉积在催化剂表面上覆盖活性中心而使催化剂的活性及选择性降低，通常称为"结焦失活"，这种失活最严重也最快，一般在1s之内就能使催化剂活性丧失大半，不过此种失活属于"暂时失活"，再生后即可恢复。催化剂在使用过程中，反复经受高温和水蒸气的作用，催化剂的表面结构发生变化、比表面和孔容减小、分子筛的晶体结构遭到破坏，引起催化剂的活性及选择性下降，这种失活称为"水热失活"，这种失活一旦发生是不可逆转的，通常只能控制操作条件以尽量减缓水热失活，比如避免超温下与水蒸气的反复接触等。原料油特别是重质油中通常含有一些重金属，如铁、镍、铜、钒、钠、钙等，在催化裂化反应条件下，这些金属元素能引起催化剂中毒或污染，导致催化剂活性下降，称为"中毒失活"，某些原料中碱性氮化物过高也能使催化剂中毒失活。

2. 催化剂再生

为使催化剂恢复活性以重复利用，必须用空气在高温下烧去沉积的焦炭，这个用空气烧去焦炭的过程称为催化剂再生。在实际生产中，离开反应器的催化剂含碳量约为1%左右，称为待生催化剂（简称待生剂）；再生后的催化剂称为再生催化剂（简称再生剂）。对再生剂的含碳量有一定的要求：对硅铝催化剂，要求再生剂含碳量达到0.5%以下；对沸石催化剂，要求再生剂含碳量小于0.2%。催化剂的再生过程决定着整个装置的热平衡和生产能力。

催化剂再生过程中，焦炭燃烧放出大量热能，这些热量供给反应所需，如果所产生的热量不足以供给反应所需要的热量，则还需要另外补充热量（向再生器喷燃烧油），如果所产热量有富余，则需要从再生器取出多余的部分热量作为别用，以维持整个系统的热量平衡。

第四节 催化裂化工艺的主要操作条件

催化裂化反应条件很多，这里重点针对反应温度、反应时间、剂油比、烃分压等主要条件进行讨论。

一、反应温度的影响

众所周知，提高反应温度会使催化裂化的反应速度加快，但其反应活化能低于热转化的，约为40~60kJ/mol，所以其反应速度受温度的影响较热反应的小，每增加10℃，其反应速度常数增大约10%~20%，即其程度系数约为1.1~1.2。

和热裂化一样，催化裂化也是平行连串反应，可示意如下：

$$原料 \xrightarrow{k_{t_1}} \begin{matrix} 汽油 \xrightarrow{k_{t_2}} 气体 \\ 焦炭 \end{matrix} \quad k_{t_3}$$

式中，k_{t_1}、k_{t_2}、k_{t_3}为相应反应的反应速度常数的温度系数，在一般情况下，$k_{t_2}>k_{t_1}>k_{t_3}$，即随着温度的升高，汽油裂解成气体的反应速度加快最多，原料裂解为汽油的反应其次，而缩合成焦炭的反应加快得最少，就反应类型而言，反应温度的提高对裂解反应的加速程度大于对氢转移和缩合反应的加速程度。因此，在转化率不变的情况下，反应温度的提高会使汽油产率下降，气体产率增高、焦炭产率减少。其气体产物中干气产率增加的幅度更大，烯烃含量也明显增多。随反应温度的升高，催化裂化汽油的组成也发生变化，其烷烃含量降低、烯烃含量增加、芳烃含量先增后降，有一最大值，环烷烃含量变化不大，由于汽油中烯烃的增多，导致其辛烷值随反应温度的上升而提高。

温度过低，反应速度太慢，而温度过高则会导致气体产率太高，汽油产率太低，同时又会使热裂化反应在整个反应中所占份额增大，目前在提升管催化裂化装置中采用的反应温度大约在480~530℃，可根据催化剂和原料性质及对产物分布的要求选定。但由于催化裂化反应是强吸热的，一般条件下其热效应为400~700kJ/kg原料，所以，在提升管反应器中温度是逐渐降低的。所谓反应温度一般是指提升管的出口温度。表9-2为保持焦炭产率大体相当条件下，反应温度对催化裂化的影响。由此表可见，随反应温度的升高，转化率、气体和汽油的产率都是提高的，而柴油和重油的产率则减小，同时汽油的辛烷值稍有提高，而柴油的十六烷值则明显下降。在生产中，温度是调节转化率的主要操作参数，通过温度调节可达到多产汽油、多产柴油或多产气体等不同生产方案的要求。

表 9-2　反应温度对提升管催化裂化的影响

提升管出口温度,℃	480	501	517
转化率(质量分数),%	62.8	70.6	77.7
产物分布(质量分数),%			
干气	0.8	1.3	3.2
液态烃	14.5	18.0	20.2
汽油	44.3	48.3	51.0
柴油	14.7	12.3	10.6
重油	23.0	17.1	11.8
焦炭	2.0	1.9	1.7
汽油 MON	—	78	78
柴油十六烷值	37	34	29

注：原料油为大庆原油减压馏分；剂油比为 5.9；催化剂为沸石分子筛。

二、反应时间的影响

对于多相催化反应，由于反应过程中体系的组成、分子数以及温度、压力都在变化，真正的反应时间很难求得，所以一般用空间速度（space velocity，简称 SV）来表征。空间速度简称空速，是指单位时间内通过催化剂的原料量与反应器内催化剂的藏量的比值，空间速度又有体积空速和重量空速之分，其定义为：

$$体积空速 = \frac{反应器进料的体积流量}{反应器内催化剂体积}$$

$$质量空速 = \frac{反应器进料的质量流量}{反应器内催化剂质量}$$

对于流化床反应器一般采用质量空速。空速是以时间的倒数为单位，一般为 h^{-1}。换言之，空间速度越大表示反应时间越短，空间速度越小则表示反应时间越长。这样，有时可将空间速度的倒数称为假反应时间，用来作为相互比较的参数。

随着催化裂化进料质量空速的增加，转化率和气体、焦炭的产率都是下降的，汽油产率在较低温度也随空速的增大而下降，但在较高温度下汽油产率随空速的增大是先增加后减少，有一最大值。从汽油/气体和汽油/焦炭的值来看，它们都是随空间速度的增大而增大的。这是由于采用较高的空速也就是较短反应时间，可以减少汽油的进一步裂化和烯烃的缩合生焦等二次反应，所以，从多产汽油少产气体和焦炭的角度看，催化裂化宜在较高的反应温度和较高的空间速度下进行（表 9-3）。

表 9-3　空速对轻柴油催化裂化反应结果的影响（沸石分子筛裂化催化剂）

项目	质量空速,h^{-1}							
	2		5		10		25	
	475℃	525℃	475℃	525℃	475℃	525℃	475℃	525℃
转化率(质量分数),%	61.0	64.0	44.0	58.0	30.6	39.6	16.7	21.1
产物分布(质量分数),%								
气体	10.2	22.9	5.9	17.2	3.1	10.0	1.4	5.1

续表

项目	质量空速,h^{-1}							
	2		5		10		25	
	475℃	525℃	475℃	525℃	475℃	525℃	475℃	525℃
汽油	47.7	37.6	37.1	39.6	27.1	28.7	14.1	15.7
焦炭	3.10	3.50	0.96	1.23	0.38	0.87	0.29	0.30
汽油/气体	4.7	1.6	6.3	2.3	8.8	2.9	10.1	3.1
汽油/焦炭	15.4	10.7	38.8	32.2	71.4	33.0	61.2	52.3

对于提升管反应器，常以油气通过空的提升管反应器的时间作为其反应时间参数。考虑到油气在反应流程中体积流量是不断变化的，计算反应时间 θ 时采用提升管入口和出口两处的体积流量的对数平均值，即

$$\theta = \frac{\text{提升管反应器体积 } V_R}{\text{油气对数平均体积流量 } V_{对}}$$

$$V_{对} = \frac{V_{出} - V_{入}}{\ln(V_{出}/V_{入})}$$

由于沸石分子筛裂化催化剂的活性提高，提升管反应装置所需的反应时间极短，仅为 1~4s。

三、反应压力的影响

催化裂化反应器中一般都通入一定量的水蒸气，因此反应压力是水蒸气分压及烃蒸气分压之和。提高反应压力即提高相应烃分压，从而会延长反应时间，提高转化率。但压力过高，有利于吸附并加剧烯烃缩合反应，导致焦炭产率增加、汽油和烯烃产率下降，表9-4所示为烃分压对催化裂化产物分布的影响。

表9-4　反应压力对催化裂化的影响

总分压,MPa	0.07	0.18	0.28
转化率(质量分数),%	69.3	70.4	75.7
汽油产率(质量分数),%	58.1	62.6	51.2
焦炭产率(质量分数),%	7.4	9.6	12.4
丁烯相对产率	1.0	0.86	0.72

一般催化裂化的反应压力大体在 0.1~0.3MPa（表压）之间，对于已有的催化裂化生产装置，其反应压力是固定的，并不是经常调节的变量。

四、剂油比

剂油比为单位时间内催化剂循环量与反应器进料量的比值，在同样的反应温度下，提高剂油比可提高转让率、增加气体和汽油的收率，同时焦炭产率也上升。这是由于较高的剂油比使单位催化剂加工的原料油量减少，这样反应器内催化剂的含碳量也相对减少，其平均活性相对提高所致。

一般催化裂化工业装置的剂油比在3-7之间。表9-5所示为剂油比对催化裂化装置产

物分布的影响。

表 9-5　剂油比对催化裂化反应的影响

剂油比	5.3	10.0
转化率(质量分数),%	62.8	69.5
产物分布(质量分数),%(气体)	14.5	17.2
汽油	44.8	47.8
柴油	14.7	14.6
重油	23.0	15.9
焦炭	2.0	2.8

注：原料油为大庆减压馏分；温度为480℃；催化剂为沸石分子筛。

第五节　原料和产品质量指标

一、催化裂化原料

催化裂化原料的范围很广泛，大体可分为馏分油和渣油两大类。

1. 馏分油

（1）直馏重馏分油（蜡油 350~500℃）：大多数直馏重馏分含芳烃较少，容易裂化，轻油收率较高，是理想的催化裂化原料。

（2）热加工产物：焦化蜡油、减黏裂化馏出油等。由于它们是已经裂化过的油料，其中烯烃、芳烃含量较多，裂化时转化率低、生焦率高，一般不单独使用，而是和直馏馏分油掺合作为混合进料。

（3）润滑油溶剂精制的抽出油：此抽出油中含有大量难以裂化的芳烃，尤其是含稠环化合物较多，极易生焦。

2. 渣油

渣油是原油中最重的部分，它含有大量胶质、沥青质和各种稠环烃类。它的元素组成中氢碳比小，残炭值高，在反应中易于缩合生成焦炭，这时对产品分布和装置热平衡都有很大影响。但是，为了充分利用石油资源和提高原油加工的经济效益，必须对原油进行深度加工。渣油在原油中占有相当大的比重，因此，如何合理地加工这部分重质油料，对实现原油深度加工具有十分重要的意义。采用常压渣油直接催化裂化是目前最切实可行且经济效益最显著的渣油加工途径。

二、衡量原料性质指标

1. 馏分组成

由原料的馏分组成数据可以判别油的轻重和沸点范围的宽窄。一般来说，当原料的化学组成类型相近时，馏分越重越容易裂化，所需条件越缓和，且焦炭产率也越高。原料的馏分范围窄比宽好，因为窄馏分易于选择适宜的操作条件。

2. 化学组成

此处化学组成是指烃类的族组成。原料的化学组成随原料来源不同而异，含环烷烃多的原料容易裂化，液化气和汽油产率都比较高，汽油辛烷值也高，是理想的催化裂化原料。

含烷烃多的原料也容易裂化，但气体产率高，汽油产率较低。

含芳烃多的原料难裂化，汽油产率更低，且生焦多，液化气产率也较低，尤其是含稠环芳烃高的油料是最差的催化裂化原料。

热加工所得油料含烯烃较多，烯烃多易裂化，也易生焦而且产品安定性差。

3. 残炭

原料油所含残炭的高低对装置操作的影响很大，这是因为它直接关系到生产量和热平衡。

4. 含氮含硫化合物

原料中的氮化物，特别是碱性氮化物（如吡啶、吡咯、喹啉等）含量高时会使催化剂严重中毒、活性大大降低，结果导致轻质油产率下降，焦炭产率上升，同时汽油碘值上升，即安定性变坏。进入焦炭中的氮化物在再生过程中生成 NO_x 随烟气排出污染大气。

催化裂化装置原料油中通常含有硫醚、硫醇和噻吩类含硫化合物，其中硫醇、硫醚等非噻吩硫主要发生裂化反应生成硫化氢，而噻吩类硫化合物由于噻吩的环状共轭体系比较稳定，在催化裂化反应条件下难以发生开环裂化脱硫反应，主要发生烷基化和缩合生焦反应，这些含硫焦炭在再生器中通过燃烧发生氧化反应生成约 90% 的 SO_2 和 10% 左右的 SO_3 而进入再生烟气中。原料油中的含硫化合物通常对催化剂活性没有影响，但会增强对设备的腐蚀，增加产品的硫含量，并引起环境污染。

5. 重金属

重金属主要是指相对密度大于 5 的铁、镍、钒、铜等金属。

三、产品特点

产品分布：气体 10%~20%；汽油 40%~60%；柴油 20%~40%；焦炭 5%~10%。

1. 气体产品

在一般工业条件下，气体产率约为 10%~20%。催化裂化气体有：

(1) 氢气（H_2），含量主要决定于催化剂被重金属污染的程度。

(2) 硫化氢（H_2S），含量与原料的硫含量有关。

(3) 干气（C_1、C_2），即甲烷（C_1）和乙烷、乙烯（C_2）。

(4) 液态烃（液化气）（C_3、C_4），约占 90%（质量分数），其中液态烃中 C_4 含量约为 C_3 含量的 1.5~2.5 倍，而且烯烃比烷烃多。C_3 中烯烃约为 70% 左右，C_4 中烯烃约为 55% 左右。由于上述特点致使催化裂化所产气体成为石油化工的宝贵原料。

2. 液体产品

（1）催化裂化汽油产率为 40%~60%（质量分数），由于其中有较多烯烃（一般 50% 以上）、异构烷烃和芳烃，所以辛烷值较高，一般为 80 左右（RON）。

（2）柴油产率为 20%~40%（质量分数），因其中含有较多的芳烃约为 40%~50%，所以十六烷值较直馏柴油低很多，只有 35 左右，常常需要与直馏柴油等调合后才能作为柴油发动机燃料使用。

（3）渣油中含有少量催化剂细粉，一般不作产品，可返回提升管反应器进行回炼，若经澄清除去催化剂也可以生产部分（3%~5%）澄清油，因其中含有大量芳烃，是生产重芳烃和炭黑的好原料。

3. 焦炭

催化裂化的焦炭沉积在催化剂上，不能作产品。常规催化裂化的焦炭产率约为 5%~7%，当以渣油为原料时可高达 10% 以上。

第十章 油气集输及催化裂化实训

项目一 油气集输全景认知

一、目的

通过漫游油气生产全景系统,熟悉各采油作业方法及其主要设备组成、注意事项。

二、设备

虚拟仿真综合实训室—油气生产实训全景系统:www.yqscqj.xsyu.edu.cn(图10-1)。

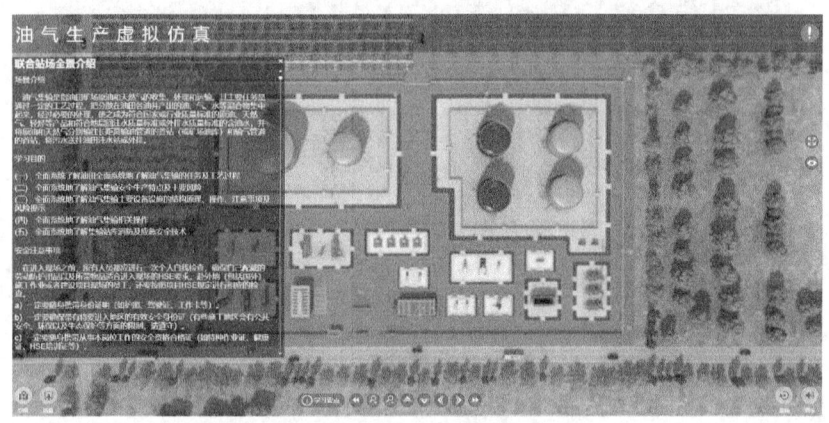

图 10-1 油气生产实训全景系统

三、内容

(1) 完成全景系统油气集输场景各学习要点学习;
(2) 完成全景系统采油场景在线考试。

四、准备

学生穿戴鞋套进入虚拟仿真综合实训室,并在教师指导下完成油气生产实训全景系统学员信息注册。

五、操作步骤详解

1. 进入课程

使用学号登陆系统进入油气集输生产实训场景。点击"集输场站"进入课程页面

（图10-2）。

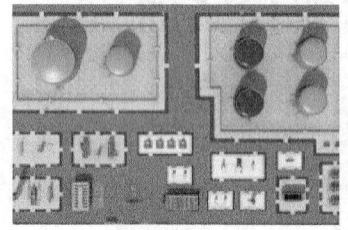

(a) 集输站场　　(b) 钻井站场　　(c) 采油站场

图10-2　油气集输实训课程

2. 开始学习

按系统提示依次完成课程介绍、热点学习、课程考试三部分内容（图10-3）。

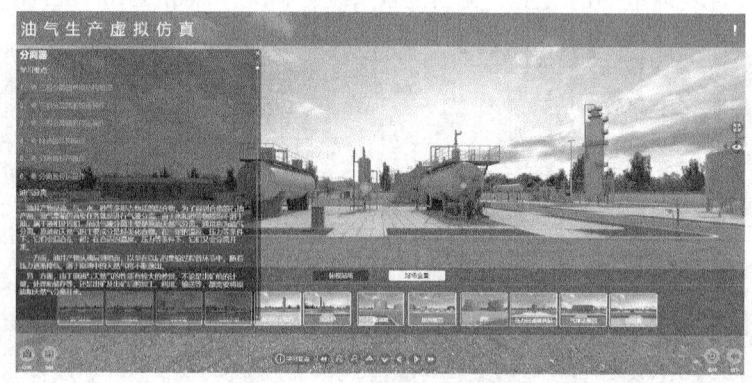

图10-3　课程学习内容

项目二　手动量油测气

一、目的

（1）通过实训，掌握计量分离器手动量油测气操作的操作步骤。
（2）掌握计量分离器量的结构组成及工作原理。
（3）掌握单井日产液量和日产气量的计算方法。

二、设备

采油实训室—采油生产安全仿真实训教学系统（图10-4）。

三、内容

生产井单井产量手动计量。

图 10-4　采油生产安全仿真实训教学系统

四、准备

1. 原理

来自所选计量单井的气、液混合物经集输计量选通装置（八通阀）的计量管线进入计量分离器进行气、液分离。在计量分离器内完成气、液分离后，较干净的气体从计量分离器上部气相出口管线输出，液体从计量分离器下部液相出口管线压出，部分水与砂从计量分离器底部排污管线排出（图10-5）。

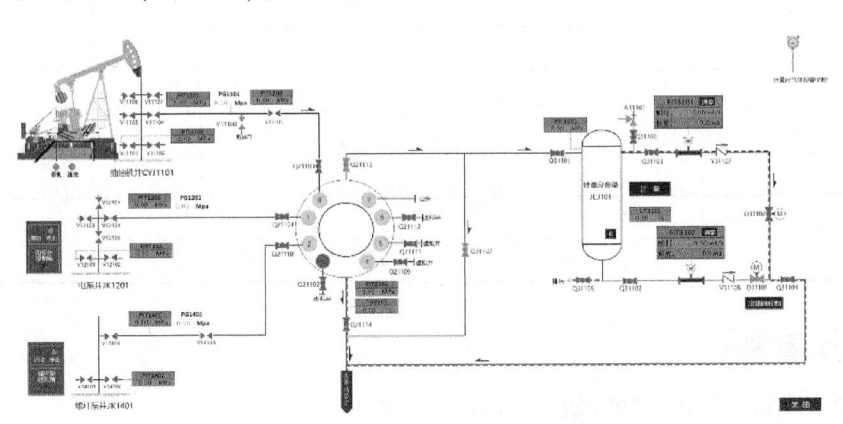

图 10-5　生产井单井产量手动计量流程图

实训所用立式计量分离器与外侧高压玻璃管构成连通器，当分离器内液柱上升到一定高度时，玻璃管内水柱也相应上升一定高度，因此只需知道玻璃管内水柱高度，便可计算出分离器内液柱重量，即该井日产液量。同时，日产气量可由测气装置数据求得。

2. 预习

学生完成理论预习，搞清流程以及装置各测压、测温点位置。

五、操作步骤详解

（1）打开计量间门窗或启动通风设施通风；
（2）检查设备齐全完好，流程正确，无渗漏；
（3）确认磁浮子液位计上、下流阀门打开，检查液位计 LIT3101 刻度位置在下触点以下；
（4）确认分离器进口阀门 Q31101 打开；
（5）开该井进分离器阀门 Q21113；
（6）操作集输计量选通装置使该井进入计量状态；
（7）打开测气阀门 Q31103，待液位上升到标尺起始线时，记录量油起始时间，记录量油起始时间，记录气表起始读数 FIT3101，并记录分离器压力 PIT3101；
（8）当液位上升到标尺终止线时，记录量油终止时间，同时记录气表读数 FIT3101；
（9）关闭测气阀门 Q31103 憋压，待分离器压力超过集油管线压力时，打开压油阀门 Q31102 压油到下触点 100mm 以下，关闭压油阀门 Q31102；
（10）操作集输计量选通装置使该井进入集输状态，关该井进分离器阀门 Q21113；
（11）检查确认流程正确，收拾工具；
（12）计算单井日产液量、气量，填写实训数据表（表 10-1）。

表 10-1　手动量油测气实训记录

实训次数 \ 参数数据	量油高度 $h_{液}$ m	液体密度 $\rho_{液}$ t/m³	分离器直径 D m	量油时间 t s	日时间常数 s	日产液量 $Q_{液}$ t/d	计量起始时气表读数	计量结束时气表读数	日产气量 $Q_{气}$ m³/d
1									
2									
3									
4									
5									
6									
7									
8									

六、注意事项

（1）爱护设备，禁止踩踏管线；
（2）更改流程时遵循"先开后关"原则，避免管道憋压；
（3）计量分离器磁浮子液位计一定要先开上流阀门，后开下流阀门，关时先关下流阀门，后关上流阀门；
（4）实训过程中，计量分离器正常压力值范围 0.38~0.42MPa；
（5）量油高度误差不能超过±2mm，计时误差不能超过±1s；
（6）重复上述方法量油测气，直至达到需要的次数。若本次与上次量油结果相差±20%，需重新测量核对。

项目三　油气集输基本流程认知

一、目的

通过连通矿场集输电子沙盘模型的不同工艺流程，明晰油气集输环节常见设备的主要功能，了解重点集输站点及处理工艺的相关流程。

二、设备

油气集输与炼化实训室——矿场集输电子沙盘（图10-6）。

图10-6　矿场集输沙盘模型

三、内容

分组连通矿场集输电子沙盘中的井场计量流程、转油站工艺流程、原油脱水稳定工艺流程、轻烃回收工艺流程、原油外输工艺流程、污水处理工艺流程、注水工艺流程。

任意选取两项油气处理流程绘制工艺流程图。

四、准备

完成本章节实训项目一油气集输全景认识实训。

五、操作步骤详解

1. 井场计量流程（图10-7）

（1）三口油井直接外输流程：自喷井、电泵井、螺杆泵井→1000、1001、1002→1004、1005、1006→集油汇管→1022→来油汇管→转油站。

（2）抽油井计量流程：抽油机井→1023→1003→1011→计量汇管→1012→计量分离器→气计量（1015→1017→1018）→液计量（1020→1021）→1022→来油汇管→转油站。

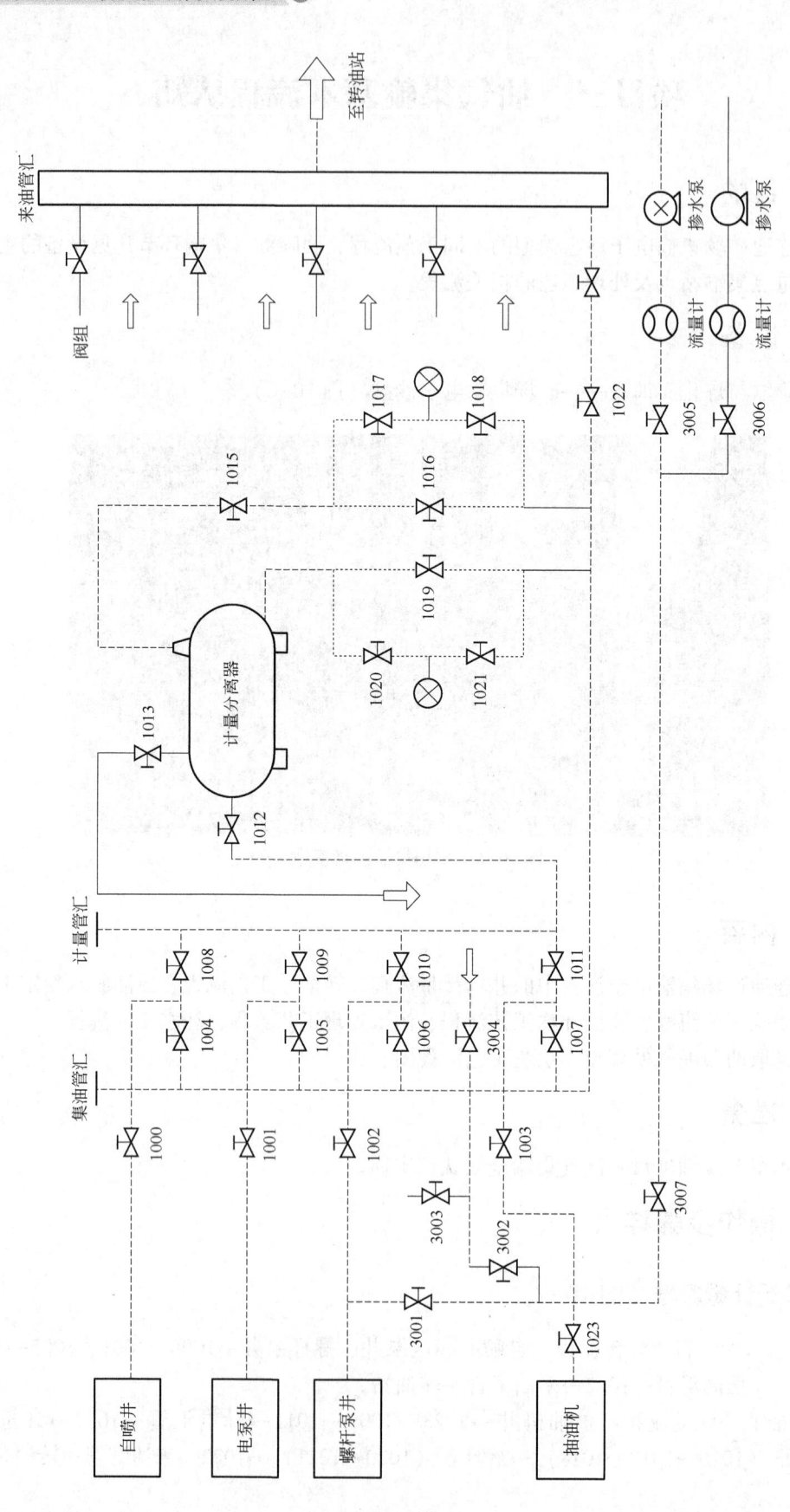

图 10-7 井场计量流程示意图

(3) 掺水流程：来自转油站热水→掺水泵→3005、3006→3007→3001→对螺杆泵井进行掺水作业。

(4) 伴热流程：来自转油站热水→掺水泵→3005、3006→3007→3002→3004→对抽油井进行伴热作业。

2. 转油站工艺流程（图10-8）

(1) 主油路输油流程：井场计量来油→2005→来油汇管→2006→2010→换热器→2011→2013→三相分离器→2014→2023→输油泵→2022→2024→换热器→2025→来油汇管→联合站（进行原油处理作业）。

(2) 事故流程：井场计量来油→2005→来油汇管→2006→2007→事故罐进行原油暂时存放作业→事故处理后→2008→2020→输油泵→2021→2024→换热器→2025→来油汇管→联合站（进行原油处理作业）。

(3) 天然气除油器原油回收流程：经天然气除油器将原油进行过滤处理后→2015→并入主输油流程→2023→输油泵→2022→2024→换热器→2025→来油汇管→联合站（进行原油处理作业）。

(4) 天然气处理流程：经三相分离器进行油气分离作业→2016→天然气除油器作进一步处理→2017→2019→加热炉（提供燃料气）。

(5) 水路流程：由清水井提供所需清水（对清水损耗提供补给）→2047→2045→回水罐→2046→2048→热洗泵→2052→由加热炉进行加热→2051→2039→泵→2036→2050→换热器（出站换热）→2049→2030→泵→2033→2044→丢失热量的热水回到回水罐进行重复作业。

(6) 换热器（进站换热）流程：加热炉出来的热水→2051→2032→2035→2027→换热器1→2026→2029→泵→2033→2044→丢失热量的热水回到回水罐进行重复作业。

(7) 井场掺水流程：加热炉出来的热水→2051→2037→泵→2034→2040、2041→掺水泵→2042、2043→为井场提供热水来源。

(8) 井场伴热回水流程：来自井场丢失热量的伴热水→2028→泵→2031→2044→丢失热量的热水回到回水罐进行重复作业。

3. 原油脱水稳定工艺流程（图10-9）

(1) 原油处理工艺流程：转油站来油→4000→采油汇管→4001→三相分离器（进行油气分离）→4002→4013→立式沉降罐→4014→4027→离心泵→4026→4004→换热器→4005→4007→4009、4011→进入电脱水器进行脱水处理→4010、4012→4015→4030、4028→增压泵→4032、4029→4031→4016→换热器→4017→4018→4020→进入原油稳定塔进行原油稳定→4021→4038→4037、4034→离心泵→4036、4033→4035→4024、4022→稳定后的原油进入原油储罐→4023、4025→原油从油罐对外输送。

(2) 污水回收收集流程：三相分离器分理出的污水（电脱水器分离出的污水）→4039、4042（4040、4041）→去污水处理系统。

4. 轻烃回收工艺流程（图10-10）

(1) 气体处理工艺：脱水站分离出的气体→5033→为加热炉提供燃料→5029→冷却器→5030→5027→三相分离器→5026→5023→压缩机→5024→5025→冷却器→5028→5031→立式分离器→5032→天然气至外输管汇。

图 10-8 转油站工艺流程示意图

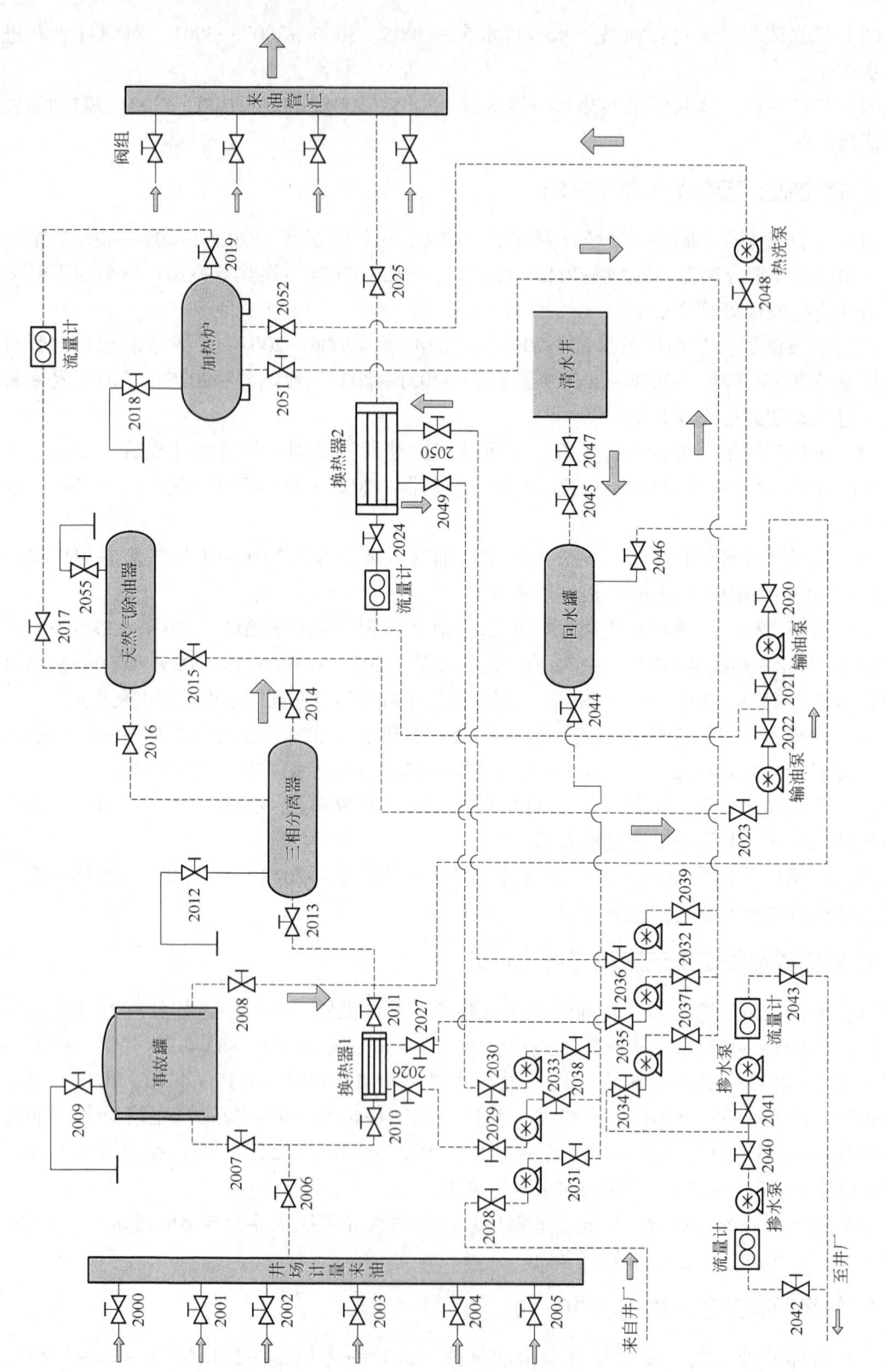

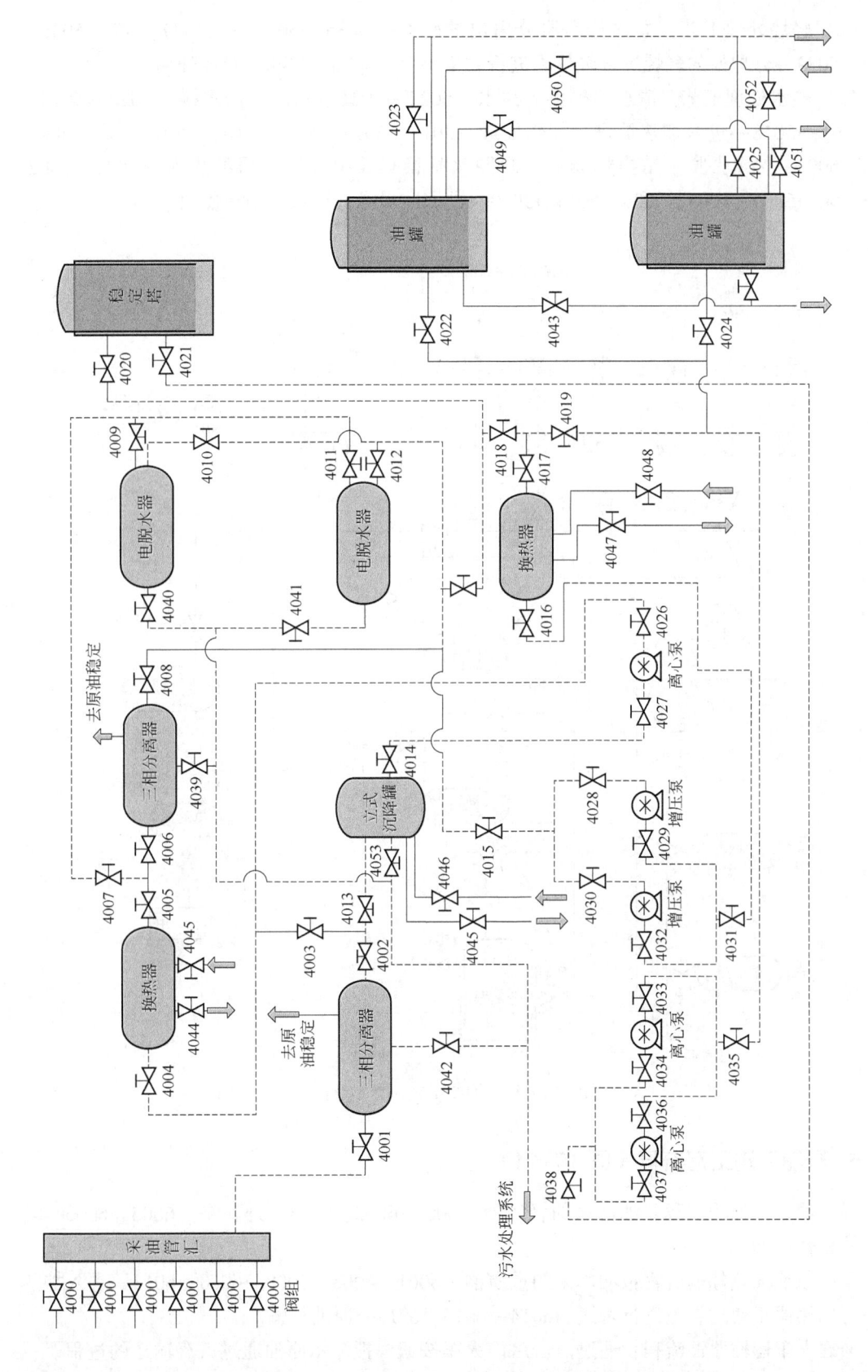

图 10-9 原油脱水稳定工艺流程示意图

（2）**轻烃处理工艺**：立式分离器分离出的轻烃→5035→5034→三相分离器→5036→5037、5039→分理处的轻烃进入轻烃罐进行收集储存→5038、5040→轻烃外输。

（3）**热水处理工艺**：清水井提供的清水→5022→5021→添加至回水罐→5020→5015→泵→5016→5018→进入加热炉进行加热处理→5017→5013→5012、5011、5010→泵→5007、5008、5009→热水去脱水站换热器→来自脱水站换热器损耗掉热量的热水→5001、5002、5003→泵→5004、5005、5006→5014→5019→进入回水罐进行重复循环使用。

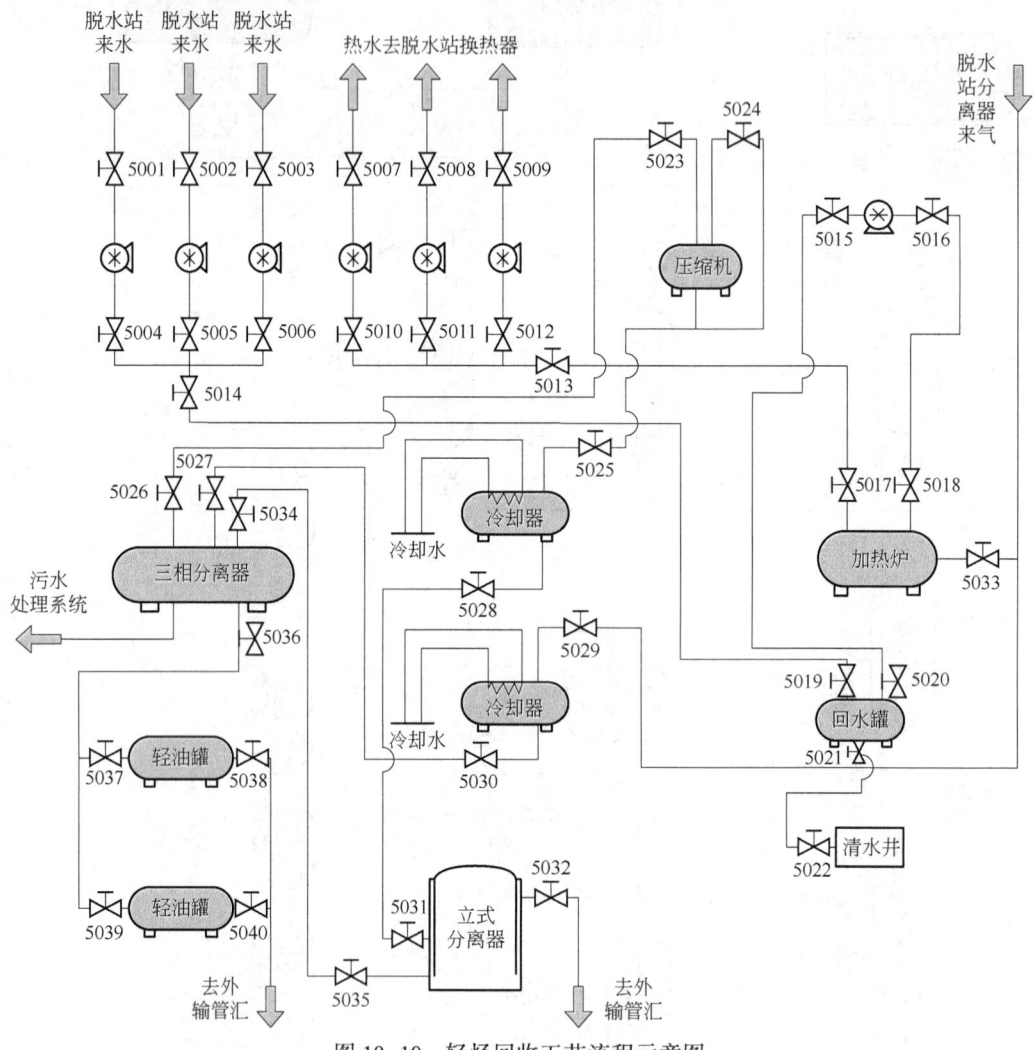

图 10-10 轻烃回收工艺流程示意图

5. 原油外输工艺流程（图 10-11）

轻质油直接外输流程：油库来的轻质油→6001-6002、6005→外输泵→6003、6006→增压后外输轻质油。

重质原油加热外输流程：油库来的重质油→6001→6008→6009→6010→6013→进入加热炉进行加热便于通过管道进行输送→6014→6015→6018→原油外输。

油罐火车运输原油流程：通过点击启停火车按钮模拟演示原油通过火车输送的过程。

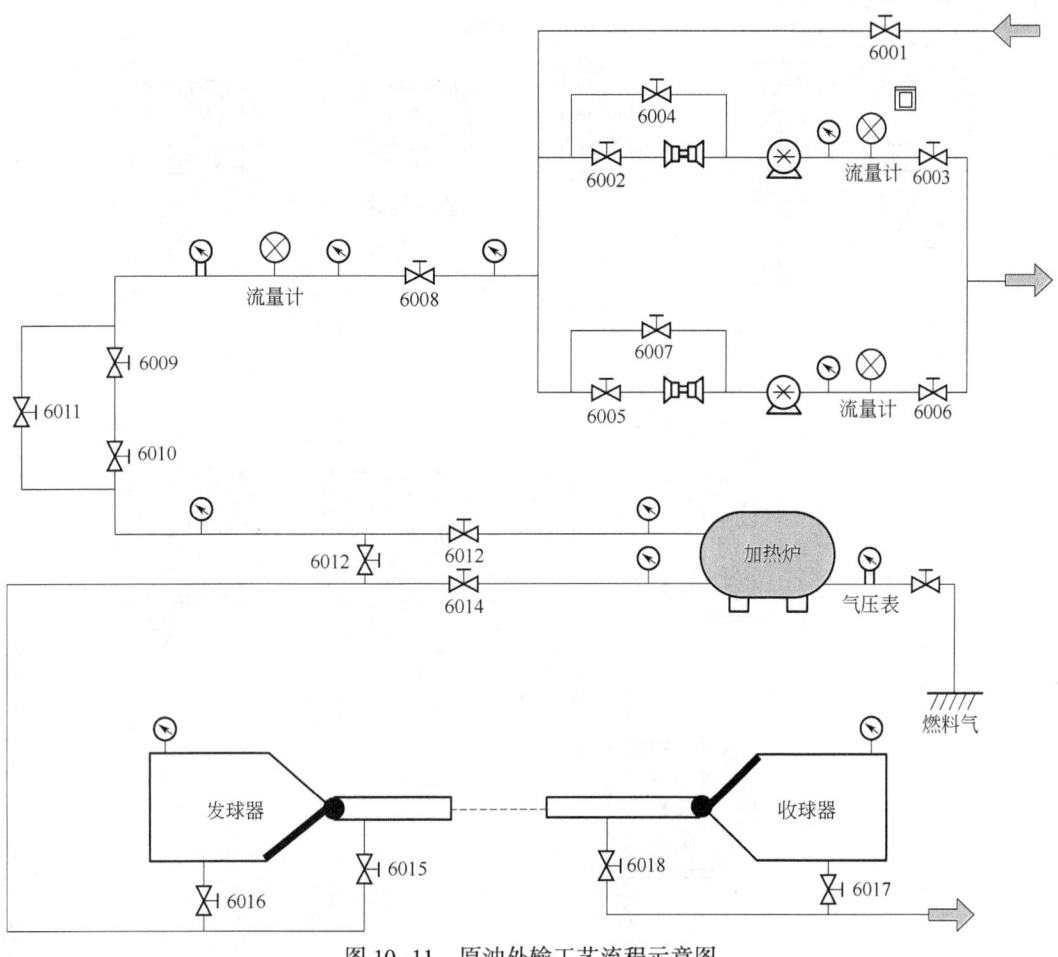

图 10-11　原油外输工艺流程示意图

6. 污水处理工艺流程（图 10-12）

污水处理工艺过程：来自联合站各分离设备的污水→（通过药剂罐加入便于进行污水处理的化学试剂→7080）→7005→7006、7007→一级隔油罐→7009、7008→7010→7011、7012→二级隔油罐→7013、7014→7015、7016→升压泵→7017、7018→7021、7022→7025、7027→一级压力过滤罐→7026、7028→7059、7060→7031、7032→7034、7038→二级压力过滤罐→7039、7035→7058、7057→净化后的净水进入注水单元的清水罐储存。

原油回收处理：一二级隔油罐分离出的原油→7054、7055、7045、7046→7047→7048→进入收油罐进行集油→7049→7050、7051→收油泵→7052、7053→将回收后的原油送至集中处理站进行再次处理。

7. 注水工艺流程（图 10-13）

污水处理站净化后的达标水：8001、8002→储水罐→8003、8004→8005→8006→8007、8009→喂水泵→8010、8008→注水泵升压→8011→8013、8012、8014→8015-8016→进入注水井井口对油层进行增压作业。

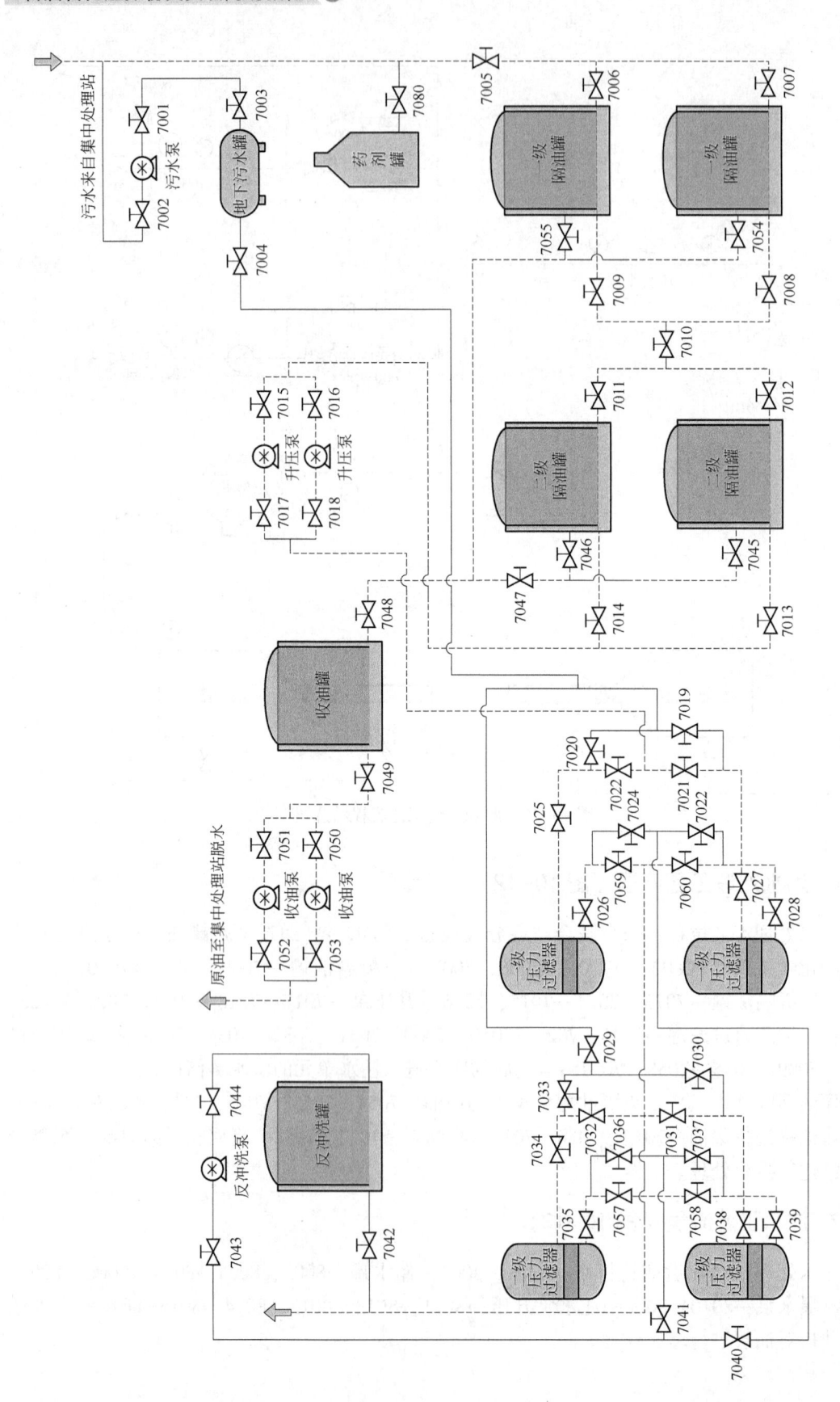

图 10-12　污水处理工艺流程示意图

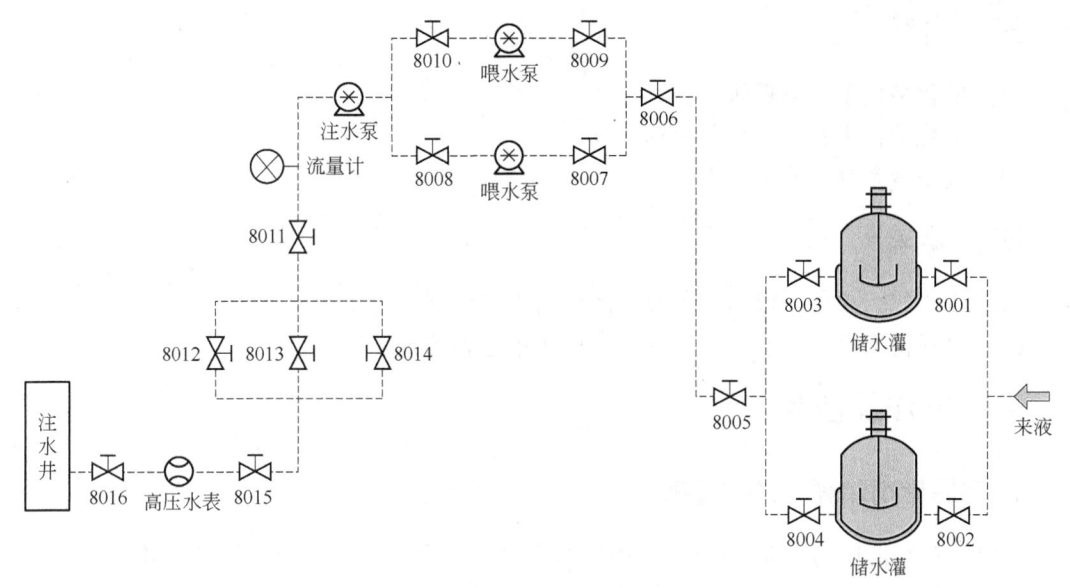

图 10-13　注水工艺流程示意图

项目四　催化裂化冷态开工

一、目的

利用催化裂化装置仿真操作系统，熟悉催化裂化装置的生产流程与原理，学会装置的 DCS 操作并能够对常见异常工况进行分析和处理。

二、设备

油气集输与炼化实训室——催化裂化实训平台（图 10-14）。

图 10-14　催化裂化实训平台

三、内容

(1) 催化裂化工艺流程认知；
(2) 催化裂化主要工艺设备结构认知；
(3) 设备冷态开、停工操作。

四、要求

(1) 以小组为单位，根据任务要求制订出工作计划；
(2) 完成仿真操作，能够分析和处理操作中遇到的异常情况。

五、方法及步骤

1. 向催化剂储罐 V2102 装剂

S001：打开催化剂进催化剂罐 V2102 手阀 106V41 和 106V43（现场站：PID106）。

S002：打开喷射泵 EJ2101B 蒸汽阀 106V33（现场站：PID106）。

S003：打开喷射泵 EJ2101B 蒸汽阀 106V33（现场站：PID106）。

S004：打开催化剂罐 V2102 至喷射泵 RJ2101B 气路手阀 106V30 和 106V27（现场站：PID106）。

S005：打开输送风总阀 106V01（现场站：PID106）。

S006：打开催化剂罐 V2102 输送风手阀 106V39（现场站：PID106）。

S007：打开催化剂边界阀 106V44 加催化剂（现场站：PID106）。

S008：打开催化剂罐 V2102 顶部排气手阀 106V37（现场站：PID106）。

S009：PIC10601 投自动，控制 PV10601 压力为 0.4MPa（DCS 站：催化剂罐图）[完成 S016 步，压力超 0.4MPa，显示完成操作]。

S010：催化剂罐 V2102 内建料位，建到大概 70%（现场站：PID106）。

S011：关闭催化剂边界阀 106V44 加催化剂（现场站：PID106）。

S012：关闭催化剂进催化剂罐 V2102 手阀 106V41 和 106V43（现场站：PID106）。

S013：关闭催化剂罐 V2102 至喷射泵 EJ2101B 气路手阀 106V30 和 106V27（现场站：PID106）。

S014：关闭喷射泵 RJ201B 蒸汽阀 106V33（现场站：PID106）。

S015：打开催化剂罐 V2102 锥体松动风手阀 106V22（设备现场：106V22 位于二楼中间液位仪表左侧 V2102 催化剂罐下），观察 106V22 开关状态（现场站：PID106）；打开催化剂罐 V2102 锥体松动风手阀 106V21（现场站：PID106）。

S016：打开催化剂 V2102 进气手阀 106V02 充压（现场站：PID106）。

2. 开备用主风机

S017：进入备机 ITCC"停机联锁"将"备主风机组主电机事故跳闸"投旁路（DCS 站：备用风机组工艺图—停机连锁）。

S018："备风机逆流至联锁"投旁路（DCS 站：备用风机组工艺图—停机连锁）。

S019：将"备风机组上位手动联锁复位"投复位（DCS 站：备用风机组工艺图—停机

连锁)。

S020：进入"备用风机安全运行"将"切断主风自保"投旁路（DCS 站：备用风机组工艺图—安全运行）。

S021："备机逆流至安全运行"投旁路（DCS 站：备用风机组工艺图—安全运行）。

S022：将"备风机组上位手动安全运行复位"投复位（DCS 站：备用风机组工艺图—安全运行）。

S023：辅操台将一再大环主风流量低自保投旁路（三路选择开关，现场站：辅操台—反再连锁）。

S024：辅操台将二再大环主风流量低自保投旁路（三路选择开关，现场站：辅操台—反再连锁）。

S025：进入"喘振画面"，将"喘振控制方式"投半自动（DCS 站：备用风机组工艺图—喘振画面）。

S026：将"手动输出"栏输入值 100（DCS 站：备用风机组工艺图—喘振画面）。

S027：将备用风机静叶角度手动置 0（FIC11601/OP = 0）（DCS 站：备用风机组工艺图）。

S028：现场启动备用风机盘车电机（现场站：PID108）。

S029：进入"启动条件"页，确认启动条件处于"自动"（DCS 站：备用风机组工艺图—启动条件）。

S030：进入"启动条件"页，点击"备风机允许启动确认"，允许启动电动机（DCS 站：备用风机组工艺图—启动条件）。

S031：现场启动备机风机 K2102M（现场站：PID108）。

S032：现场关闭备用风机盘车电动机（现场站：PID108）。

S033：进入"自动操作"，点击"备用风机组上位手动投自动操作"投自动（DCS 站：备用风机组工艺图—自动操作）。

S034：点击此画面复位按钮，切至复位，备风机逆止阀解锁（DCS 站：备用风机组工艺图—自动操作）。

S035：缓慢开大静叶开度，FIC11601 开大到 30%（DCS 站：备用风机组工艺图）。

S036：进入"停机联锁"将"备主风机组主电机事故跳闸"投自动（DCS 站：备用风机组工艺图—停机连锁）。

S037：待操作稳定后，将"备风机逆流至联锁"投自动（DCS 站：备用风机组工艺图—停机连锁）。

S038：进入"备用风机安全运行"，将"备机逆流至安全运行"投自动（DCS 站：备用风机组工艺图—安全运行）。

S039：缓慢开大静叶开度，FIC11601 开大到 55%（DCS 站：备用风机组工艺图）。

S040：压力充不到，进入"喘振画面"，将"手动输出"栏输入值 70，关小防喘振阀（70→50→30 需要找规律），将出口压力憋至 0.26MPa（DCS 站：备用风机组工艺图）。

3. 封油罐收油

S041：打开开工柴油进出装置阀 208V03（现场站：PID208）。

S042：打开开工柴油去封油罐 V2205 手阀 208V05 和 208V06（现场站：PID208）。

S043：封油罐 V2205 液位控制器 LIC30501 投手动，开度 10%（DCS 站：污油、封油、冲洗油系统图）。

S044：缓慢增大 LIC30501 开度至 80%（DCS 站：污油、封油、冲洗油系统图）。

S045：封油罐 V2205 液位 LIC30501 达 50%，LIC30501 投自动，设定值 50%（DCS 站：污油、封油、冲洗油系统图）。

S046：关闭开工柴油去封油罐 V2205 手阀 208V05 和 208V06（现场站：PID208）。

S047：关闭开工柴油进出装置阀 208V03（现场站：PID208）。

S048：封油罐 V2205 压力控制器 PIC30502A 投手动，开度 10%（DCS 站：污油、封油、冲洗油系统图）。

S049：封油罐 V2205 压力达到 0.35MPa 时，PIC30502A 投自动，设定值为 0.35MPa（DCS 站：污油、封油、冲洗油系统图）。

S050：封油罐 V2205 压力控制器 PIC30502B 投手动，开度 5%（DCS 站：污油、封油、冲洗油系统图）。

S051：打开换热器 E2211 循环水阀 305V01（现场站：PID305）。

S052：打开换热器 E2211 燃料油进口阀 305V02（现场站：PID305）。

S053：打开污油泵 P2209A/B 进口阀 P2209ASUC/P2209BSUC（现场站：PID305）。

S054：启动污油泵 P2209A/B（现场站：PID305）。

S055：打开污油泵 P2209A/B 出口阀 P2209ADIS/P2209BDIS（现场站：PID305）。

S056：污油泵 P2209A/B 出口压力控制器 PIC30501 投手动，开度 10%（DCS 站：污油、封油、冲洗油系统图）。

S057：污油泵 P2209A/B 出口压力控制器 PIC30501 投自动，控制值在 2MPa 左右。

4. 建立循环热水流程

S058：换热水罐 V2208 压力控制器 PIC31002B 投手动，开度 10%（DCS 站：换热水平衡图）。

S059：换热水罐 V2208 液位控制器 LIC31003 投手动，开度 10%（DCS 站：换热水平衡图）。

S060：投用换热器 E2212A/B 循环水手阀 310V05/310V07（现场站：PID310）。

S061：待液位 LIC31003 达到 20% 左右（DCS 站：换热水平衡图），打开换热水泵 P2212A/B 入口阀 P2212ASUC/P2212BSUC（现场站：PID310）。

S062：启动换热水泵 P2212A/B（现场站：PID310）。

S063：打开换热水泵 P2212A/B 出口阀 P2212ADIS/P2212BDIS（现场站：PID310）。

S064：打开换热水至气分装置手阀 310V03（现场站：PID310）。

S065：打开换热水从气分装置回水手阀 310V04（现场站：PID310）。

S066：投用换热器 E2212A/B 换热水入口手阀 310V02/310V06（现场站：PID310）。

S067：换热水罐 V2208 流量控制器 FIC31003 投手动，开度 10%（DCS 站：换热水平衡图）。

S068：换热水罐 V2208 流量控制器 FIC31003 投自动，设定值逐渐提升到 1708T/H（DCS 站：换热水平衡图）。

S069：待液位 LIC31003 达到 50% 左右，LIC31003 投自动，设定值 50%（DCS 站：换热

水平衡图）。

S070：换热水罐 V2208 压力控制器 PIC31002A 投自动，设定值 0.14MPa（DCS 站：换热水平衡图）。

S071：换热水罐 V2208 压力控制器 PIC31002B 投自动，设定值 0.14MPa（DCS 站：换热水平衡图）。

5. 三路循环

S072：打开原料油进装置手阀 202V06（现场站：PID202）。

S073：原料油罐 V2202 液位 LI20201 大于 60%（DCS 站：原料、油浆蒸汽发生器图）。

S074：打开 E-2201B 壳程入口手阀 209V03（设备现场：209V03 位置为一楼中间反应器右侧第一台泵出口）观察 209V03 开关状态（现场站：PID209）；打开 E-2201B 壳程入口手阀 209V04（现场站：PID209）。

S075：按 RS10112 复位滑阀连锁［现场站：反再连锁（2）］。

S076：按复位 RS10111 解除提升管进料联锁阀 UV10002［现场站：反再连锁（2）］。

S077：打开提升管进料跨线手阀 100V29，100V28，100V30（现场站：PID100）。

S078：打开补油线自反应部分手阀 202V03（现场站：PID202）。

S079：打开原料油泵 P2201A/B 入口阀 P2201ASUC/P2201BSUC（现场站：PID202）。

S080：启动原料油泵 P2201A/B（现场站：PID202）。

S081：打开原料油泵 P2201A/B 出口阀 P2201ADIS/P2201BDIS（现场站：PID202）。

S082：原料油进提升管流量控制器 FIC10002A/D 投手动，开度 10%（DCS 站：反再总貌）。

S083：补油线返回原料油罐 V2202 的电磁阀 HC20204 的开度设置为 20%（现场站：PID202）。

S084：补油线进回炼油罐 V2203 的电磁阀 HC20205 的开度开度设置为 20%（现场站：PID202）。

S085：回炼油罐 V-2203 液位 LI20202 大于 60%（DCS 站：原料、油浆蒸汽发生器图）。

S086：现场按 HS2203 打开 SV2203（现场站：PID202）。

S087：打开回炼油泵 P2207A/B 入口阀 P2207ASUC/P2207BSUC（现场站：PID202）。

S088：启动原料油泵 P2207A/B（现场站：PID202）。

S089：打开回炼油泵 P2207A/B 出口阀 P2207ADIS/P2207BDIS（现场站：PID202）。

S090：打开二中回流跨线手阀 201V10（现场站：PID201）。

S091：手动微开 FIC20107 至 5%，完成油浆循环（DCS 站：分馏总貌图）。

S092：打开开工循环线手阀 202V02（现场站：PID202）。

S093：打开开工循环线手阀 210V01（现场站：PID210）。

S094：BP-P2208A 旁路开关切至"旁路"（联锁画面：回炼油、油浆泵联锁）。

S095：打开分馏塔底油浆泵 P2208A 入口阀 P2208ASUC（现场站：PID210）。

S096：启动分馏塔底油浆泵 P2208A（现场站：PID210）。

S097：打开分馏塔底油浆泵 P2208A 出口阀 P2208ASUC（现场站：PID210）。

S098：打开油浆原料油换热器 E-2201A 管程入口手阀 209V01（设备现场：209V01 位置为一楼正对右侧楼梯的液位仪表下）观察 209V01 开关状态（现场站：PID209）；打开油

浆原料油换热器 E-2201A 管程入口手阀 209V02（现场站：PID209）。

S099：打开油浆蒸汽发生器 E-2214ABCD 管程入口手阀 204V02 和 204V01（现场站：PID204）。

S100：打开换热器油浆出口手阀 204V05（现场站：PID204）。

S101：打开油浆至开工循环线跨线手阀 201V12 和 201V14（现场站：PID201）。

S102：手动微开 FIC20103 和 FIC20104 至 5%，完成油浆循环（DCS 站：分馏总貌图）。

S103：FIC20103 和 FIC20104 切成自动，缓慢将油浆循环量提升至 300t/h（DCS 站：分馏总貌图）。

S104：当 V-2202，V-2203 液位大于 60%时（DCS 站：原料、油浆蒸汽发生器图），关闭原料油进装置手阀 202V06（现场站：PID202）。

6. 引 4.3MPa 蒸汽倒加热

S105：手动微开 PIC30703 开度至 5%，引蒸汽进装置（DCS：催化蒸汽边界图）。

S106：PIC30703 投自动，设定值 4.5MPa（DCS：催化蒸汽边界图）。

S107：PIC30702 投自动，设定值 4.3MPa（DCS：催化蒸汽边界图）。

S108：打开电磁阀 504MOV05 和 504MOV06，引蒸汽至工艺（现场站：PID504）。

S109：打开电磁阀 505MOV05 和 505MOV06，引蒸汽至工艺（现场站：PID505）。

S110：打开电磁阀 508MOV04，引蒸汽至工艺（现场站：PID508）。

S111：手动微开 PIC20402 和 PIC20404 开度至 5%，引蒸汽进汽包（DCS：原料、油浆蒸汽发生器图）。

S112：打开手阀 204V10/204V11/204V12/204V13，排除汽包中凝液（现场站：PID204）。

S113：TIC20901 投自动，设定值为 200℃（DCS：原料、油浆蒸汽发生器图）。

7. 稳定系统收汽油

S114：打开开工汽油入装置手阀 303V12（现场站：PID303）。

S115：打开汽油手阀 303V10（现场站：PID303）。

S116：确认辅操台：HS30301 处于"关"的位置（现场站：吸收塔底、补充吸收剂泵连锁）。

S117：现场点击 HS30301LC，打开 SV2307（现场站：PID303）。

S118：手动全开 FIC30301，引开工汽油进稳定塔底泵（DCS：吸收稳定图）。

S119：打开稳定塔底泵 P2304A 入口阀 P2304ASUC（现场站：PID303）。

S120：启动稳定塔底泵 P2304A（现场站：PID303）。

S121：打开稳定塔底泵 P2304A 出口阀 P2304ADIS（现场站：PID303）。

S122：手动微开 FIC30203 至 10%，引开工汽油进吸收塔 T-2301（DCS：吸收稳定图）。

S123：FIC30203 投自动，缓慢提升设定值至 60T/H（DCS：吸收稳定图）。

S124：打开气压机出口后冷器循环水手阀 301V21/301V22/301V23/301V24（现场站：PID301）。

S125：打开气压机出口后冷器凝液手阀 301V25/301V26/301V27/301V28（现场站：PID301）。

S126：启动空冷器 A2301A 至 A2301D（现场站：PID301）。

S127：打开手阀 301V16/301V17/301V18/301V19（现场站：PID301）。

S128：待 T2301 液面 LIC30201 达到 20%左右（DCS：吸收稳定图），按下 HS30201LC 打开 SV2305（现场站：PID302）。

S129：打开吸收塔底泵 P2303A/B 入口阀 P2303ASUC/P2303BSUC（现场站：PID303）。

S130：启动吸收塔底泵 P2303A/B（现场站：PID302）。

S131：打开吸收塔底泵 P2303A/B 出口阀 P2303ADIS/P2303BDIS（现场站：PID302）。

S132：手动微开 FIC30207 至 10%，向气压机出口油气罐 V2301 收油（DCS：吸收稳定图）。

S133：FIC30207 投串级，LIC30201 投自动，液位设定到 50%（DCS：吸收稳定图）。

S134：待气压机出口油气罐 V2301 液面 LIC30101 达到 20%左右（DCS：吸收稳定图），按下 HS30101LC 打开 SV2304（现场站：PID301）。

S135：打开浓缩油泵 P2301A 入口阀 301V02（现场站：PID301）。

S136：启动浓缩油泵 P2301A（现场站：PID301）。

S137：打开浓缩油泵 P2301A 出口阀 301V04（现场站：PID301）。

S138：手动微开 FIC30101 至 10%，引浓缩油入脱吸塔 T-2302（DCS：吸收稳定图）。

S139：FIC30101 投串级，LIC30101 投自动，液位设定到 50%（DCS：吸收稳定图）。

S140：待脱吸塔 T2302 液面 LIC30202 达到 20%左右（DCS：吸收稳定图），按下 HS30102LC 打开 SV2306（现场站：PID302）。

S141：打开浓缩油泵 P2301B 入口阀 301V07（现场站：PID301）。

S142：启动浓缩油泵 P2301B（现场站：PID301）。

S143：打开浓缩油泵 P2301B 出口阀 301V09（现场站：PID301）。

S144：手动微开 FIC30304 至 10%，引脱乙烷汽油入稳定塔 T-2304（DCS：吸收稳定图）。

S145：FIC30304 投串级，LIC30202 投自动，液位设定到 50%（DCS：吸收稳定图）。

S146：待稳定塔 T2304 液面 LIC30301 达到 10%左右（DCS：吸收稳定图），打开汽油稳定塔底出料手阀 303V01（现场站：PID303）。

S147：打开稳态塔底汽油冷却器汽油进口手阀 303V02（现场站：PID303）。

S148：打开稳态塔底汽油水冷器循环水手阀 303V05/303V06（现场站：PID303）。

S149：打开稳态塔底汽油水冷器汽油进口手阀 303V07/303V08（现场站：PID303）。

S150：待稳定塔 T2304 液面 LIC30301 达到 40%左右，手动全关 FIC30301，停止引开工汽油（DCS：吸收稳定图）。

S151：关闭汽油手阀 303V10（现场站：PID303）。

S152：打开氮气充压手阀 303V13（现场站：PID303）。

S153：待稳定塔 T-2304 压力 PI30301 达到在 0.4MPa-0.5MPa 压力后（DCS：吸收稳定图），关闭氮气充压手阀 303V13（现场站：PID303）。

S154：打开手阀 304V06 和 304V07（现场站：PID304）。

S155：打开手阀 304V04 和 304V05（现场站：PID304）。

S156：启动 A2303AM~RM（现场站：PID304）。

S157：打开吸收塔 T2301 侧线水冷器 E2306AB 循环水手阀 302V06（现场站：PID302）。

S158：打开吸收塔 T2301 侧线循环泵 P2302A 入口阀 P2302ASUC（现场站：PID302）。

S159：启动吸收塔 T2301 侧线循环泵 P2302A（现场站：PID302）。

S160：打开吸收塔 T2301 侧线循环泵 P2302A 出口阀 P2302ADIS（现场站：PID302）。

S161：手动微开 FIC30204 至 10%，投用循环油（DCS：吸收稳定图）。

S162：打开吸收塔 T2301 侧线水冷器 E2306CD 循环水手阀 302V07（现场站：PID302）。

S163：打开吸收塔 T2301 侧线循环泵 P2302B 入口阀 P2302BSUC（现场站：PID302）。

S164：启动吸收塔 T2301 侧线循环泵 P2302B（现场站：PID302）。

S165：打开吸收塔 T2301 侧线循环泵 P2302B 出口阀 P2302BDIS（现场站：PID302）。

S166：手动微开 FIC30201 至 10%，投用循环油（DCS：吸收稳定图）。

S167：打开吸收塔 T2301 侧线水冷器 E2306EF 循环水手阀 302V05（现场站：PID302）。

S168：打开吸收塔 T2301 侧线循环泵 P2302C 入口阀 P2302CSUC（现场站：PID302）。

S169：启动吸收塔 T2301 侧线循环泵 P2302C（现场站：PID302）。

S170：打开吸收塔 T2301 侧线循环泵 P2302C 出口阀 P2302CDIS（现场站：PID302）。

S171：手动微开 FIC30205 至 10%，投用循环油（DCS：吸收稳定图）。

S172：打开吸收塔 T2301 侧线水冷器 E2306GH 循环水手阀 302V08（现场站：PID302）。

S173：打开吸收塔 T2301 侧线循环泵 P2302D 入口阀 P2302DSUC（现场站：PID302）。

S174：启动吸收塔 T2301 侧线循环泵 P2302D（现场站：PID302）。

S175：打开吸收塔 T2301 侧线循环泵 P2302D 出口阀 P2302DDIS（现场站：PID302）。

S176：手动微开 FIC30206 至 10%，投用循环油（DCS：吸收稳定图）。

8. 粗汽油罐引汽油

S177：打开开工汽油进分馏塔顶油气罐跨线手阀 303V14（现场站：PID303）。

S178：打开分馏塔顶油气罐开工跨线手阀 208V25（现场站：PID208）。

S179：打开分馏塔顶油气罐底部阀 208V24（设备现场：208V24 位置为二楼中间液位仪表旁 V2201 罐下）观察 208V24 开关状态（现场站：PID208）。

S180：待粗汽油罐 V2201 液位 LIC20801 达到 50%左右（DCS：分馏总貌图），关闭开工汽油进装置手阀 303V12（现场站：PID303）。

S181：关闭分馏塔顶油气罐开工跨线手阀 208V25（现场站：PID208）。

S182：关闭分馏塔顶油气罐底部阀 208V24（设备现场：208V24 位置为二楼中间液位仪表旁 V2201 罐下）观察 208V24 开关状态（现场站：PID208）。

9. 反应再生气密

S183：手动全开再生滑阀 TIC10101（DCS：反应再生总貌图，简称反再总貌图）。

S184：手动全开再生滑阀 PDIC10321（设备现场：PDIC10321 位置为一楼再生器下段与反应器下段之间斜管上 DN50 闸阀）观察 PDIC10321 数据状态，配合设备现场操作 PDIC10321 开度，达到控制要求（DCS：反再总貌图）。

S185：手动全开待生滑阀 LIC10201（DCS：反再总貌图）。

S186：手动全开待生滑阀 PDIC10207（设备现场：PDIC10207 位置为二楼反应器中段与再生器中段之间斜管上 DN50 闸阀）观察 PDIC10207 数据状态，配合设备现场操作 PDIC10207 开度，达到控制要求（DCS：反再总貌图）。

S187：手动全开 MIP 循环滑阀 PDIC10210（设备现场：PDIC10210 位置为二楼反应器右侧下方靠平台 DN50 闸阀）观察 PDIC10210 数据状态，配合设备现场操作 PDIC10210 开度，达到控制要求（DCS：反再总貌图）。

S188：手动全开 MIP 循环滑阀 LIC10203（DCS：反再总貌图）。

S189：手动全开半再生滑阀 PDIC10316（设备现场：PDIC10316 位置为一楼再生器下段正面 DN50 闸阀）观察 PDIC10316 数据状态，配合设备现场操作 PDIC10316 开度，达到控制要求（DCS：反再总貌图）。

S190：手动全开半再生滑阀 LIC10301（DCS：反再总貌图）。

S191：将"外取热器 A 汽包液位低低"和"外取热器 A 循环流量低低"置于旁路，按"外取热器 A 下滑阀 HV10401"按钮复位［现场站：反再连锁（1）］。

S192：手动全开外取热器下滑阀 HC10401（DCS：反再总貌图）。

S193：将"外取热器 B 汽包液位低低"和"外取热器 B 循环流量低低"置于旁路，按"外取热器 B 下滑阀 HV10501"按钮复位［现场站：反再连锁（1）］。

S194：手动全开外取热器下滑阀 HC10501（DCS：反再总貌图）。

S195：全开提升管底部放空手阀 101V06（现场站：PID101）。

S196：全开反应沉降器 R2101 顶部放空手阀 102V04（现场站：PID102）。

S197：全开外取热器 A 顶部放空手阀 104V05（设备现场：104V05 位置为二楼再生器左侧外取热器顶部）观察 104V05 打开状态（现场站：PID104）。

S198：全开外取热器 B 顶部放空手阀 105V05（现场站：PID105）。

S199：全开循环斜管底部放空手阀 105V06（现场站：PID105）。

S200：手动全开双动滑阀 HC10701A/HC10701B（DCS：反再总貌图）。

S201：按"SF01"水封开关投用烟机出口水封罐，按"SF02"水封开关投用烟气放空水封罐 V2116（现场站：PID107）。

S202：全开 HC50701A/HC50701B，打通烟气至余热锅炉流程（DCS：余热锅炉温度控制图）。

S203：按 RS10110 复位增压机连锁（现场站：反再连锁（2））。

S204：开电磁阀 HIC11601，引风进反再（HIC10304 开度不要开太大，DCS：主风机组系统图）。

S205：手动打开 FIC10304 开度至 30%（DCS：主风机组系统图）。

S206：手动增大 FIC11601 开度，提升备用主风机 FIC11601 风量至 1200Nm^3/m（DCS：主风机组系统图）。

S207：关闭反应沉降器 R2101 顶部放空手阀 102V04（现场站：PID102）。

S208：关闭提升管底部放空手阀 101V06（现场站：PID101）。

S209：开始反再气密，PIC10301 投自动，设定压力在 0.2MPa 左右（DCS：反再总貌图）。

S210：HC10701A/HC10701B 投用串级（DCS：反再总貌图）。

S211：气密结束后，微开反应沉降器 R2101 顶部放空手阀 102V04（现场站：PID102）。

S212：打开提升管底部放空手阀 101V06（现场站：PID101）。

S213：PIC10301 设定压力降低到 0.15MPa 左右（DCS：反再总貌图）。

S214：气密结束，两器温度 TI10302A 升温至 150℃（DCS：反再总貌图）。

10. 分馏塔赶空气

S215：打开分馏塔 T2201 顶放空阀 201V08（现场站：PID201）。

S216：打开 1.2MPa 蒸汽总阀 307V01（现场站：PID307）。

S217：手动打开 FIC20108 开度至 10%（DCS：分馏总貌图）。

S218：手动打开 FIC20501 开度至 10%（DCS：分馏总貌图）。

S219：分馏塔 T2201 盲板开关→开（现场站：PID201）。

S220：打开 E2215A~J 循环水手阀 203V16/17/18/19/20（现场站：PID203）。

S221：打开手阀 203V10/11/12/13/14（现场站：PID203）。

S222：启动空冷器 A2201A/B/C/D/E/F/G/H（现场站：PID203）。

S223：打开手阀 203V04/05/06/04（现场站：PID203）。

S224：打开阀门 HC20301/HC20301C（现场站：PID203）。

S225：V-2201 水靴液位 LIC20803 投自动，设定值 50%（DCS：分馏总貌图）。

S226：赶净空气后，关闭分馏塔 T2201 顶放空阀 201V08（现场站：PID201）。

S227：打开压缩机入口阀 HIC31232（现场站：PID312）。

S228：打开压缩机出口阀 HIC31233（现场站：PID312）。

S229：手动关小 FIC20108 和 FIC20501 至 5%，保持分馏塔压力微正压（DCS：分馏总貌图）。

11. 辅助燃烧室点火反再升温过程

S230：手动打开 PIC30801 至 5% 开度，引燃料气进装置（DCS：燃料气、气体放火炬、水洗系统图）。

S231：缓慢增大 PIC30801 的开度，直至全开（DCS：燃料气、气体放火炬、水洗系统图）。

S232：将"手动输出"栏输入值 50，将进入反再风量 FIC11601 降至 1000NM3/MIN（DCS 站：备用风机组工艺图—喘振画面）。

S233：PIC10301 设定压力降低到至 0.05MPa 左右（DCS：反再总貌图）。

S234：打开燃料气至烧嘴 F2101 手阀 308V03（现场站：PID308）。

S235：手动打开 FIC10902 至 5% 开度，引主风进装置（DCS：主风机组系统图）。

S236：稍微打开 103V14 开度至 1%，引燃料气进烧嘴 F2101（现场站：PID103）。

S237：点击"点火开关"，将火嘴点火（现场站：PID103）。

12. 热工岗位准备：除氧器上水

S238：手动打开 PIC31102A 至 10%，引氮气给除盐水罐 V2307 升压（DCS：热工水汽总貌图）。

S239：除盐水罐 V2307 压力达到 0.1MPa 时，PIC31102B 投自动，设定值 0.14MPa（DCS：热工水汽总貌图）。

S240：手动打开 LIC31101 开度至 10%，给除盐水缓冲罐 V-2307 上水（DCS：热工水汽总貌图）。

S241：手动缓慢将 LIC31101 开度提升到 80%（DCS：热工水汽总貌图）。

S242：除盐水缓冲罐 V-2307 液位 LIC31101 达到 20%时（DCS：热工水汽总貌图），打开除盐水泵 P2214ASUC/P2214BSUC 入口阀（现场站：PID311）。

S243：除盐水缓冲罐 V-2307 液位 LIC31101 达到 45%时，LIC31101 投自动，设定值 50%（DCS：热工水汽总貌图）。

S244：启动除盐水泵 P2214A/B（现场站：PID311）。

S245：打开除盐水泵 P2214ADIC/P2214BDIC 出口阀（现场站：PID311）。

S246：打开除盐水泵 P2214A/B 出口总阀 P2214ASUC1（现场站：PID311）。

S247：打开预热器 E2213 入水口手阀 208V18（现场站：PID208）。

S248：打开预热器 E2305 入水口手阀 303V04（现场站：PID303）。

S249：手动打开 LIC50101A/LIC50102A 开度至 10%，给真空除气器 V2502A/B 上水（DCS：热工水汽总貌图）。

S250：手动打开 PIC50101/PIC50102 开度至 10%，投用真空除气（DCS：热工水汽总貌图）。

S251：手动缓慢将 LIC50101A 和 LIC50102A 开度提升到 80%（DCS：热工水汽总貌图）。

S252：真空除气器 V2502A/B 液位 LIC50101A 和 LIC50102A 达到 20%时（DCS：热工水汽总貌图），打开真空除气器底部出水阀 501V01 和 502V02（现场站：PID501）。

S253：真空除气器 V2502A/B 液位 LIC50101A 和 LIC50102A 达到 45%时，LIC50101A 和 LIC50102A 投自动，设定值 50%（DCS：热工水汽总貌图）。

S254：真空除气器 V2502A/B 真空循环水压力控制器 PIC50101 和 PIC50102 投自动，设定值 60KPa（DCS：热工水汽总貌图）。

S255：打开除盐水泵 P2502ASUC 和 P2502BSUC 入口阀（现场站：PID501）。

S256：启动除盐水泵 P2502A 和 P2502B（现场站：PID311）。

S257：打开除盐水泵 P2502ADIC 和 P2502BDIC 出口阀（现场站：PID501）。

S258：打开顶循环水冷器 E2214A 至 E2214D 水入口手阀 205V10 和 205V11（现场站：PID205）。

S259：打开一中回流水冷器 E2206 水入口手阀 206V02（现场站：PID206）。

S260：手动打开 LIC50302 和 LIC50304 开度至 10%，给压力除氧器 V2504A/B 上水（DCS：热工水汽总貌图）。

S261：打开 503DV01，引低低压蒸汽进装置（现场站：PID503）。

S262：手动打开 PIC50302 和 PIC50303 开度至 10%，引蒸汽进压力除氧器 V2504A/B（DCS：热工水汽总貌图）。

S263：PIC50305 投自动，设定值 0.4MPa（DCS：热工水汽总貌图）。

S264：手动缓慢将 LIC50302 和 LIC50304 开度提升到 80%（DCS：热工水汽总貌图）。

S265：PIC50302 和 PIC50303 投自动，设定值 0.4MPa（DCS：热工水汽总貌图）。

S266：压力除氧器 V2504A/B 液位 LIC50302 和 LIC50304 达到 20%时（DCS：热工水汽总貌图），打开压力除氧器底部出水阀 503V11 和 503V12（现场站：PID503）。

S267：压力除氧器 V2504A/B 液位 LIC50302 和 LIC50304 达到 45%时，LIC50302 和 LIC50304 投自动，设定值 50%（DCS：热工水汽总貌图）。

S268：打开压力除氧器 V2504A/B 定排手阀 503V09 和 503V10（现场站：PID503）。

S269：打开 V2504 阀 509V01（现场站：PID509）。

S270：打开除盐水泵 P2501ASUC、P2501BSUC 和 P2501CSUC 入口阀（现场站：PID503）。

S271：启动除盐水泵 P2501A、P2501B 和 P2501C（现场站：PID503）。

S272：打开除盐水泵 P2501ADIC、P2501BDIC 和 P2501CDIC 出口阀（现场站：PID503）。

S273：打开上水电磁阀 504MOV01（现场站：PID504）和 505MOV01（现场站：PID505）。

S274：手动打开 FIC50403 和 FIC50503 开度至 10%，给余热锅炉汽包 V2501A/B 上水（DCS：热工水汽总貌图）。

S275：手动缓慢将 FIC50403 和 FIC50503 开度提升到 80%（DCS：热工水汽总貌图）。

S276：打开加药装置进余热锅炉汽包 V2501A/B 的手阀 504V01（现场站：PID504）和 505V01（现场站：PID505）。

S277：余热锅炉汽包 V2501A/B 液位 LIC50402 和 LIC50502 达到 45%时，FIC50403 和 FIC50503 投串级，LIC50402 和 LIC50502 投自动，设定值 50%（DCS：热工水汽总貌图）。

S278：打开过热蒸汽电磁阀 504MOV04 和 504MOV03（现场站：PID504）。

S279：打开过热蒸汽电磁阀 505MOV04 和 505MOV03（现场站：PID505）。

S280：打开过热蒸汽电磁阀 508MOV01（现场站：PID508）。

S281：打开上水电磁阀 504MOV02（现场站：PID504）和 505MOV02（现场站：PID505）。

S282：打开上水电磁阀 508MOV05（现场站：PID508）。

S283：手动打开 FIC10403 和 FIC10503 开度至 10%，给外取热器汽包 V2218A/B 上水（DCS：热工水汽总貌图）。

S284：打开加药装置进外取热器汽包 V2218A/B 的手阀 104V03（现场站：PID104）和 105V03（现场站：PID105）。

S285：外取热器汽包 V2218A/B 液位 LIC10403 和 LIC10503 达到 45%时，FIC10403 和 FIC10503 投串级，LIC10403 和 LIC10503 投自动，设定值 50%（DCS：热工水汽总貌图）。

S286：外取热器汽包 V2218A/B 压力 PIC10406 和 PIC10506 投自动，设定值 4.8MPa（DCS：热工水汽总貌图）。

S287：打开外取热器汽包 V2218A/B 定排手阀 104V02（现场站：PID104）和 105V02（现场站：PID105）。

S288：关闭手阀 204V10/204V11/204V12/204V13（现场站：PID204）。

S289：打开油浆蒸汽发生器汽包 V2220/V2221 定排手阀 204V03、204V04（现场站：PID204）。

S290：手动打开 FIC20402 和 FIC20403 开度至 10%，给油浆蒸汽发生器汽包 V2220/V2221 上水（DCS：热工水汽总貌图）。

S291：手动缓慢将 FIC20402 和 FIC20403 开度提升到 80%（DCS：热工水汽总貌图）。

S292：打开加药装置进油浆蒸汽发生器汽包 V2220/V2221 的手阀 204V08 和 204V09（现场站：PID204）。

S293：油浆蒸汽发生器汽包 V2220/V2221 液位 LIC20402 和 LIC20404 达到 45%时，

FIC20402 和 FIC20403 投串级，LIC20402 和 LIC20404 投自动，设定值 50%（DCS：热工水汽总貌图）。

S294：油浆蒸汽发生器汽包 V2220/V2221 压力 PIC20402 和 PIC20404 投自动，设定值 5.2MPa（DCS：热工水汽总貌图）。

S295：打开除盐水泵 P2504A 和 P2504B 入口阀（现场站：PID503）。

S296：启动除盐水泵 P2504A 和 P2504B（现场站：PID503）。

S297：打开除盐水泵 P2504A 和 P2504B 出口阀 503V02 和 503V04（现场站：PID503）。

S298：打开手阀 503V05 和 503V06（现场站：PID503）。

S299：手动打开 FIC21101 开度至 10%，给外甩油浆蒸汽发生器汽包 V2222 上水（DCS：热工水汽总貌图）。

S300：手动缓慢将 FIC21101 开度提升到 80%（DCS：热工水汽总貌图）。

S301：打开加药装置进外甩油浆蒸汽发生器汽包 V2222 的手阀 211V04（现场站：PID211）。

S302：外甩油浆蒸汽发生器汽包 V2222 液位 LIC21101 达到 45% 时，FIC21101 投串级，LIC21101 投自动，设定值 50%（DCS：热工水汽总貌图）。

S303：PIC21101 投自动，设定值在 0.4MPa 左右（DCS：热工水汽总貌图）。

S304：外甩油浆蒸汽发生器汽包 V2222 定排手阀 211V02（现场站：PID211）。

S305：储水罐 V2503 液位 LIC50201 达到 20% 时（DCS：热工水汽总貌图），打开水泵 P2503ASUC 和 P2503BSUC 入口阀（现场站：PID502）。

S306：启动水泵 P2503A/B（现场站：PID502）。

S307：打开水泵 P2503ADIC 和 P2503BDIC 出口阀（现场站：PID502）。

S308：手动打开 HIC50201 开度至 50%（DCS：热工水汽总貌图）。

S309：LIC50201 投自动，设定值为 50%（DCS：热工水汽总貌图）。

13. 反再升温过程

S310：按 HS10404、HS10504，打开外取热器汽包自然循环旁路阀 HV10404 和 HV10504（DCS：外取热器图）。

S311：当再生器温度 TIC10309 达到 300℃ 左右（DCS：反再总貌图），手动打开 FIC12201 开度至 80%（DCS：提升管反应器图）。

S312：FIC10202 投自动，设定值 2.4t/h（DCS：提升管反应器图）。

S313：FIC10203 投自动，设定值 6.68t/h（DCS：提升管反应器图）。

S314：FIC10204 投自动，设定值 2t/h（DCS：提升管反应器图）。

S315：FIC10205 投自动，设定值 6t/h（DCS：提升管反应器图）。

S316：FIC10206 投自动，设定值 2t/h（DCS：提升管反应器图）。

S317：缓慢开大 103V14 开度（现场站：PID103），再生温度 TIC10306 升到 315℃（DCS：反再总貌图）。

S318：缓慢开大 103V14 开度（现场站：PID103），再生温度 TIC10309 升到 315℃（DCS：反再总貌图）。

S319：缓慢开大 103V14 开度（现场站：PID103），反应温度 TIC10101 升到 315℃（DCS：反再总貌图）。

S320：缓慢开大 103V14 开度（现场站：PID103），再生温度 TIC10306 升到 540℃（DCS：反再总貌图）。

S321：缓慢开大 103V14 开度（现场站：PID103），再生温度 TIC10309 升到 540℃（DCS：反再总貌图）。

S322：缓慢开大 103V14 开度（现场站：PID103），反应温度 TIC10101 升到 540℃（DCS：反再总貌图）。

S323：维持炉膛温度 TI10316 在 535～900℃，炉出口温度 TI10317 在 545～700℃（DCS：反再总貌图）。

14. 开增压机

S324：HC11804 手动打开至 80%，打开增压机 K2103A 入口风手阀（DCS：主风机组系统图）。

S325：进入 1#增压机 ITCC "停机联锁"，"主风机安全运行" 投旁路（DCS 站：1#增压机润滑油系及轴系流程图—1#增压机停机连锁）。

S326：进入 1#增压机 ITCC "停机联锁"，点击 "1#增压机上位手动联锁复位"（DCS 站：1#增压机润滑油系及轴系流程图—1#增压机停机连锁）。

S327：进入 "增压机启动条件"，点击 "1#增压机其他启动条件满足确认"（DCS 站：1#增压机润滑油系及轴系流程图—1#增压机启动条件）。

S328：进入 "增压机启动条件"，点击 "1#增压机允许启动确认"（DCS 站：1#增压机润滑油系及轴系流程图—1#增压机启动条件）。

S329：启动增压机 K2103A（现场站：PID108）。

S330：点击 "RS-10103 复位" 按钮［现场站：反再联锁（1）］。

S331：点击 "RS-10106 复位" 按钮［现场站：反再联锁（1）］。

S332：手动打开 FIC10401 和 FIC10501 至 10%左右，引风进流化床（DCS：主风机组系统图）。

S333：FIC10401 和 FIC10501 投自动，设定值 20～50Nm^3/min（DCS：主风机组系统图）。

15. 开气压机

S334：打开 E2307 循环水阀 312V01（现场站：PID312）。

S335：手动全开 PIC30702，引 3.5MPa 蒸汽进装置（DCS：催化蒸汽边界图）。

S336：手动全开 PIC30704，排乏气（DCS：催化蒸汽边界图）。

S337：打开蒸汽切断阀 2301（现场站：PID312）。

S338：启动汽轮机 K2301ST→ITCC 操作面板→启动按钮（现场站：PID312）。

S339：目标转速输入 "1000" 提转速至 1000rpm（现场站：PID312）。

S340：目标转速输入 "5040" 快速通过临界转速 5040rpm（现场站：PID312）。

S341：将控制由 ITCC 切至 DCS（现场站：PID312）。

16. 拆大盲板赶空气

S342：手动全关再生滑阀 TIC10101（DCS：反再总貌图）。

S343：手动全关待生滑阀 LIC10201（DCS：反再总貌图）。

S344：手动全关 MIP 滑阀 LIC10203（DCS：反再总貌图）。

S345：手动打开 FIC10112 开度至 10%，开提升管预提升蒸汽（设备现场：FIC10112 位置为一楼反应器底部左侧 DN20 闸阀）观察 FIC10112 数据状态，配合设备现场操作 FIC10112 开度，达到控制要求（DCS：提升管反应器图）。

S346：手动打开 FIC10110 开度至 10%，开提升管松动蒸汽（DCS：提升管反应器图）。

S347：打开蒸汽手阀 100V13/14/15/16/17/18/19/20/21/22/23/24（现场站：PID100）。

S348：手动打开 FIC10001A 和 FIC10001D 开度至 10%，开原料油雾化蒸汽（DCS：提升管反应器图）。

S349：手动打开 FIC10105 闸阀开度至 10%，开回炼油雾化蒸汽（设备现场：FIC10105 位置为一楼反应器左侧正面 DN20 闸阀）观察 FIC10105 数据状态，配合现场操作达到设定要求（DCS：提升管反应器图）。

S350：手动打开 FIC10107 开度至 10%，开提升蒸汽（设备现场：FIC10107 位置为一楼反应器中间正面 DN20 闸阀）观察 FIC10107 数据状态，配合现场操作调整 FIC10107 开度，达到控制要求（DCS：提升管反应器图）。

S351：提各路蒸汽量，提沉降器压力 PI10201 达到 0.09MPa（DCS：提升管反应器图）。

S352：PIC10301 投自动，降低设定值到 0.08MPa（DCS：反再总貌图）。

17. 分馏塔 T2201 引油建立三路带塔循环

S353：打开分馏塔油浆上返塔气壁手阀 201V11（现场站：PID201）。

S354：关闭油浆开工循环跨线手阀 201V12（现场站：PID201）。

S355：待分馏塔底液位 LIC20101 达到 20%（DCS：分馏总貌图），现场按"HS2202B"开塔底切断阀 SV2202B（现场站：PID210）。

S356：打开油浆泵 P2208BSUC 入口阀（现场站：PID210）。

S357：启动油浆泵 P2208B（现场站：PID210）。

S358：打开油浆泵 P2208BDIC 出口阀（现场站：PID210）。

S359：打开分馏塔油浆下返塔气壁手阀 201V13（现场站：PID201）。

S360：关闭油浆开工循环跨线手阀 201V14（现场站：PID201）。

S361：打开分馏塔手阀 201V05（设备现场：201V05 位置为一楼分馏塔底部正面）观察 201V05 开关状态（现场站：PID201）。

S362：打开手阀 204V06（现场站：PID204）。

S363：打开顶循环油泵 P2203ASUC/P2203BSUC 入口阀（现场站：PID205）。

S364：启动顶循环油泵 P2203A/B（现场站：PID205）。

S365：打开顶循环油泵 P2203ADIC/P2203BDIC 出口阀（现场站：PID205）。

S366：打开手阀 211V01（现场站：PID211）。

S367：打开手阀 206V05 和 206V06（现场站：PID206）。

S368：分馏塔 T2201 塔底温度 TI20125 升到 200℃ 以上（DCS：分馏总貌图），打开顶回流采出手阀 201V01（设备现场：201V01 位置为二楼分馏塔中段正面左侧）观察 201V01 开关状态（现场站：PID201）。

S369：打开泵 P2208CSUC/P2208DSUC 入口阀（现场站：PID211）。

S370：启动顶循环油泵 P2208C/D（现场站：PID211）。

S371：打开顶循环油泵 P2208CDIC/P2208DDIC 出口阀（现场站：PID211）。

S372：打开顶循环至气分装置手阀 205V05（现场站：PID205）。

S373：打开顶循环自气分装置手阀 205V06（现场站：PID205）。

S374：打开顶循环水冷器 E2214A～D 入口手阀 205V09 和 205V08（现场站：PID205）。

S375：打开顶循环空冷器 A2202A～F 入口手阀 205V12、205V13、205V14 和 205V15（现场站：PID205）。

S376：启动顶循环空冷器 A2202AM、A2202BM、A2202CM 和 A2202DM（现场站：PID205）。

S377：打开顶循环返回手阀 201V16（设备现场：201V16 位置为二楼分馏塔上段正面左侧）观察 201V16 开关状态（现场站：PID201）。

S378：手动打开 FIC20106 开度至 10%（DCS：分馏总貌图）。

18. 装催化剂三器流化

S379：手动关闭 LIC10301，关半再生循环斜管滑阀（DCS：反再总貌图）。

S380：手动关闭 HC10501 和 HC10401，关外取热器下滑阀（DCS：反再总貌图）。

S381：关闭外取热器 R2104A 放空手阀 104V05（设备现场：104V05 位置为二楼再生器左侧外取热器顶部）观察 104V05 开关状态（现场站：PID104）。

S382：关闭外取热器 R2104B 放空手阀 105V05（现场站：PID105）。

S383：点击 RS10102 复位开关［现场站：反再联锁（1）］。

S384：点击 HS10505 打开阀门 HV10505（现场站：PID105）。

S385：打开 FIC10506 至 10%（DCS：反再总貌图）。

S386：关闭一再大环放空手阀 105V06（现场站：PID105）。

S387：控制沉降器压力 PI10201 至 0.11MPa，再生器压力 PIC10301 至 0.1MPa（DCS：反再总貌图）。

S388：打开热催化剂罐 V2102 底部出料手阀 106V16（设备现场：106V16 位置为二楼中间液位仪表左侧 V2102 催化剂罐下）观察 106V16 开关状态（现场站：PID106）。

S389：打开催化剂大型加料线手阀 106V45（现场站：PID106）。

S390：打开再生器器壁加料手阀 103V10（设备现场：103V10 位置为一楼再生器左侧液位智能仪表旁）观察 103V10 开关状态（现场站：PID103）。

S391：打开再生器器壁加料手阀 106V04（现场站：PID106）。

S392：当一再料位 LIC10301 达到 40%（DCS：反再总貌图），关闭再生器器壁加料手阀 103V10（设备现场：103V10 位置为一楼再生器左侧液位智能仪表旁）观察 103V10 开关状态（现场站：PID103）。

S393：打开燃料油手阀 103V03（设备现场：103V03 位置为一楼再生器靠二层平台底部右侧）观察 103V03 开关状态（现场站：PID103）。

S394：一再温度 TIC10306 大于 400℃，缓慢开大 FIC10301 至 30% 喷燃烧油（DCS：反再总貌图）。

S395：当一再温度 TIC10306 达到 500℃时，手动打开 LIC10301 至 10%，向二再转催化剂（DCS：反再总貌图）。

S396：当外取热器 A/B 料位 LI10401 和 LI10501 达到 50% 左右，手动打开 HC10401，

10501开度至10%，向二再装剂（DCS：反再总貌图）。

S397：关闭提升管底部放空手阀101V06（现场站：PID101）。

S398：关闭沉降器顶部放空手阀102V04（现场站：PID102）。

S399：当二再料位LI10304达到40%时，再生器温度TIC10306和10309在550~600℃，手动打开TIC10101开度至10%，向沉降器转剂（DCS：反再总貌图）。

S400：当汽提段料位LIC10201达到40%时，手动打开LIC10201开度至10%，将汽提段中的催化剂转回再生器（DCS：反再总貌图）。

S401：LIC10201投自动，设定值在50%左右（DCS：反再总貌图）。

S402：LIC10301投自动，设定值在50%左右（DCS：反再总貌图）。

S403：LIC10203投自动，设定值在50%左右（DCS：反再总貌图）。

S404：逐渐调整再生器压力PIC10301至0.19MPa，控制沉降器压力PI10201至0.15MPa（DCS：反再总貌图）。

19. 打通分馏塔各流程

S405：打开分馏塔顶油气罐底部阀208V24（设备现场：208V24为二楼中间液位仪表旁V2201罐下）观察208V24开关状态（现场站：PID208）。

S406：打开分馏塔T2201回流泵P2218ASUC/P2218BSUC入口阀（现场站：PID208）。

S407：启动分馏塔T2201回流泵P2218A/B（现场站：PID208）。

S408：打开分馏塔T2201回流泵P2218ASUC/P2218BSUC出口阀（现场站：PID208）。

S409：打开分馏塔冷回流返塔器壁阀201V17（设备现场：201V17位置为二楼左侧分馏塔正面右侧）观察201V17开关状态（现场站：PID201）。

S410：手动打开FIC20105开度至10%（DCS：分馏总貌图）。

S411：打开轻柴油测线采出手阀201V03（设备现场：201V03位置为二楼拐角处T2202汽提塔与215冷却器之间）观察201V03开关状态（现场站：PID201）。

S412：待轻柴油汽提塔T2202的液位LIC20501达到20%时（DCS：分馏总貌图），打开塔底出料手阀205V01（设备现场：205V01位置为一楼右侧P2204轻柴油泵入口处）观察205V01开关状态（现场站：PID205）。

S413：打开轻柴油汽提塔T2202底轻柴油泵P2204A/B入口阀（现场站：PID205）。

S414：启动轻柴油汽提塔T2202底轻柴油泵P2204A/B（现场站：PID205）。

S415：打开轻柴油汽提塔T2202底轻柴油泵P2204A/B出口阀（现场站：PID205）。

S416：打开轻柴油至E2204手阀205V02（设备现场：205V02位置为一楼右侧P2204轻柴油泵出口处）观察205V02开关状态（现场站：PID205）。

S417：打开轻柴油进水冷器E2204手阀208V09（现场站：PID208）。

S418：打开轻柴油空冷器A2203A/B入口手阀208V12、208V13和208V14（现场站：PID208）。

S419：启动轻柴油空冷器A2203AM和A2203BM（现场站：PID208）。

S420：打开轻柴油至罐区手阀208V08（现场站：PID208）。

S421：手动打开HC20801，开度80%以上（DCS：分馏总貌图）。

S422：手动打开FIC20807，开度10%（DCS：分馏总貌图）。

S423：FIC20807投串级，LIC20501投自动，设定值50%（DCS：分馏总貌图）。

S424：打开水冷器 E2216A/B 循环冷却水手阀 208V19（现场站：PID208）。

S425：打开分馏塔侧线贫吸收油采出手阀 201V02（设备现场：201V02 位置为一楼拐角往左第二台泵 P2205 贫吸收油泵入口处）观察 201V02 开关状态（现场站：PID201）。

S426：打开分馏塔 T2201 贫吸收油泵 P2205A/B 入口阀（现场站：PID208）。

S427：启动分馏塔 T2201 贫吸收油泵 P2205A/B（现场站：PID208）。

S428：打开分馏塔 T2201 贫吸收油泵 P2205A/B 出口阀（现场站：PID208）。

S429：手动打开 FIC20802，开度 10%（DCS：分馏总貌图）。

S430：打开贫吸收油进换热器 E2205A/B 入口手阀 208V15（现场站：PID208）。

S431：打开贫吸收油进换热器 E2213 入口手阀 208V16（现场站：PID208）。

S432：打开贫吸收油进水冷器 E2216A/B 入口手阀 208V17（现场站：PID208）。

S433：打开贫吸收油进再吸收塔手阀 304V01 和 304V02（现场站：PID304）。

S434：打开富吸收油进换热器 E2205A/B 入口手阀 208V20（现场站：PID208）。

S435：打开富吸收油返回分馏塔 T2201 手阀 201V19（设备现场：201V19 位置为二楼分馏塔中段右侧）观察 201V19 开关状态（现场站：PID201）。

S436：手动打开 LIC30404，开度 10%（DCS：吸收稳定图）。

S437：待再吸收塔 T2303 液位 LIC30404 至 40%以上时，LIC30404 投自动，设定值 50%（DCS：吸收稳定图）。

S438：打开分馏塔 T2201 一中回流采出手阀 201V04（设备现场：201V04 位置为二楼分馏塔下段左侧靠平台处）观察 201V04 开关状态（现场站：PID201）。

S439：打开分馏塔 T2201 一中循环油泵 P2206A/B 入口阀（现场站：PID206）。

S440：启动分馏塔 T2201 一中循环油泵 P2206A/B（现场站：PID206）。

S441：打开分馏塔 T2201 一中循环油泵 P2206A/B 出口阀（现场站：PID206）。

S442：打开一中回流水冷器 E2206 入口手阀 206V01（现场站：PID206）。

S443：打开一中回流水冷器 E2206 出口手阀 206V18（现场站：PID206）。

S444：打开一种回流返回分馏塔 T2201 手阀 201V18（设备现场：201V18 位置为二楼分馏塔下段正面左侧）观察 201V18 开关状态（现场站：PID201）。

S445：手动打开 FIC20101，开度 10%（DCS：分馏总貌图）。

S446：打开二中回流返回分馏塔 T2201 手阀 201V09（现场站：PID201）。

S447：关闭二中回流返回分馏塔 T2201 跨线手阀 201V10（现场站：PID201）。

20. 反应进油，并调整至正常

S448：微开原料油进提升管手阀（OP = 1.00）100V01、100V02、100V03、100V04、100V05、100V06、100V07、100V08、100V09、100V10、100V11 和 100V12（现场站：PID100）。

S449：手动缓慢增大 TIC10101 的开度，保持提升管温度在 500℃左右（DCS：反再总貌图）。

S450：配合着增大 TIC10101 的开度保持提升管温度 500℃的同时（DCS：反再总貌图），缓慢增大原料油进提升管手阀 100V01、100V02、100V03、100V04、100V05、100V06、100V07、100V08、100V09、100V10、100V11 和 100V12 直至全开（现场站：PID100）。

S451：配合着增大 TIC10101 的开度保持提升管温度 500℃的同时（DCS：反再总貌图），

关闭提升管进料跨线手阀 100V28 和 100V29（现场站：PID100）。

S452：配合着一再温度 TIC10306 保持在 680℃的同时（DCS：反再总貌图），逐渐停掉再生器辅助燃烧室，关闭 103V14（现场站：PID103）。

S453：配合着一再温度 TIC10306 保持在 680℃的同时，手动关闭 FIC10302 和 FIC10301，停止喷燃烧油（DCS：反再总貌图）。

S454：FIC10002A 和 FIC10002D 投自动，逐渐提高设定值至 125T/H（DCS：反再总貌图）。

S455：打开外取热器汽包 V2118A 水泵 P2101ASUC/P2101BSUC 入口阀（现场站：PID104）。

S456：启动外取热器汽包 V2118A 水泵 P2101A/B（现场站：PID104）。

S457：打开外取热器汽包 V2118A 水泵 P2101ADIC/P2101BDIC 出口阀（现场站：PID104）。

S458：打开外取热器汽包 V2118B 水泵 P2101CSUC/P2101DSUC 入口阀（现场站：PID105）。

S459：启动外取热器汽包 V2118B 水泵 P2101C/D（现场站：PID105）。

S460：打开外取热器汽包 V2118B 水泵 P2101CSUC/P2101DSUC 出口阀（现场站：PID105）。

S461：关闭烟机出口水封开关" SF01" 水封罐撤水（现场站：PID107）。

21. 开主机

S462：进入 ITCC"停机联锁"，点击"主风机组电机运行状态"后"自动"框使其变成"旁路"（DCS 站：主风机组工艺图—停机连锁）。

S463：进入 ITCC"停机联锁"，点击"主风机逆流至连锁"后"自动"框使其变成"旁路"（DCS 站：主风机组工艺图—停机连锁）。

S464：进入 ITCC"停机联锁"，点击"主风机组上位手动联动复位"（DCS 站：主风机组工艺图—停机连锁）。

S465：进入现场站，现场启动盘车电机 K2101PCM（现场站：PID107）。

S466：进入"启动条件"，待主风机允许启动条件满足后，点击"主风机允许启动确认"，此时"主风机启动条件满足"变绿（DCS 站：主风机组工艺图—启动条件）。

S467：进入"启动程序"选择"用烟机启动"（DCS 站：主风机组工艺图—启动顺序）。

S468：点击"切断阀开启按钮"（DCS 站：主风机组工艺图—启动顺序）。

S469：进入"工艺流程图"，手动全开 HC11101（DCS 站：主风机组工艺图）。

S470：待"入口切断阀已开"按钮变绿后点击"蝶阀解锁"（DCS 站：主风机组工艺图—启动顺序）。

S471：进入"工艺流程图"，手动微开 HC11102 至 10%（DCS 站：主风机组工艺图）。

S472：手动打开 TIC11101，投用轮盘冷却蒸汽（DCS 站：主风机组工艺图）。

S473：手动打开 PDIC11105，投用轮盘密封蒸汽（DCS 站：主风机组工艺图）。

S474：手动开大 HC11102 至 40%，进行 500℃恒温（DCS 站：主风机组工艺图）。

S475：手动全开 HC11102，烟机升速至 3162r/min（DCS 站：主风机组工艺图）。

S476：进入喘振画面，喘振控制置于"半自动"（DCS 站：主风机组工艺图—喘振画面）。

S477：将手动输入框输入值"100"（DCS 站：主风机组工艺图—喘振画面）。

S478：手动关闭 FIC11201，将主风机静叶角度置 0（DCS 站：主风机组工艺图）。

S479：进入启动程序，点击"电机允许合闸"，启动电机（DCS 站：主风机组工艺图—启动顺序）。

S480：进入"安全运行"，点击"切断主风自保"后"自动"框使其变成"旁路"（DCS 站：主风机组工艺图—安全运行）。

S481：进入"安全运行"，点击"主风机逆流至安全运行"后"自动"框使其变成旁路（DCS 站：主风机组工艺图—安全运行）。

S482：点击"主风机组上位手动安全运行复位"复位机组（DCS 站：主风机组工艺图—安全运行）。

S483：进入"自动操作"，点击"主风机组上位手动投自动"（DCS 站：主风机组工艺图—自动操作）。

S484：待运行稳定后，进入"停机联锁"，点击"主风机主电机运行状态"的"旁路"框使其变成"自动"（DCS 站：主风机组工艺图—停机连锁）。

S485：进入"停机连锁"，点击"主风机逆流至联锁"后"旁路"框使其变成"自动"（DCS 站：主风机组工艺图—停机连锁）。

S486：进入"安全运行"，点击"主风机逆流至安全运行"后"旁路"框使其变成"自动"（DCS 站：主风机组工艺图—安全运行）。

22. 切机

S487：点击"HS11404"按钮打开 XV11201（现场站：PID107）。

S488：手动全开 HC11201，使的主风电液阀 HV11201 全开（DCS 站：主风机组系统图）。

S489：调整静叶角度 FIC11201>30%（DCS 站：主风机组工艺图）。

S490：手动减少主机喘振的手动输出框的数值（DCS 站：主风机组工艺图—喘振画面），使其出口压力 PI11206 大于主风管道压力 PI11207 达到 2~5kPa，风量 FIC11201 达到 3600Nm^3/min（DCS 站：主风机组系统图）。

S491：手动减少主机喘振的手动输出框的数值（DCS 站：主风机组工艺图—喘振画面），控制主风管道压力 PI11207 维持在 0.255MPa（DCS 站：主风机组工艺图）。

S492：手动增大备机喘振的手动输出框的数值（DCS 站：备用风机组工艺图—喘振画面）备机放空阀，使主风管道压力 PI11207 降至 0.25MPa（DCS 站：主风机组工艺图）。

S493：手动减少主机喘振的手动输出框的数值（DCS 站：主风机组工艺图—喘振画面），控制主风管道压力 PI11207 维持在 0.255MPa（DCS 站：主风机组工艺图）。

S494：重复上述操作直至备机喘振的手动输出框的数值为 100，备机放空全开（DCS 站：主风机组工艺图—喘振画面）。

S495：手动全关 HC11601，使得备机电液阀 HV11601 关闭（DCS 站：主风机组系统图）。

S496：手动全关 FIC11601，使得备机静叶至 22°（DCS 站：主风机组系统图）。

S497：备机至反再联锁投旁路（"停机连锁"页，旁路"备主风机组主电机事故跳闸"及"备风机逆流至连锁"）。

S498：现场手动停备用风机电机 K2102M（现场站：PID108）。

23. 投用离心机

S499：进入离心机 ITCC"停机联锁"，点击"离心机主电机在事故故障"后"自动"框使其变成"旁路"（DCS 站：离心风机组工艺图—停机连锁）。

S500：进入离心机 ITCC"停机联锁"，点击"离心机主风机组上位手动连锁复位"（DCS 站：离心风机组工艺图—停机连锁）。

S501：进入离心机 ITCC"启动条件"，点击"离心主风机允许启动确认"（DCS 站：离心风机组工艺图—启动条件）。

S502：手动打开 HC10902，离心机抽大气阀开度至 10%（DCS 站：离心风机组工艺图）。

S503：进入离心机 ITCC"喘振画面"，"喘振控制方式"投半自动（DCS 站：离心风机组工艺图—喘振画面）。

S504：将手动"输入框"输入值"100"（DCS 站：离心风机组工艺图—喘振画面）。

S505：FIC12001 手动置 0，关闭离心风机流量控制阀（DCS 站：主风机组系统图）。

S506：启动离心主风机电机 K2104M（现场站：PID109）。

S507：手动开大 HC10902 至 30%（DCS 站：主风机组系统图）。

S508：手动缓慢开大主机静叶角度 FIC11201 至 60%（DCS 站：主风机组系统图）。

S509：增大手动"输入框"输入值开大防喘振阀（DCS 站：主风机组工艺图—喘振画面），保证主风总管压力 PI11207 稳定在 0.255MPa（DCS 站：主风机组系统图）。

S510：手动缓慢打开 FIC12001，同时手动关闭 HC10902 至全关（DCS 站：主风机组系统图）。

S511：调整手动"输入框"输入值开大防喘振阀（DCS 站：主风机组工艺图—喘振画面），通过主机放空控制主风管道压力 PI11207 在 0.25MPa（DCS 站：主风机组系统图）。

S512：继续手动开大 FIC12001，使离心机出口流量为 1400Nm^3/min、入口压力 PI11207 为 0.24MPa（DCS 站：主风机组系统图）。

S513：减少手动"输入框"输入值关小防喘振阀（DCS 站：主风机组工艺图—喘振画面），维持主风总管压力 PI11207 稳定在 0.25MPa（DCS 站：主风机组系统图）。

S514：手动缓慢打开 HC10901（DCS 站：主风机组系统图）。

S515：调整手动"输入框"输入值关小防喘振阀（DCS 站：主风机组工艺图—喘振画面），维持主风总管压力 PI11207 稳定在 0.25MPa（DCS 站：主风机组系统图）。

S516：手动缓慢关小"输入框"输入值关小防喘振阀（DCS 站：主风机组工艺图—喘振画面），使二再主风管道压力 PI10324 增加 2~5kPa（DCS 站：反再总貌图）。

S517：手动缓慢关小 FIC10308 闸阀（设备现场操作：FIC10308 位置为一楼再生器底部后面 DN15 闸阀）；观察二再风量 FI10307 数据状态，配合设备现场操作 FI10308 开度，使二再风量 FI10307 稳定在 1400Nm^3/min（DCS 站：主风机组系统图）。

S518：调整手动"输入框"输入值关小防喘振阀（DCS 站：主风机组工艺图—喘振画面），维持主风总管压力 PI11207 稳定在 0.25MPa（DCS 站：主风机组系统图）。

S519：重复上述过程至一二再主风跨线阀 FIC10308 全关（设备现场操作：FIC10308 位置为一楼再生器底部后面 DN15 闸阀）观察 FIC10308 数据状态，配合设备现场操作 FIC10308 开度，达到控制要求（DCS 站：主风机组系统图）。

S520：进入离心机 ITCC"停机联锁"，点击"离心机主电机在事故故障"后"旁路"

框使其变成"自动"（DCS 站：离心风机组工艺图—停机连锁）。

24. 装置提负荷至 100%，稳定操作

S521：TIC10101 投自动，温度调整 515℃（DCS 站：反再总貌图）。

S522：主风去一再大循 FIC10304 投自动，控制 2000Nm³/min（DCS 站：反再总貌图）。

S523：主风去一再小循 FIC10305 投自动，控制 870Nm³/min（DCS 站：反再总貌图）。

S524：FIC10505 投自动，控制 300Nm³/min（DCS 站：反再总貌图）。

S525：FIC10506 投自动，控制 40Nm³/min（DCS 站：反再总貌图）。

S526：FIC10501 投自动，控制 230Nm³/min（DCS 站：反再总貌图）。

S527：FIC10401 投自动，控制 230Nm³/min（DCS 站：反再总貌图）。

S528：主风去二再大循 FI10307 控制 2000Nm³/min（DCS 站：反再总貌图）。

S529：逐渐提原料油进料量 FIC10002A 和 FIC10002D 至 200t/h 以上（DCS 站：反再总貌图）。

S530：PIC10301 投自动，调整再生压力至 0.29MPa（DCS 站：反再总貌图）。

S531：通过调整目标转速缓慢提高富气压缩机 K2301 的转速（现场站：PID312），控制反应压力 PI10201 至 0.25MPa（DCS 站：反再总貌图）。

S532：打开泵 P2306ASUC/P2306BSUC 入口阀（现场站：PID312）。

S533：启动泵 P2306A/B（现场站：PID312）。

S534：打开泵 P2306ASUC/P2306BSUCS 出口阀（现场站：PID312）。

S535：LIC31211 投自动 50%（现场站：PID312）。

25. 反应喷油，分馏塔调整操作

S536：通过调整目标转速缓慢提高富气压缩机 K2301 的转速（现场站：PID312），逐渐提分馏塔压力 PI20101 到 0.20MPa 左右（DCS 站：分馏总貌图）。

S537：手动打开分馏塔顶开工冷回流流量控制阀 FIC20105 至 20%，控制塔顶温度 TIC20101 不大于 115℃（DCS 站：分馏总貌图）。

S538：手动打开 FIC20106，开度至 20%（DCS 站：分馏总貌图）。

S539：FIC20106 投自动，缓慢将 FIC20106 设定值升到 662t/h（DCS 站：分馏总貌图）。

S540：TIC20101 投自动，设定值为 120℃（DCS 站：分馏总貌图）。

S541：缓慢将柴油汽提塔 T2202 蒸汽 FIC20501 投自动，设定值缓慢提升至 3900kg/h（DCS 站：分馏总貌图）。

S542：打开轻柴油至封油罐手阀 208V07（现场站：PID208）。

S543：手动打开 FIC20101，开度至 20%（DCS 站：分馏总貌图）。

S544：FIC20101 投自动，缓慢将 FIC20101 设定值升到 300t/h（DCS 站：分馏总貌图）。

S545：TIC20108 投自动，设定值为 260℃（DCS 站：分馏总貌图）。

S546：手动缓慢打开 FIC20107 至 20%（DCS 站：分馏总貌图）。

S547：FIC20107 投自动，然后再缓慢将设定值提高到 435t/h（DCS 站：分馏总貌图）。

S548：分馏塔底温度 TI20126 控制在 330℃（DCS 站：分馏总貌图）。

S549：分馏塔顶回流罐温度 TI20304 在 40℃（DCS 站：分馏总貌图）。

S550：分馏塔底液位 LIC20101 控制在 50% 左右（DCS 站：分馏总貌图）。

S551：油浆外送温度 TI20605 控制在 120℃（DCS 站：分馏总貌图）。

S552：分馏塔顶回流罐液位控制 LIC20801 在 50%（DCS 站：分馏总貌图）。

S553：手动关闭 FIC20105（DCS 站：分馏总貌图）。

S554：TIC20118 投自动，设定值为 323℃，FIC20103 投串级（DCS 站：分馏总貌图）。

S555：FIC20104 投自动，设定值为 650t/h（DCS 站：分馏总貌图）。

S556：FIC20108 投自动，设定值为 1700kg/h（DCS 站：分馏总貌图）。

S557：FIC20802 投自动，设定值为 120t/h（DCS 站：分馏总貌图）。

26. 吸收稳定调整操作

S558：启动 A2302（现场站：PID208）。

S559：打开阀 303V09 和 303V11（现场站：PID303）。

S560：再吸收塔压力 PIC30403 设自动 SP=1.35MPa（DCS 站：吸收稳定图）。

S561：稳定塔顶压力 PIC30401 设自动 SP=1.15MPa（DCS 站：吸收稳定图）。

S562：稳定塔顶压力 PIC30402 设自动 SP=1.1MPa（DCS 站：吸收稳定图）。

S563：解吸塔顶压力 PIC30202 设自动 SP=1.55MPa（DCS 站：吸收稳定图）。

S564：稳定塔底温度 TIC30313A/B 设自动 SP=170℃（DCS 站：吸收稳定图）。

S565：LIC30301 投自动，设定值为 50%，FIC30301 投串级（DCS 站：吸收稳定图）。

S566：打开阀 208V23（设备现场：208V23 位置为二楼中间液位仪表旁 V2201 罐下）观察 208V23 开关（现场站：PID208）。

S567：打开泵 P2202A/B 入口阀（现场站：PID208）。

S568：启动泵 P2202A/B（现场站：PID208）。

S569：打开泵 P2202A/B 出口阀（现场站：PID208）。

S570：打开阀 302V02（现场站：PID302）。

S571：手动打开粗汽油进吸收塔流量控制阀 FIC20801（DCS 站：吸收稳定图）。

S572：LIC20801 投自动，设定值为 50%，FIC20801 投串级（DCS 站：分馏总貌图）。

S573：V2302 液位 LIC30401 达到 30%（DCS 站：吸收稳定图），通过 HS30401LC 打开 SV2308（现场站：PID304）。

S574：打开液化气泵 P2305A/B 进口阀（现场站：PID304）。

S575：启动液化气泵 P2305A/B（现场站：PID304）。

S576：打开液化气泵 P2305A/B 出口阀（现场站：PID304）。

S577：手动打开稳定塔顶回流控制阀 FIC30303（DCS 站：吸收稳定图）。

S578：FIC30303 投自动，缓慢将液化气流量提升至 169t/h（DCS 站：吸收稳定图）。

S579：打开液化气泵 P2312A/B 进口阀（现场站：PID304）。

S580：启动液化气采出泵 P2312A/B（现场站：PID304）。

S581：打开液化气泵 P2312A/B 出口阀（现场站：PID304）。

S582：FIC30401 投串级，LIC30401 投自动，设定值 50%（DCS 站：吸收稳定图）。

S583：再吸收塔 T2303 液位 LIC30404=50%（DCS 站：吸收稳定图）。

S584：吸收塔 T2301 底液位控制 LIC30201=50%（DCS 站：吸收稳定图）。

S585：FIC30203 投自动，设定值 140t/h（DCS 站：吸收稳定图）。

S586：FIC30204 投自动，设定值 40t/h（DCS 站：吸收稳定图）。

S587：FIC30201 投自动，设定值 60t/h（DCS 站：吸收稳定图）。
S588：FIC30205 投自动，设定值 80t/h（DCS 站：吸收稳定图）。
S589：FIC30206 投自动，设定值 80t/h（DCS 站：吸收稳定图）。
S590：打开阀 301V29（现场站：PID301）。
S591：富气分液罐 V2301 水靴液位 LIC30102 设自动 SP=50%（DCS 站：吸收稳定图）。
S592：解析塔 T2302 温度 TIC30302 设自动 SP=60℃（DCS 站：吸收稳定图）。
S593：解析塔 T2302 温度 TIC30223 设自动 SP=120℃（DCS 站：吸收稳定图）。
S594：解析塔 T2302 温度 TIC30224 设自动 SP=104℃（DCS 站：吸收稳定图）。
S595：解析塔底 T2302 温度 TIC30225 设自动 SP=136℃（DCS 站：吸收稳定图）。
S596：稳定塔底温度 TI30320 设自动 SP=170℃（DCS 站：吸收稳定图）。

项目五　催化裂化系列事故处置

一、目的

利用催化裂化装置仿真操作系统，熟悉催化裂化装置的生产流程与原理，掌握常见异常工况分析处理方法。

二、设备

油气集输与炼化实训室——催化裂化实训平台（图 10-14）。

三、内容

(1) 主风中断；(2) 停增压机；(3) 停气压机；(4) 再阀全关；(5) 在阀全开；(6) 原料中断；(7) 分馏塔一中段油中断；(8) 稳定塔底重沸器热源中断。

四、要求

(1) 以小组为单位，根据任务要求制定工作计划；
(2) 完成仿真操作，能够分析和处理操作中遇到的异常情况。

五、方法及步骤

1. 故障：主风中断

现象：主风量大幅降低，主风低自保启动。
原因：主风自保（联锁触发）。
处置：摘除联锁，启动备机机恢复生产。
顺序说明如下。
S001：现场关闭原料喷嘴手阀（100V01 至 100V12）（现场站：PID100）。
S002：进料调节阀（FIC10002A、FIC10002D）设自动 OP 值置零（DCS：反再总貌图）。
S003：按操作规程开备机（开机过程同开工）。
S004：向二再喷燃烧油维持二再温度（FIC10302）（DCS：反再总貌图）。

S005：控制反应压力高于再生压力 30kPa（PDI10304）（DCS：反再总貌图）。

S006：再阀、待阀开度 OP 值置零（TIC10101、LIC10201）（DCS：反再总貌图）。

S007：复位两器自保（现场站：催化裂化装置辅操台—反再热工系统辅操台）。

S008：缓慢打开再阀向沉降器转剂（TIC10101）（DCS：反再总貌图）。

S009：沉降器见料位后打开待阀向一再转剂（LIC10201）（DCS：反再总貌图）。

S010：按操作规程启动外取热器增压机 K-2103B（现场站：PID108）。

S011：打开外取热器 AB 流化风调节阀（FIC10401、FIC10501）（DCS：反再总貌图）。

S012：打开外取热器 B 提升管流化风、提升风调节阀（FIC10506、FIC10505）（DCS：反再总貌图）。

S013：复位进料自保（现场站：催化裂化装置辅操台—反再热工系统辅操台）。

S014：现场打开进料喷嘴手阀（100V01 至 100V12）（现场站：PID100）。

S015：打开进料调节阀恢复进料（FIC10002A、FIC10002D）（DCS：反再总貌图）。

S016：油抽取创建。

2. 故障：停增压机

现象：塞阀增压风，外取热器用风停、产汽量减少，一再温度上升。

原因：K2103A 跳停。

处置：降量。

顺序说明：

S001，降低原料处理量至 190t/h 以下（FIC10002A、FIC10002D）（DCS：反再总貌图）。

S002，调整 FIC10104 闸阀开度，使回炼油处理量降低至 35t/h 以下（设备现场：FIC10104 位置为一楼反应器中段左侧）观察 FIC10104 数据状态，配合设备现场调整 FIC10104 闸阀开度，使回炼油处理量降低至 35t/h 以下（DCS：反再总貌图）。

S003，打开主风补外取热器 B 提升管阀 HS10506（DCS：外取热器图）。

S004，控制一再压力 PI-PIC10301 在 0.29MPa（DCS：反再总貌图）。

S005，启动增压机备机 K-2013BM（现场站：PID108）。

质量说明：

Q001，控制提升管出口温度 515℃ 左右（TIC10101）。

Q002，控制一再温度 680℃ 左右（TIC10306）。

Q003，控制二再温度 690℃ 左右（TIC10309）。

Q004，控制反应器沉降器压力 0.25MPa（PI10201）。

Q005，控制再生器压力 0.29MPa（PIC10301）。

Q006，控制沉降器料位（LIC10201）。

Q007，控制一再料位（LIC10301）。

Q008，控制二再料位（LI10303）。

Q009，控制再生器氧含量 0.5%（AI10301）。

3. 故障：停气压机

现象：反应压力上升，反应压力变化大，吸收稳定富气中断。

原因：气压机跳停。

处置：降量，重启气压机。

顺序说明：

S001，开大气压机入口 DN800 放火炬（HV31231.OP>30）（现场站：PID312）。

S002，打开气压机入口 DN800 放火炬（PV31231.OP>0.5）（现场站：PID312）。

S003，关闭蒸汽进汽轮机阀 2301（现场站：PID312）。

S004，气压机转速调节器手动置零（现场站：PID312）。

S005，关气压机出口阀 HV31233（现场站：PID312）。

S006，控制沉降器压力（PI10201＝0.25MPa）（DCS：反再总貌图）。

S007，降低处理量（FIC10002A、FIC10002D）（DCS：反再总貌图）。

S008，打开蒸汽进汽轮机阀（现场站：PID312）。

S009，启动气压机（现场站：PID312）。

质量说明：

Q001，控制提升管出口温度 515℃左右（TIC10101）。

Q002，控制一再温度 680℃左右（TIC10306）。

Q003，控制二再温度 690℃左右（TIC10309）。

Q004，控制反应器沉降器压力 0.25MPa（PI10201）。

Q005，控制再生器压力 0.29MPa（PIC10301）。

Q006，控制沉降器料位（LIC10201）。

Q007，控制一再料位（LIC10301）。

Q008，控制二再料位（LI10303）。

Q009，控制再生器氧含量 0.5%（AI10301）。

4. 故障：再阀全关

现象：反应温度下降。

原因：特阀故障关。

处置：现场切手动操作。

顺序说明：

S001，手动将 TIC10101 开度降为 0（DCS：反再总貌图）。

S002，现场站手动解除再阀故障（需要先完成第一步，否则不得分）（现场站：PID103）。

S003，手动关闭进料调节阀（FIC10002A、FIC10002D）（DCS：反再总貌图）。

S004，控制沉降器压力（PI10201＝0.25MPa）（DCS：反再总貌图）。

S005，迅速开大再生滑阀，根据操作情况将开度调至合适的位置（TIC10101）（DCS：反再总貌图）。

质量说明：

Q001，控制提升管出口温度 515℃左右（TIC10101）。

Q002，控制一再温度 680℃左右（TIC10306）。

Q003，控制二再温度 690℃左右（TIC10309）。

Q004，控制反应器沉降器压力 0.25MPa（PI10201）。

Q005，控制再生器压力 0.29MPa（PIC10301）。

Q006，控制沉降器料位（LIC10201）。
Q007，控制一再料位（LIC10301）。
Q008，控制二再料位（LI10303）。
Q009，控制再生器氧含量 0.5%（AI10301）。

5. 故障：再阀全开

现象：反应温度上升。

原因：特阀故障开。

处置：现场切手动操作。

顺序说明：

S001，将再阀由自动切换成手动 TIC10101（DCS：反再总貌图）。

S002，根据操作情况将开度调至合适的位置（TIC10101/OP=50）（DCS：反再总貌图）。

S003，现场站手动解除再阀故障（需要先完成第一步，否则不得分）（现场站：PID103）。

S004，控制沉降器压力（PI10201=0.25MPa）（DCS：反再总貌图）。

质量说明：

Q001，控制提升管出口温度 515℃左右（TIC10101）。

Q002，控制一再温度 680℃左右（TIC10306）。

Q003，控制二再温度 690℃左右（TIC10309）。

Q004，控制反应器沉降器压力 0.25MPa（PI10201）。

Q005，控制再生器压力 0.29MPa（PIC10301）。

Q006，控制沉降器料位（LIC10201）。

Q007，控制一再料位（LIC10301）。

Q008，控制二再料位（LI10303）。

Q009，控制再生器氧含量 0.5%（AI10301）。

6. 故障：原料中断

现象：反应温度上升。

原因：原料油泵故障。

处置：开大各蒸汽阀，喷燃烧油，增大回炼油量。

顺序说明：

S001，全开进料雾化蒸汽 FIC10001A 设手动，设 OP=100%（DCS：反再总貌图）。

S002，全开进料雾化蒸汽 FIC10001D 设手动，设 OP=100%（DCS：反再总貌图）。

S003，开大提升蒸汽 FIC10107（设备现场：FIC10107 位置为一楼反应器中间正面 DN20 闸阀）观察 FIC10107 数据状态，配合设备现场操作 FIC10107 闸阀，达到控制要求（DCS：反再总貌图）。

S004，停用外取热器 HC10401 设手动，设 OP=0%（DCS：反再总貌图）。

S005，停用外取热器 HC10501 设手动，设 OP=0%（DCS：反再总貌图）。

S006，停外取热器 A 流化风 FIC10401 设手动，设 OP=0%（DCS：反再总貌图）。

S007，停外取热器 B 流化风 FIC10501 设手动，设 OP=0%（DCS：反再总貌图）。

S008，将 3.5MPa 压控阀投手动，控制 3.5MPa 管网压力稳定（DCS：催化蒸汽边界图）。

S009，停外取热器 B 提升管流化风 FIC10505 设手动，设 OP=0%（DCS：反再总貌图）。
S010，停外取热器 B 提升管提升风 FIC10506 设手动，设 OP=0%（DCS：反再总貌图）。
S011，喷燃烧油 FIC10301 设手动，设 OP>0%（DCS：反再总貌图）。
S012，喷燃烧油 FIC10302 设手动，设 OP>0%（DCS：反再总貌图）。
S013，开大 FIC10104 闸阀（设备现场：FIC10104 位置为一楼反应器中段左侧）观察 FIC10104 数据状态，配合设备现场操作 FIC10104 开度，达到控制要求（DCS：反再总貌图）。
S014，切换备泵 P2201B（现场站：PID202）。
S015，恢复进料 FIC10002A、FIC10002D 至 205t/h（DCS：反再总貌图）。

质量说明：

Q001，控制提升管出口温度 515℃左右（TIC10101）。
Q002，控制一再温度 680℃左右（TIC10306）。
Q003，控制二再温度 690℃左右（TIC10309）。
Q004，控制反应器沉降器压力 0.25MPa（PI10201）。
Q005，控制再生器压力 0.29MPa（PIC10301）。
Q006，控制沉降器料位（LIC10201）。
Q007，控制一再料位（LIC10301）。
Q008，控制二再料位（LI10303）。
Q009，控制再生器氧含量 0.5%（AI10301）。

7. 故障：分馏塔一中段油中断

现象：分馏塔一中段油流量为零。
原因：分馏塔一中泵停塔板上积液。
处置：加大顶循循环量，切换备泵。
顺序说明：

S001，启动分馏塔一中段备用泵 P2206B（现场站：PID206）。
S002，开 FIC20105 启动分馏塔顶冷回流（DCS：分馏总貌图）。
S003，开 TIC30225 恢复解析塔底重沸器热源（DCS：吸收稳定图）。

质量说明：

Q001，分馏塔底液位（LIC20101/PV=50）。
Q002，柴油汽提塔液位（LIC20501/PV=50）。
Q003，分馏塔顶回流罐液位（LIC20801/PV=50）。
Q004，分馏塔顶温度（TIC20101/PV=120）。
Q005，分馏塔中段温度（TIC20108/PV=240）。
Q006，分馏塔蒸发段温度（TIC20118/PV=320）。
Q007，再吸收塔压力（PIC30403/PV=1）。
Q008，稳定塔顶压力（PIC30401/PV=1）。
Q009，吸收塔液位（LIC30201/PV=50）。
Q010，富气分液罐液位（LIC30101/PV=50）。
Q011，再吸收塔液位（LIC30404/PV=50）。
Q012，解吸塔液位（LIC30202/PV=50）。

Q013，稳定塔液位（LIC30301/PV=50）。
Q014，稳定塔回流罐液位（LIC30401/PV=50）。
Q015，稳定塔温度控制（TIC30313AB/PV=170）。
Q016，解析塔温度控制（TIC30225/PV=135）。

8. 故障：稳定塔底重沸器热源中断

现象：稳定塔底温度下降。
原因：稳定塔底泵故障。
处置：稳定塔底泵故障。
质量说明：
S001，启动备用泵恢复热源 P2207B（现场站：PID202）。
质量说明：
Q001，分馏塔底液位（LIC20101/PV=50）。
Q002，柴油汽提塔液位（LIC20501/PV=50）。
Q003，分馏塔顶回流罐液位（LIC20801/PV=50）。
Q004，分馏塔顶温度（TIC20101/PV=125）。
Q005，分馏塔中段温度（TIC20108/PV=240）。
Q006，分馏塔蒸发段温度（TIC20118/PV=320）。
Q007，再吸收塔压力（PIC30403/PV=1）。
Q008，稳定塔顶压力（PIC30401/PV=1）。
Q009，吸收塔液位（LIC30201/PV=50）。
Q010，富气分液罐液位（LIC30101/PV=50）。
Q011，再吸收塔液位（LIC30404/PV=50）。
Q012，解析塔液位（LIC30202/PV=50）。
Q013，稳定塔液位（LIC30301/PV=50）。
Q014，稳定塔回流罐液位（LIC30401/PV=50）。
Q015，稳定塔温度控制（TIC30313AB/PV=170）。
Q016，解析塔温度控制（TIC30225/PV=135）。

第四篇

HSE管理与现场急救

第十一章　石油工程 HSE 概述

第一节　HSE 概述

一、HSE 管理体系概念

HSE 管理体系是集健康（health）、安全（safety）和环境（environment）于一体的管理模式，是将组织实施健康、安全与环境管理的组织机构、职责、做法、程序、过程和资源等要素有机构成的整体，这些要素通过先进、科学、系统的运行模式有机地融合在一起，相互关联、相互作用，形成动态管理体系。

（1）健康：对于企业员工个体来说，就是指个人身体健康，没有任何疾病和受到伤害，心理上有着健康积极向上的心态，总体上生理、心理方面都处于正常的状态。从前人们提到健康一般是指身体生理的健康，而现在，人们对健康有力更广泛深刻的定义，不仅要有强健的身体，还要有积极健康的心理，持有正确的道德价值观念，能够更好地融入社会。身体和心理的健康在石油行业这种高危行业是最为基础的要求，也是公司有序运作和发展的主要基础。

（2）安全：指员工个体在生产生活中，使用正确的工作方法和工作流程，以期来达到识别危险因素，减少安全问题，预防事故的出现，确保所有人员的人身安全，保障公司财产安全。

（3）环境：从小的方面来说环境就是和员工密切相关的工作环境，企业需要保证员工工作环境的稳定和安全。从大的方面来说环境就是与企业生产相关的自然环境。随着社会的发展和进步，大家越来越意识到自然环境对人类的重要性，越来越提倡可持续发展，绿水青山就是金山银山。HSE 管理体系作为一个先进的科学管理体系，更加要求企业注意自然环境的保护，注重识别对环境有危害的隐患。致力将生产生活对自然环境带来的伤害降到最小程度。这不但给企业员工带来了非常好的工作环境，促使人员工作热情的增长，更有助于公司持续并维持最佳的环境资源，创造良好的社会效益，促使其实现长期、稳定发展。

HSE 管理体系一个系统化，先进性的科学管理体系，主要是对公司常规化与日常化的管理活动进行引导，实现健康、安全和环境管理目标，创建一个满足要求的健康、安全与环境管理体系；并利用有效的评估、管理评价与体系审核等活动，促使体系实现有效运作。相较于传统安全管理模式，它有效缓解了重结果、重工作经验、标准单一、理念落后的情况。

二、HSE 管理体系发展历史

HSE 管理体系的发展进程能够归结为以下几个阶段：

1. 初创期

1974 年，石油工业国际勘探开发论坛（E&P Forum）成立，设立专题工作组从事健康、安全与环境管理体系的开发；1985 年，壳牌石油公司首次在石油勘探开发领域提出了强化安全管理（Enhance Safety Management）的构想和方法。1986 年，在强化安全管理的基础上，形成手册，以文件的形式确定下来，HSE 管理体系初现端倪。

2. 推动期

20 世纪 80 年代，石油行业大型事故频发，石油行业的风险安全管理获得了人们的广泛关注，并且也促使国际对其进行反思，提出石油企业必须要使用更为有效、完善的管理体系，预防各种重要事故的出现，这也促使 HSE 管理体系的发展。

3. 形成期

1991 年，首届油气勘探、开发的健康、安全、环保国际会议于荷兰海牙正式举办，HSE 管理理念逐渐被大众接受。1994 年，荷兰皇家壳牌集团出台了 HSE 管理体系导则，这也代表着该体系正式形成。

4. 发展期

国际石油工程师协会（SPE）于 1994 年在印度尼西亚的雅加达举办油气开发安全环保会议，并得到国际石油工业保护协会（IPIEC）和美国石油地质学家协会（AAPG）认可和支持。全球多家大规模石油企业都参与了这场会议，所得成果也十分显著，使得 HSE 管理体系在全球范畴之内实现了快速推广，许多大型石油企业在此之后都研发出了符合各自实际情况的管理体系，HSE 实际情况管理体系进入蓬勃发展的阶段。

三、HSE 管理体系特征

HSE 管理体系具有结构化和程序化的特征，是一套动态循环的管理系统，它通过科学、先进的管理模式将多要素融合并紧密相联和互相作用。HSE 管理模式具备强有力的自控能力，能够进行自我修复与功能提升，它重视生产管理上的未雨绸缪，而且强调生产的可持续发展，在石化企业领域得到了相对较为广泛的应用。

HSE 管理体系有其固有的特点，主要表现在先进性、系统性、预防性、可持续改进和长效性等方面。

1. 先进性

HSE 管理体系从员工的角度出发，以人为本，注重全员参与，注重绿色生产以及可持续发展。HSE 管理体系方法多样且贴近实际、可执行、应用范围广，是世界前沿的管理体系，也方便企业结合自身实际推广应用及创新。

2. 系统性

HSE 管理体系围绕健康、安全、环境三大要素构成，本身自成系统。系统内三大要素各自有对应的文件要求，比如操作手册、程序步骤说明、作业文件等，又有机组合，相互联系。单独拆开其中任意一个要素进行独立的运行操作都不能构成一个有效的管理体系。

3. 预防性

从 HSE 管理体系所发挥的功能来说，其更主要的是充当风险防范的角色，通过进行事前的风险防范分析，对企业生产运营过程中有可能发生的一切风险及其产生的后果进行预估，并提前制定有效的风险预警机制和防范手段进而防止意外事件的发生，从而减少因事故发生带来的人员伤害、财产损失和环境污染等后果。

4. 可持续改进和长效性

HSE 管理体系在行业中的应用并不是一成不变的，需要结合企业实际不断更新迭代，以便适应不同的场景。所以 HSE 管理体系有其可持续改进和长效性。通过体系周而复始的进行 PDCA 循环活动（即计划 plan、执行 do、检查 check、改进 act）（图 11-1），形成长效机制，促进三大要素不断改进，不断适应行业发展。

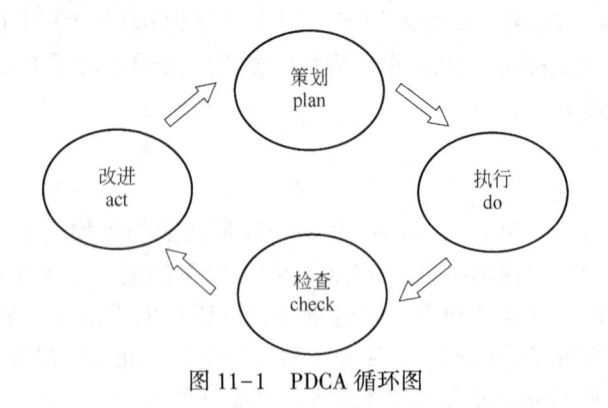

图 11-1　PDCA 循环图

第二节　石油工程共同 HSE 风险

石油工程主要涉及石油天然气的钻探、开发及储运等方面的工程活动。由于石油工程各环节针对共同的生产介质——原油或天然气，使得在作业过程中存在共同的 HSE 风险。

一、石油工程作业共同一般 HSE 风险

来自地层的原油、天然气及伴生的杂质气体或液体，以及在各生产环节使用的各类化学助剂，大多具有易燃易爆、有毒有害的特性，导致在生产过程中可能发生火灾、爆炸、中毒等事故；而生产过程中使用的设备、设施等带来的机械能、电能等能量的意外释放，又可能引发机械伤害、触电、物体打击等事故。

职业健康风险如机械设备因设计、安装或使用维护可能带来的噪声；接触各类有毒的化学药品可能带来的人员急、慢性中毒；野外作业因饮用水源水质不合格、有害的动植物等带来的生物危害；作业岗位设置违反安全人机工程学设计带来的身体伤害等。

自然灾害如地震、泥石流、暴风雨雪天气可能会严重影响钻探、油气开采及管道的生产运行，甚至导致管道破裂、油气泄漏、火灾爆炸等生产安全事故；作业过程中由于采光照明、场地狭窄、地面湿滑等不良的作业环境，也可能直接影响到人员的正常操作，诱发生产安全事故。

生产活动中 HSE 风险往往共同存在，相伴相随。如井筒一旦失控，大量的油气喷出地面，带来的风险不仅仅是火灾、爆炸，还有在井控过程中带来的噪声、有毒物等方面对健康影响。

二、石油工程常见高危作业

石油工程各环节的作业均是高风险，尤其是在非常规作业活动中，往往包含焊接、切割、登高、使用电动工具、挖掘施工、起吊重物等作业，具有更高的作业风险。经过多年 HSE 管理体系运行和现场管理经验，三大石油公司将诸如动火作业、管线打开作业、高处作业、进入受限空间作业等界定为高危作业。虽然三大石油公司对高危作业的界定有所区别，管理规定也稍有不同，但从本质上来讲大致相同，按照国家、行业和企业的相关规定，高危作业必须采取作业许可管理。

1. 动火作业

动火作业是指能直接或间接产生明火的临时作业，如焊接、气割、研磨、钻孔、使用非防爆电气设备等作业。动火作业可能带来的风险主要包括火灾与爆炸、灼伤或烫伤、机械伤害、中毒或窒息（包括介质、焊接烟气）、紫外线及红外线辐射、触电、噪声等。

2. 高处作业

高处作业是指在坠落高度基准面 2m 以上（含 2m）位置进行的作业。高处作业时如果没有适当的防护措施和设备，容易发生高空坠落，造成人员伤亡。在高处作业中危险隐患主要有以下三个方面特点：

（1）发生地点上主要是临边地带、作业平台、高空吊篮、脚手架和梯子。

（2）人的不安全行为主要表现为高处作业人员未佩戴（或不规范佩戴）安全带，使用不规范的操作平台，使用不可靠立足点，冒险或认识不到危险的存在，或是身体或心理状况不健康。

（3）管理存在的缺陷主要表现在未及时为作业人员提供合格的个人防护用品，监督管理不到位或对危险源视而不见，教育培训（包括安全交底）未落实、不深入或教育效果不

佳，未明示现场危险等。

3. 移动式起重机吊装作业

移动式起重机即自行式起重机，包括履带起重机、轮胎起重机，不包括桥式起重机、龙门式起重机、固定式桅杆起重机、悬挂式伸臂起重机以及额定起重量不超过 1t 的起重机。作业过程是指安全检查、维护和吊装作业活动。吊装作业可能带来的风险主要包括人员砸伤、设备损坏、物资损坏、现场设施损坏等。

4. 临时用电作业

非标准配置的临时用电线路是除按标准成套配置的，有插头、连线、插座的专用接线排和接线盘以外的，所有其他用于临时性用电的电气线路，包括电缆、电线、电气开关、设备等（简称临时用电线路）。超过 6 个月的用电，不能视为临时用电，必须按照相关工程设计规范配置线路。临时用电作业是指在施工、生产、检维修等作业过程中，临时性使用 380V 或 380V 以下的低压电力系统的作业。临时用电作业时，如果没有有效的个人防护装备和防护措施、设备，容易发生触电、电弧烧伤等，造成人员伤亡，同时还有可能造成火灾爆炸。

5. 进入受限空间作业

受限空间是指符合以下所有物理条件外，还至少存在以下危险特征之一的空间。

1) 物理条件

（1）有足够的空间，让员工可以进入并进行指定的工作；
（2）进入和撤离受到限制，不能自如进出；
（3）并非设计用来给员工长时间在内工作的空间。

2) 危险特征

（1）存在或可能产生有毒有害气体或机械、电气等危害；
（2）存在或可能产生掩埋作业人员的物料；
（3）内部结构可能将作业人员困在其中（如内有固定设备或四壁向内倾斜收拢）。

如果以上条件都不存在，还应考虑是否"特殊情况"，如符合标准要求的围堤、动土或开渠、惰性气体吹扫空间等。一般而言，受限空间可为生产区域内的炉、塔、釜、罐、仓、槽车、管道、烟道、隧道、下水道、沟、坑、井、池、涵洞等封闭或半封闭的空间或场所。

进入受限空间作业可能存在的风险，包括但不限于以下方面：缺氧（空气中的含氧量<19.5%），易燃易爆气体（沼气、氢气、乙炔气或汽油挥发物等），有毒气体或蒸气（一氧化碳、硫化氢、焊接烟气等），物理危害（极端温度、噪声、湿滑的作业面、坠落、尖锐锋利的物体），吞没危险，腐蚀性化学品，带电，未知的其他危险。

6. 管线与设备打开作业

管线与设备打开是指采取下列方式（包括但不限于）改变封闭管线或设备及其附件的完整性：

（1）解开法兰；

（2）从法兰上去掉一个或多个螺栓；

（3）打开阀盖或拆除阀门；

（4）调换8字盲板；

（5）打开管线连接件；

（6）去掉盲板、盲法兰、堵头和管帽；

（7）断开仪表、润滑、控制系统管线，如引压管、润滑油管等；

（8）断开加料和卸料临时管线（包括任何连接方式的软管）；

（9）用机械方法或其他方法穿透管线；

（10）开启检查孔；

（11）微小调整（如更换阀门填料）；

（12）其他。

所有的管线打开都被视为具有潜在的液体、固体或气体等危险物料意外释放的可能，可能产生易燃易爆气体泄漏带来的火灾爆炸和中毒，使用拆装工具带来的机械伤害和物体打击，使用手持电动工具带来的触电等风险。

7. 挖掘作业

挖掘作业是指在生产、作业区域使用人工或推土机、挖掘机等施工机械，通过移除泥土形成沟、槽、坑或凹地的挖土、打桩、地锚入土作业；或建筑物拆除以及在墙壁开槽打眼，并因此造成某些部分失去支撑的作业。挖掘作业可能带来的风险包括土壤不稳定垮塌，地下公用设施被挖断，高架公用设施、通道、临近结构破坏，附近区域的作业受干扰，挖掘机故障，挖掘人员失误操作，人员擅自进入以及掘出材料带来的环境污染等。

第三节 石油工程作业特殊 HSE 风险

一、钻井作业 HSE 风险

在整个钻井作业活动中，都可能存在对健康、安全与环境危害的潜在影响因素。识别钻井作业中潜在的 HSE 风险与危害的影响因素，是有效控制和削减钻井过程中给健康、安全与环境带来的危害及影响的重要基础。

1. 钻井共同作业风险

（1）物体打击，如高空物品坠落对人或机器设备产生打击伤害，人员施工操作、搬运重物等过程中造成物体打击危险。

（2）车辆伤害，如在钻井施工中，由于钻具等一些物资的配送，可能发生交通事故。

（3）机械伤害，如人员对一些机械设备，如钻机进行维护保养，或因操作不当而发生的卷入、绞、碾、割、刺等伤害。

（4）起重伤害，如在钻机的搬迁、安装过程中，使用吊车进行作业钢丝绳断裂，在起下钻作业中，提升系统对钻具进行上提下放的过程中，都可能会产生坠落、物体打击等事故。

（5）触电，无论在井场作业区，还是在生活区，都有可能会发生触电伤害，另外在雷雨天气作业可能会发生雷击伤亡事故。

（6）淹溺，如井队周边存在江河、干渠、大型水库，员工下河洗澡、游泳可能发生淹溺。

（7）灼烫，如钻井液材料和一些钻井液助剂对人体可能发生化学灼伤，柴油机长时间工作可能会使人体烫伤。

（8）火灾、爆炸，如井喷及井喷失控可能导致地层碳氢化合物的严重泄漏，井场使用的汽油、柴油、润滑油等泄漏，这些可燃物质遇到火源将发生火灾爆炸的危险，以及营房火灾、电气火灾等。

（9）高处坠落，如井架工从二层台跌落。

（10）坍塌，如井架发生倒塌。

（11）容器及其他爆炸。

（12）中毒和窒息，如由于井喷或井喷失控地层硫化氢气体逸出导致人员中毒，以及野外食物中毒、化学物品中毒等。

（13）环境危害，如柴油机噪声危害、产生大气污染，废弃钻井液及生活污水对附近水体的污染，恶劣的天气或自然灾害等。

（14）社会环境影响，如井队位于少数民族聚居地可能发生民族纠纷，某些地区特别是境外作业可能会遭遇到不法分子的骚扰。

（15）其他风险。

2. 钻井相关作业风险识别

测井作业时，可能会带来：

（1）辐射，如放射性测井带来的放射性伤害；

（2）物体打击，如射孔弹误发伤人危险；

（3）火灾、爆炸、中毒，如测井仪器落井，可能造成井喷而导致火灾爆炸或中毒的危险；

（4）其他伤害。

录井作业时，可能会引发：

（1）火灾爆炸，录井使用的天然气标样瓶（如泄漏因意外火源、野蛮装卸等）可能造成火灾爆炸危险，录井使用的岩砂烤箱可能造成火灾；

（2）触电，操作录井设备可能造成的触电危险；

（3）中毒，录井使用的三氯甲烷等有毒物料可能造成中毒危险；

（4）灼烫，录井使用的强酸性物质可能造成人员皮肤腐蚀或烧伤危险；

（5）辐射，荧光录井使用的紫光灯可能造成紫外线辐射危险；

（6）其他伤害。

定向井作业时，可能引发：

（1）机械伤害，如测斜绞车伤人危险；

（2）触电，操作定向设备可能造成的触电危险；

（3）其他伤害。

固井作业时，可能引发：

（1）容器爆炸，如高压管汇泄漏可能造成人员伤亡危险；
（2）物体打击，如高压管汇及接头未固定可能造成轮甩伤人危险；
（3）其他伤害。

相关作业对环境，可能带来：废水、废渣、各种有害气体的不正确排放对周围环境都可能造成不良的损失和影响。

二、井下作业 HSE 风险

井下作业包括钻井完井后的试油、油气层的增产措施以及采油气、水井的大修等，作业一般都在井筒内进行。

1. 压裂（酸化）过程的风险

压裂（酸化）施工是多工种、多工序、高压状态下的大型油（气）井作业，在施工过程中存在着许多影响健康、安全与环境的因素，其主要危害和影响如下。

（1）车辆伤害：压裂车、辅助车辆（砂罐车）在井场移动（摆车）时，将井场工作人员碰伤或压死，使设备损坏。

（2）容器爆炸：压裂（酸化）施工前，地面管线试压过程中，由于压力过高、管线不合格以及其他原因造成地面管线憋坏、井口抬升，造成人员伤亡、设备损坏；在压裂（酸化）过程中，由于过压保护设置不当、保护失灵，控制系统失灵以及压力等级不合格等其他原因，出现高压管线、井口破裂和设备的损坏（潜在的多人死亡和严重的设备损坏）；压裂（酸化）施工中，由于井内钻具（如水力锚、封隔器）失去作用，造成井内管柱上顶、抬升井口、高压管线，造成人员伤亡、设备损坏；压裂（酸化）后放喷时，由于地面放喷管线的固定问题、压力等级不合格以及布局不合理，造成地面放喷管线破裂、人员伤亡。

（3）灼烫、中毒：潜在的危险化学品在运输、储存、作业中对施工人员的伤害，化学品泄漏失控，如酸液配制过程中，酸液及其挥发物对配液人员造成的伤害。

（4）起重伤害：在吊装高压管汇时，由于钢丝绳断裂。吊物突然落下，将设备砸坏或将人员砸伤、砸死。

（5）高处坠落：在上下压裂车（混砂车）和进行作业时，安全措施不当或人员疏忽，造成人员坠落引起人员伤害。

（6）物体打击：连接高压管线与安装井口保护器，安全措施不当或人员疏忽，造成落物引起人员伤害；连接或拆卸高、低压管线使用榔头时，榔头失控造成施工人员手、脚及头部的伤害。

（7）火灾、中毒窒息：施工后放喷时，烃类气体弥漫井场，造成井场火灾；H_2S 等有害气体溢出造成人员伤亡。

（8）环境危害：压裂（酸化）施工前后和过程中化学品的挥发、管线的刺漏、残液的排放对环境造成的危害和影响；压裂（酸化）设备在施工期间，产生的腐蚀性残酸、废气或因柴油、机油泄漏而对环境造成的污染。

（9）低温：液氮、液态二氧化碳造成人员冻伤、窒息。

（10）辐射：压裂检测仪表中的放射性密度计发生放射性泄漏，造成人员伤亡。

（11）粉尘：压裂液配制过程中，增稠剂粉尘造成的人员伤害。

（12）噪声：压裂（酸化）设备发出的噪声，对施工人员听力及神经的影响。

（13）社会环境影响。如井场位于少数民族聚居地可能发生民族纠纷，某些地区特别是境外作业可能会遭遇到不法分子的骚扰。

（14）其他风险。

2. 试油（气）过程的风险

（1）火灾爆炸：井喷导致地层碳氢化合物逸出，井场落地原油过多和现场电气、机械设备运转等引起的着火、爆炸；营房容易因吸烟或其他原因发生火灾；井场周围的干燥植物因百姓乱点烟火引发火灾。

（2）物体打击：落物导致人员伤亡。

（3）坍塌：井架倒塌，造成人员伤亡。

（4）高处坠落：导致人员伤亡。

（5）起重伤害：吊车钢丝绳断裂，造成人员伤亡。

（6）容器爆炸：井口、地面管线、锅炉、三相分离器由于压力过高，而发生爆炸造成的人员伤亡；射孔过程中，由于射孔器提前引爆造成人员伤亡、设备损坏；气举排液中，出于气举压力过高或机油进入高压管线所引起的管线破裂造成的人员伤亡；压井、替喷作业中，施工压力超出地面管线、井口的压力等级，引起管线破裂、井口抬升，造成人员伤亡、设备损害。

（7）中毒窒息：硫化氢从井口中溢出，造成人员中毒（潜在的多人受伤或死亡）。

（8）灼烫：试气期间放喷点火时，容易造成人员烧伤。

（9）车辆伤害：在井场搬迁、运输人员和设备以及危险物品时发生交通事故，可造成多人伤亡。

（10）环境污染：从井内排出的钻井残液、作业废水及落地原油等，造成对土地、农田、水体等的污染；原油中的溶解气、天然气排放，造成对大气层的污染。

（11）社会环境影响：不法分子盗窃、哄抢而危及井场安全。

（12）其他风险。

3. 修井过程的风险

（1）火灾爆炸：井喷导致地层碳氢化合物逸出，遇到火源发生火灾爆炸。

（2）车辆伤害：在井场搬迁、运输人员和设备以及危险物品时发生交通事故，可造成多人伤亡。

（3）物体打击：如侧钻过程中，方补心飞出等原因造成人员伤亡。

（4）坍塌：井架、修井机倒塌，造成人员伤亡。

（5）高处坠落：导致人员伤亡。

（6）中毒窒息：修井作业时，硫化氢从井内及地面管线中溢出，造成人员中毒（潜在的多人受伤或死亡）。

（7）起重伤害：吊车钢丝绳断裂，造成人员伤亡。

（8）灼烫：热力清蜡以及使用锅炉冲洗作业时，由于管线泄漏，造成人员烫伤。

（9）触电：检泵过程中，由于电力系统的原因造成人员触电。

（10）容器爆炸：在冲砂、钻塞、压井、套铣、侧钻等作业中，由于施工压力超过水龙带、高压管线、井口的压力等级等原因，引起管线破裂，造成人员伤亡、设备损坏。

（11）粉尘：水泥作业，如封窜、堵水等施工中，水泥粉尘对人员造成的伤害。

（12）辐射：放射性同位素找窜、找水以及检查套损过程中，由于泄漏造成人员的伤害。

（13）环境污染：从井内排出的作业废水及落地原油等造成对土地、农田、水体等的污染。

（14）其他风险。

三、采输作业 HSE 风险

油气采输作业，是将油田开采出来的原油和天然气进行收集、储存、输送和初步加工、处理的生产经营活动。由于生产作业的连续性、工艺技术的复杂性和生产介质的易燃易爆、有毒的特性，往往带来较大的 HSE 风险。

油气采输过程中最重要的危险是火灾爆炸，火灾爆炸可能发生在每一个油气可能泄漏的区域；其次的危险是压力容器的物理爆炸；一般危险因素包括人员的高空坠落、人员触电、人员灼伤、机械伤害、高空落物伤人。

油气采输作业的主要 HSE 风险有 12 类。

（1）火灾爆炸：储罐、原油处理设备、稳定装置、污水处理设施、管道等处，若出现了意外的焊缝开裂、腐蚀穿孔、接头处泄漏以及跑冒滴漏现象，遇火源可能发生火灾爆炸事故。

（2）容器爆炸：受压容器和承压管道，当超压、超温或意外情况下，在其薄弱处或极大压力下，就可能发生物理爆炸。

（3）灼烫：加热设备运行时，若操作不当，可能发生人员的灼伤事故。

（4）低温冻伤：天然气采输过程中，由于天然气水合物的形成可能出现冰堵现象，清管作业时可能发生人员的低温冻伤。

（5）机械伤害：动力驱动的传动件、转动部位，若防护罩失效或残缺，人体接触时有发生机械伤害的危险。

（6）起重伤害：在重物起吊过程中，若操作人员注意力不集中或其他人员的违章，可能发生机械伤害事故。

（7）高空坠落：距工作面 2m 以上高空作业的平台、扶梯、走道护栏等处，若有损坏、松动、打滑或不符规范要求等，当操作者不慎、失平衡等有可能发生高空坠落的危险。

（8）触电：带电的设备、装置等，若接地或接零保护装置失灵失效时，人体触电及带电体漏电部位，有发生人员触电的危险。

（9）中毒：原油、天然气等有毒物质一旦发生泄漏对人体有害。人体接触后会发生不同程度的中毒。

（10）噪声：当工作环境中噪声值超过国家允许标准，在此环境中工作的人员可能引起噪声性耳聋。

（11）环境污染：联合处理站泄漏的油品、外排的污水和废弃物、机泵产生的噪声、加热炉燃烧时产生的烟气，将造成周围的环境污染。

（12）其他风险：如倒错流程、流量、压力、温度失控等操作失误带来的风险。

第四节 案例分析

一、渤海湾某油田溢油事故

1. 事件回顾

××公司和中海油合作开发的某油田在 2011 年 6 月出现溢油事故，故造成的影响已让 840km² 的水质从 1 类下降到 4 类。12 月，××公司遭到百名养殖户的起诉。2012 年 4 月下旬，××与中海油总共承担了 16.83 亿元的赔偿费用。

2. 直接原因

2011 年 6 月 2 日 B23 井出现了注水量过敏性增长与注水压力明显降低状况，××公司并未及时终止注水，并未查找该种状况的主要因素，造成高压断层的情况的出现，最后引发海底出现溢油；C25 井回注岩屑违背整体开发方案的相关要求，并未及时向上级或有关机构汇报并进行风险提示，造成油层产生超高压致使 C20 井钻出现井涌；C20 井作业表层套管下深过浅，违反环评报告书的要求，该井钻井过程出现井涌时，已丧失了应急处置能力。

3. 间接原因

（1）××公司缺少相应的安全风险意识，在操作中违背了相应的开发方案，擅自执行未批准的开发方案。

（2）××公司风险管理不到位。未完全识别作业中有关风险隐患，未对有关风险隐患做出应急措施。

（3）××公司安全责任管理松懈，未将产生的异常情况及时上报协调。

（4）××公司应急处理能力不足，6 月 4 日出现溢油情况，6 月 21 日基本控制溢油，溢油源排查和封堵工作进展缓慢。

（5）中海油对合作公司 HSE 监管监督责任不到位。最终导致漏油事故发生数天之后××公司才上报情况。

（6）中海油对 HSE 管理应急处理能力不到位。

二、某水平井钻井井喷事故

1. 事件回顾

2013 年 4 月 12 日 00：27，某钻井队承钻的某水平井钻至井深 2962m，水平段长 423m 时，发生井喷着火事故，前期火焰最高达 27m 左右，之后持续在 2~4m，蔓延至井架底座外围，4：43 井架倒塌，4：58 灭火成功，无人员伤亡。

2. 直接原因

（1）水平井处于高压注水区块，周围 500m 之内有 2 口注水井，500~700m 有 4 口注水井，地层压力高，并且该区块原始气油比高达 70% 以上，伴生气活跃，油气容易侵入井内，是导致伴生气窜出井口引起着火的客观原因。

（2）大量的伴生气聚集在井口周围，窜出井口的伴生气上顶正在旋转的滚子方补心，导致补心与转盘磨擦产生火花，是井口闪爆着火的原因。

（3）井口闪爆后，当班司钻未能执行立即停转盘、抢提方钻杆、关防喷器的标准操作程序，而是采取了停转盘、刹气刹的错误做法，致使无法正常关井，是导致井口失控的主要原因。

（4）施工队伍井控安全意识淡薄，井控措施落实不到位，是发生事故的主要原因。一是4月10日9：30起钻换钻头、换刹带、试螺杆、调试定向仪器，至4月11日21：30下钻到底，时间长达36h，期间未按规定灌浆，致使水平段伴生气聚集严重，且下钻到底未按要求进行循环，而直接钻进，未能除去侵入井筒内的油气；二是钻井队坐岗工坐岗不认真，未能及时发现钻井液液面和出口液量变化，错过了报警时机，导致未能及时关井；三是当班司钻未佩戴四合一气体检测仪器，未能及时发现蔓延在井口周围的伴生气；四是在钻进至2962m时，钻时由25min/m（2958m）降至10min/m，录井队未及时告知钻井队。

3. 间接原因

（1）钻井队伍未能及时、准确坐岗，并且钻井液班报、工程班报未能准确记录，在进入油层后干部值班制度未落实。

（2）项目部驻井管理人员缺乏责任性，巡回检查制度不落实，未能及时发现起、下钻不按要求灌液、坐岗观察不到位等问题。

（3）钻井监督当天因上交完井资料离开施工现场，未能履行水平井住井监督要求。

（4）建设单位（项目组）停注、泄压政策执行不够，所钻井周围相关注水井虽然停注，但井口还有余压。

（5）该井路途遥远，道路难行，导致消防车不能及时到达井场，错过了灭火的最佳时机，导致险情扩大。

三、输油管道泄漏爆炸事故

1. 事件回顾

2013年11月22日10：25，中石化管道储运分公司××输油管道出现原油泄漏事故，并流入市政排水暗渠，在封闭空间的暗渠里，油气互相累积最后遇到火花出现爆炸，导致62人死亡，136人受伤，经济损失达到75172万元。

2. 直接原因

输油管道和排水暗渠交汇的地方出现了管道腐蚀，导致其管道出现裂痕，原油出现外泄，原油流进暗渠并且被反冲到路面。原油出现外泄以后，现场处理工作者使用液压破碎锤在暗渠盖板中进行打孔，出现火花，由此引发油气出现爆炸。

3. 间接原因

（1）中石化集团公司与股份公司的安全生产责任并未给予有效实施。安全生产责任系统不够完善，有关机构的管道保护与安全生产职责不够清晰与确定。

（2）集团公司就下属公司隐患的排除治理与应急预案的实施工作并未给予有效监督与管理，对管道安全运作与追踪不够到位；安全生产大检查出现死角与盲区，尤其是在国内开展安全生产大检查时，对隐患的排查工作开展不够到位，并未及时发现其中的隐患，也并未对事故部分给予相应的解决对策。

（3）事故应急救援不力，现场处理对策不够合理。青岛站、潍坊输油处以及中石化管道企业对泄露总量并未依据应急预案的实际规定给予研判，对事故风险的评价存在很大错误，并未及时给予相应的指令；并未依据要求及时汇报泄露量以及相关信息，具有漏报的情况；现场处理工作者并未对泄露地区开展相应的警戒与围挡；在进行抢修时，并未对可燃气体给予检测，盲目使用非防爆设备开展操作，严重违背相应的规章制度。

四、山体滑塌引发人员掩埋事故

1. 事件回顾

2016年7月13日下午13：50左右，某石油预探井在铺设钻井液池防渗布过程中，钻井液池上部山体滑塌因雨发生滑塌，导致作业现场4名工人被掩埋。经现场紧急搜救，14时02分左右，被埋第1人救出，受轻伤，立即送往医院；14时32分、15时12分左右，被埋第2人、第3人相继救出，并送往医院抢救，经抢救无效死亡；18时35分，最后一名被埋人员救出，已确认死亡。此次事故造成3人死亡、1人受伤。

2. 直接原因

该井井场处于土质疏松的黄土高坡，坡体主要由粉状黄土构成，井场开挖形成边坡高、坡面陡立的坡体，土体在重力作用下易发生快速失稳、浅层崩塌式黄土滑坡；

滑坡地段上部有厚约2m的土体，属未自重固结的填土，处于松散状态，黏聚力较小，工程性质较差，与周边原土区别较大，钻井液池布置在边坡下形成叠加效应；

事故发生前多日断续降雨，雨水渗入黄土，降低了土壤抗剪强度，增加了土体重量，从而诱发滑坡事故发生。

3. 间接原因

事故责任主体单位钻井公司无视安全风险，违法违规施工，作业现场安全管理混乱。在未取得《钻前施工通知单》《准予施工作业通知单》等审批手续的情况下，盲目追求钻井作业时间效益，未按照井场设计图纸组织施工，施工形成超高陡坡，未进行边坡检测；忽视降雨对边坡安全稳定的影响，未重视并整改事故发生前6h即出现的事故征兆。

项目建设单位安全责任落实不到位，安全管控不力。项目组现场踏勘后，对井场钻前施工跟踪联系不及时，对审批手续不全问题责令整改落实不到位，实际钻前施工已完成，但仍未履行钻前施工审批手续，管控存在死角、盲区。同时项目组忽视井场隐患排查整治，未能及时消除安全隐患。7月1日对井场现场检查后，发现存在安全隐患，未进行全面、科学研判，忽视井场存在的事故风险，没有及时下达隐患整改指令，导致隐患得不到及时、彻底整改。

总承包单位安全管理体系不严密，忽视井场隐患排查整治，未能及时消除安全隐患。7月1日对井场确认后发现安全隐患，未进行全面科学研判，忽视井场存在的安全隐患，没有下达隐患整改指令,导致隐患得不到及时彻底整治。

工程监督部监督不到位。工程监督部监督制度不明晰、操作性不强,监督人员专业知识不足;工程监督检查不深入、不彻底,没有把安全管理、隐患排查作为监督重点,现场工作量确认时未及时发现井场存在的安全隐患。

五、采气树天然气刺漏事故

1. 事件回顾

某井是一口天然气预探井,该井于1994年完钻,完钻井深3100m,油套压力24MPa,未接入采气流程。因该井年久失修,3号主控阀门锈死,无法正常开关,列入2015年气探井专项隐患治理项目。2016年经油田公司公开招标,引入地方油服公司对该井3号主控阀门实施更换。

2016年7月22日17时40分,油服公司采用机械式不丢手带压作业技术对3号主控阀门进行更换时,发生天然气刺漏。

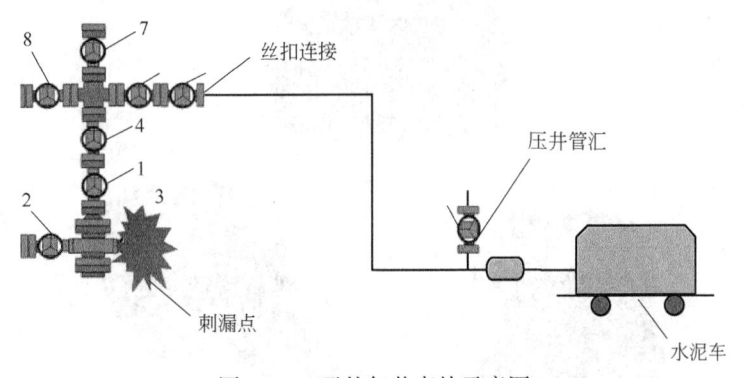

图 11-2 天然气井事故示意图

图 11-3 事故现场

险情发生后,现场人员立即设置隔离警戒区域,组织疏散井场周边3户居民,启动厂级应急预案,并向油田公司及地方安监局等部门进行报告。

在油田公司总体协调指挥下,7月22日20时左右,公司专业应急抢险队伍到达事故现场,决定采取正循环压井法实施压井,抢装井口阀门。7月23日15时40分,成功解除险情。

此次泄漏未造成人员伤亡及财产损失,无次生环境污染及新闻舆情事件发生。

2. 直接原因

密封胶皮失效,导致天然气刺漏(图11-4)。

3. 间接原因

(1)作业人员现场操作不熟练。从堵塞器坐封至拆除缺口法兰作业时间2h10min,明显长于此类作业平均时间(1h左右),密封胶皮长时间承受高压。

(2)堵塞器坐封胶皮存在质量问题。现场查验堵塞器出厂合格证、耐压等级测试报告齐全,但通过后期技术分析论证,确定堵塞器坐封胶皮存在质量缺陷。

图11-4 事故井口堵塞器坐封胶皮

(3)业务管理部门(采气工艺研究所)对首次进入油田施工的承包商安全风险评估不足,施工队伍作业能力、操作水平准入评估把关不严,针对本次带压更换阀门作业,没有组织现场模拟操作演练。

(4)属地管理单位(探井作业区)未严格落实承包商人员、设备设施QHSE符合性现场核查确认;作业许可办理把关不严,对属地范围内承包商施工作业过程监管不力;未将气井水泥井房彻底拆除,给后期应急抢险造成很大困难。

(5)承包商作业前培训工作流于形式,员工安全技能达不到施工要求,现场操作不熟练。

六、采油作业生活区闪燃事故

1. 事件回顾

2020年1月12日晚20时30分左右,某油田员工王某和张某在宿舍用汽油清洗工服后晾至室外，20时50分左右将工服取回宿舍在卫生间用洗衣机注热水清洗，21时10分左右宿舍内另一员工李某使用打火机点烟，在打火点烟瞬间，发生闪燃，宿舍内起火。1月13日凌晨3时30分，受伤人员被送至医院进行治疗，经诊断为轻伤。

2. 直接原因

宿舍内存在可燃气体达到爆炸极限浓度，员工在宿舍内吸烟时使用打火机点火引发闪爆。

3. 间接原因

（1）工服上浸入的汽油，室外低温下（夜间温度约-18℃）未能挥发，在室内洗衣机热水和来回旋转作用下，大量挥发，在室内逐步聚集，形成混合性可燃气体，达到爆炸极限。

（2）宿舍内油气挥发后，员工警惕性不高，未停止洗衣，造成气体持续聚集。

（3）宿舍安全管理不到位，未及时发现和纠正员工宿舍存放汽油的违规行为，后勤生活方面的安全管理、安全检查、督促落实不到位。

（4）安全教育培训不到位，员工安全意识差，对用汽油清洗工服、可燃气体环境内吸烟点火的危害性、严重性认识不足，侥幸冒险心理严重。

第十二章　现场急救

第一节　现场急救概述

现场急救（又称院前急救）是指在机关、学校、工矿企业、家庭或室外人群中对突发疾病或意外伤害事故的急危重症伤病员的紧急救护，是指专业医护人员到达现场之前"第一目击者"对伤病员所进行的初步急救护理。

一、现场急救的特点

1. 突发性

现场急救往往是在人们预料之外的突然发生的灾害性事件中出现伤员或病员，有时是少数的，有时是成批的，有时是分散的，有时是集中的。伤病员多为生命垂危者，往往现场没有专业医护人员，这时，不仅需要在场人员进行急救，还需要呼请场外更多的人参加急救。

2. 紧迫性

突发意外事故后，伤病员可能会多器官受损、病情垂危，不论是伤员还是家属，他们的求救心情都十分急切。4min 内开始心肺复苏可能有 50% 的伤病员可被救活；一旦心跳、呼吸骤停超过 4min，脑细胞将发不可逆转的损害。10min 后开始心肺复苏者几乎 100% 不能存活。因此，时间就是生命，必须分秒必争，立即采用心肺复苏技术抢救心跳、呼吸骤停者，采用止血、固定等方法抢救大出血、骨折等病危者。

3. 艰难性

意外事故发生时，伤病员种类多、伤情重，一个人身上可能有多个系统、多个器官同时受损，需要具有丰富的医学知识、过硬的技术才能完成急救任务。有的灾害现场虽然伤病员比较少，但灾害通常是在紧急的情况下发生的，甚至伤病员身边无人，更无专业医护人员，只能依靠自救或依靠"第一目击者"进行现场急救。

4. 灵活性

现场急救常是在缺医少药的情况下进行的，常无齐备的抢救器材、药品和转运工具。因此，要机动、灵活地在伤病员周围寻找代用品，通过就地取材获得消毒液、绷带、夹板、担架等，否则就会丢失去急救时机，给伤病员造成更大灾难和不可挽救的后果。

二、现场急救的原则

现场急救的任务是采取及时、有效的急救措施和技术，最大限度地减少伤病员的疾苦，降低致残率，降低死亡率，为医院抢救打好基础。为了更好地完成现场急救，必须遵守以下原则。

1. 先复苏后固定的原则

遇有心跳、呼吸骤停又有骨折者，应首先用口对口呼吸和胸外按压等技术使心肺复苏，直到心跳呼吸恢复后，再进行骨折固定。

2. 先止血后包扎的原则

遇到大出血又有创口者，首先立即用指压、止血带或药物等方法止血，接着再消毒创口进行包扎。

3. 先救重伤员后救轻伤员的原则

遇到垂危的和较轻的伤病员时，优先抢救危重者，后抢救较轻的伤病员。

4. 先急救后转运的原则

过去遇到伤病员，多数是先送后救，这样可能会错过最佳抢救时机，造成不应有的死亡或致残。现在应把它颠倒过来，先救后送。在送伤病员到医院途中，不要停止实施抢救，继续观察病情变化，少颠簸，注意保暖，快速平安地到达目的地。

5. 急救与呼救并重的原则

在遇到成批伤病员时，应较快地争取到大量急救外援。有计划、有组织地进行抢救、分类、转送伤员等工作。

6. 搬运与医护的一致原则

由于协调配合不好，途中应该继续抢救却没有得到保障，加之车辆严重颠簸等情况，结果增加了伤病员不应有的痛苦和死亡，这种情况在国内外屡见不鲜。医护和抢救应在任务要求一致、协调步调一致、完成任务一致的情况下进行，在运送危重伤病员时，才能减少痛苦、死亡，安全到达目的地。

第二节　现场急救基本技术

现场急救技术是现场作业人员必备的基本技能。熟练掌握各种急救技术的基础知识和操作要领，并通过反复训练，形成规范准确的肌肉记忆，才能在事故发生时临危不乱的抢救生命。

一、止血

在各种突发外伤中，出血往往是突出表现。现场及时、有效地止血能减少出血，保存血容量，防止休克发生。因此，有效止血是挽救生命、降低死亡率，为伤员进一步治疗赢得时间的重要技术。

1. 手压止血法

手压止血法通常是用手指或手掌，将中等或较大的血管靠近心端压迫于深部的骨头上，以此阻断血液的流通，起到止血的作用。手压止血法只适用于应急状态下短时间止血，且要准确掌握动脉压迫点。

（1）颞浅动脉压迫点：头顶部及前额出血时，在同侧耳前，对准耳屏上前方 1.5cm 处（搏动点），可用食指或拇指压迫颞浅动脉止血（图 12-1）。

（2）面动脉压迫点：颜面部一侧出血，可用食指或拇指压迫同侧下颌骨下缘、下颌角前方约 3cm 的凹陷处。此处可触及一搏动点（面动脉），压迫此点可控制一侧颜面出血（图 12-2）。

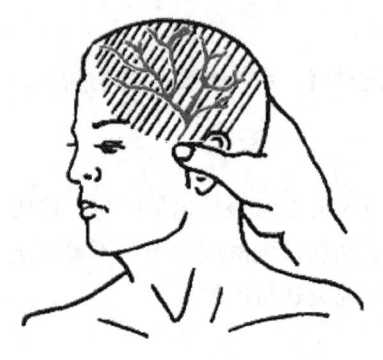

图 12-1　颞浅动脉压迫止血　　　　图 12-2　面动脉压迫点

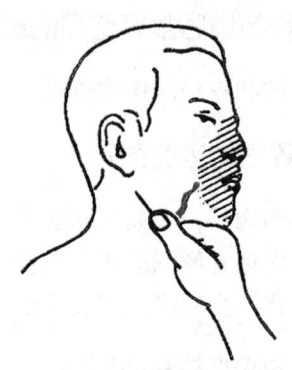

（3）颈总动脉压迫点：头面部一侧出血，可用大拇指或其他四指压迫同侧气管外侧与胸锁乳突肌前缘中点之间搏动处（颈总动脉）控制出血（图 12-3）。此法非紧急时不可用，禁止同时压迫两侧颈总动脉，防止脑缺血而致伤者昏迷死亡。

（4）锁骨下动脉压迫点：腋部和上臂出血时，可用拇指或食指压迫同侧锁骨上窝中部的搏动处（锁骨下动脉），将其压向深处的第一肋骨方向控制出血（图 12-4）。

图 12-3　颈总动脉压迫点　　　　图 12-4　锁骨下动脉压迫点

（5）肱动脉压迫点：前臂及手部出血时，可用拇指或其他四指压迫上臂内侧肱二头肌与肱骨之间的搏动点（肱动脉）控制出血（图 12-5）。

（6）桡动脉、尺动脉压迫点：腕及手掌部出血时，可用双手拇指分别压迫手腕横纹稍上处的内、外搏动点（桡动脉、尺动脉）控制出血［图 12-6（a）］；自救时可用另一手拇指和食指压迫指掌固有动脉压迫点［图12-6(b)］。

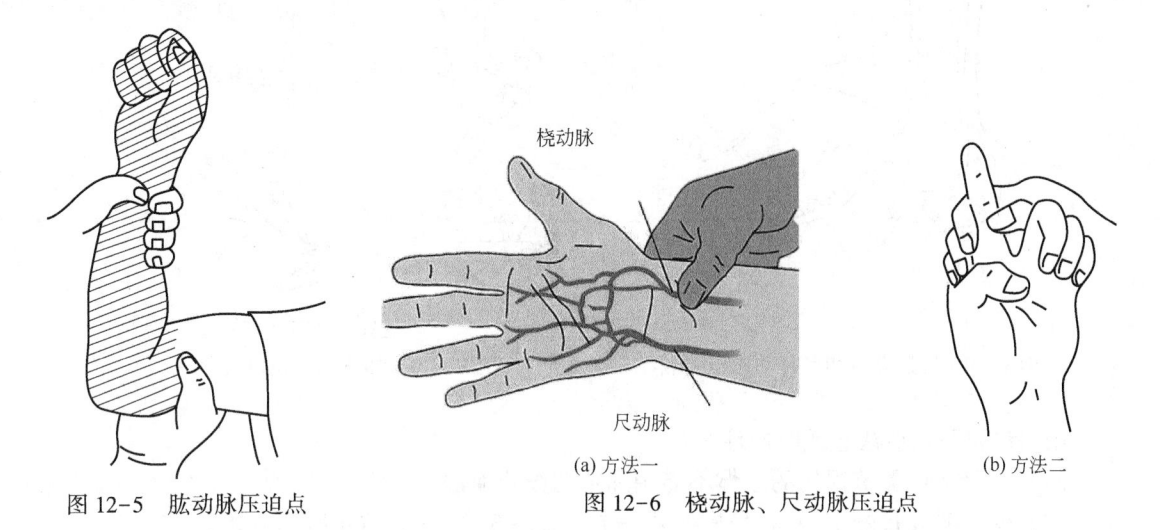

图12-5 肱动脉压迫点

图12-6 桡动脉、尺动脉压迫点
(a) 方法一　　(b) 方法二

(7) 股动脉压迫点：下肢大出血时，可压迫股动脉。压迫点位于腹股沟韧带中点偏内侧的下方（腹股沟皱纹中点）股动脉搏动处，用手指向下方的股骨面压迫（图12-7）。

(8) 腘动脉压迫点：小腿及以下严重出血时，用腘窝中部摸到腘动脉搏动后用拇指向腘窝深部压迫（图12-8）。

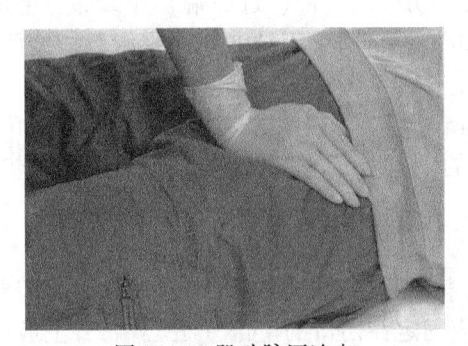

图12-7 股动脉压迫点

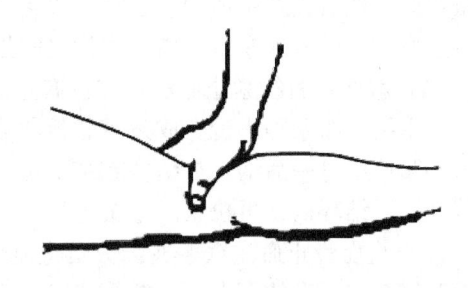

图12-8 腘动脉压迫点

(9) 胫后动脉和足背动脉压迫点：足部出血时，可用两手的拇指分别压迫内踝与跟骨之间的胫后动脉和足背皮肤皱纹处中点的足背动脉（图12-9）。

2. 加压包扎止血法

加压包扎止血法适用于静脉、毛细血管或小动脉出血，出血速度不是很快和出血量很大的情况下。止血时，先将消毒敷料盖在伤口处，然后用三角巾或绷带适度加力包扎，松紧要适中，以免因过紧影响血液循环，造成局部组织缺血性坏死。伤口有碎骨存在时，禁用此法。

3. 加垫屈肢止血法

前臂或小腿出血可在肘窝或腋窝放辅料、纸卷、毛巾、衣服等柔软物做垫，屈曲关节，用三角巾或绷带将屈曲的肢体紧紧缠绑起来控制出血（图12-10）。

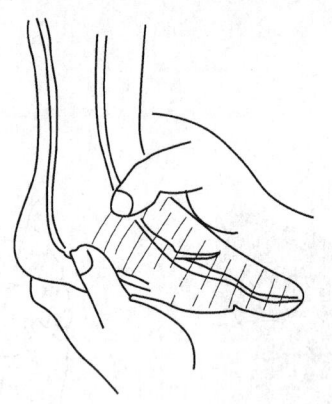

图 12-9 胫后动脉和足背动脉压迫点　　图 12-10 加垫屈肢止血法

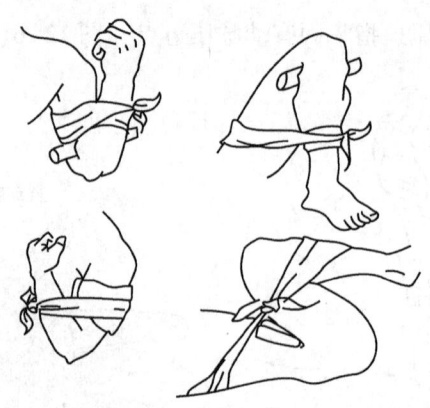

用加垫屈肢止血法止血时应注意：
（1）有骨折或关节损伤的肢体不能用加垫屈肢止血法；
（2）使用时要每隔 1h 左右慢慢松开一次，观察 3~5min，防止肢体坏死。

4. 止血带止血法

止血带止血法主要用于暂时不能用其他方法控制的出血，特别是对四肢较大的动脉出血或较大的混合型出血，此法有较好的止血效果。

（1）橡皮止血带止血：先在缠止血带的部位（伤口的上部、近心端）用纱布、毛巾或衣服垫好，然后以左手拇指、食指、中指拿止血带头端，另一手拉紧止血带绕肢体缠两圈，并将止血带末端放入左手食指、中指之间拉回固定。

（2）就便材料绞紧止血法：在没有止血带的情况下，可用手边现成的材料，如三角巾、绷带、手绢、布条等，折叠成条带状缠绕在伤口的上方（近心端），缠绕部位用衬垫垫好，用力勒紧然后打一活结，在结内或结下穿一短棒，旋转此棒使带绞紧，至不流血为止，将棒一端插入活结环内，再拉紧结头与另一端打结固定短棒。

（3）止血带止血注意事项：一是止血带不能直接缠在皮肤上，止血带与皮肤之间要加垫无菌辅料或干净的毛巾、手帕等；二是止血带应固定在伤口的上部（近心端），上肢应扎在伤口上 1/3 处，下肢应扎在大腿中部；三是要确认止血效果和松紧程度，摸不到远端动脉搏动和出血停止即可；四是上止血带后要每隔 30~60min 松开一次，松开之前用手指压迫止血，每次松开 1~2min，之后在另一稍高平面绑扎；五是上好止血带后，必须做出明显标记，如挂上红、白、黄布条等标记，并尽快将伤者送医院处理，上止血带的总时间不能超过 2~3h。严禁用电线、铁丝、绳索代替止血带。

二、创伤包扎

包扎伤口的目的是保护伤口，减少伤口污染和帮助止血，一般常用的材料有绷带和三角巾。在没有绷带和三角巾的条件下，可临时选用洁净的毛巾、被单或衣物等代替。

1. 绷带包扎

1）环形法

环形法是绷带包扎中最常用的方法，适用于肢体粗细较均匀处伤口的包扎，其操作要点如下：

（1）伤口用无菌敷料覆盖，用左手将绷带固定在敷料上，右手持绷带卷围绕肢体紧密缠绕（图12-11）；

（2）将绷带打开一端稍呈斜状环绕第一圈，将第一圈斜出的一角压入环形圈内，环绕第二圈；

（3）加压绕肢体环形缠绕4~5层，每圈盖住前一圈，绷带缠绕范围要超出敷料边缘；

（4）最后用胶布粘贴固定，或将绷带尾从中央纵向剪开形成两个布条后绕肢体打结固定。

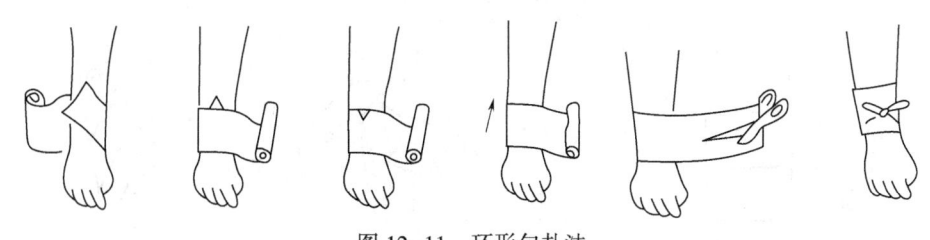

图 12-11　环形包扎法

2）"8"字包扎法

手掌、腕部、肘部、踝部和其他关节处伤口用"8"字绷带包扎法，选用弹力绷带，其操作要点如下（图12-12）：

（1）用无菌敷料覆盖伤口；

（2）在关节的一端先环形缠绕两圈，再绕关节上下呈"8"字形缠绕；

（3）最后用胶布粘贴固定，或将绷带尾从中央纵向剪开形成两个布条后绕肢体打结固定；

（4）包扎手时从腕部开始，先环形缠绕两圈，后经手、腕呈"8"字形缠绕，最后将绷带尾端打结固定于腕部。

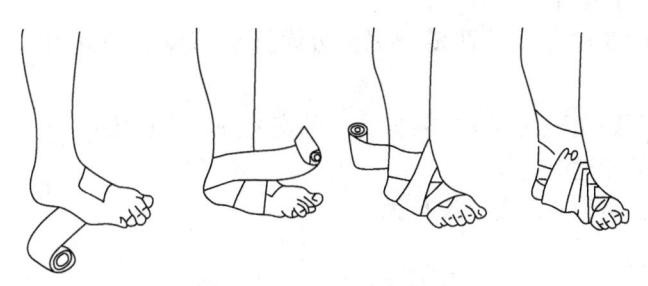

图 12-12　"8"字包扎法

3）螺旋包扎法

螺旋包扎法适用上肢、躯干的包扎，其操作要点如下（图12-13）：

（1）用无菌敷料覆盖伤口；

（2）先环形缠绕两圈；

（3）从第三圈开始，环绕时压住上圈的1/2或1/3；

最后用胶布粘贴固定，或将绷带尾从中央纵向剪开形成两个布条后绕肢体打结固定。

4) 螺旋反折包扎法

螺旋反折包扎法用于肢体粗细不等部分（如小腿、前臂等）的包扎。操作要点如下：

（1）用无菌敷料覆盖伤口；

（2）先用环形法固定始端；

（3）螺旋方法使每圈反折一次，反折时，以左手拇指按住绷带上面的正中出，右手将绷带向下反折，向后绕并拉紧（注意反折处不要在伤口上）（图12-14）；

（4）最后用胶布粘贴固定，或将绷带尾从中央纵向剪开形成两个布条后绕肢体打结固定。

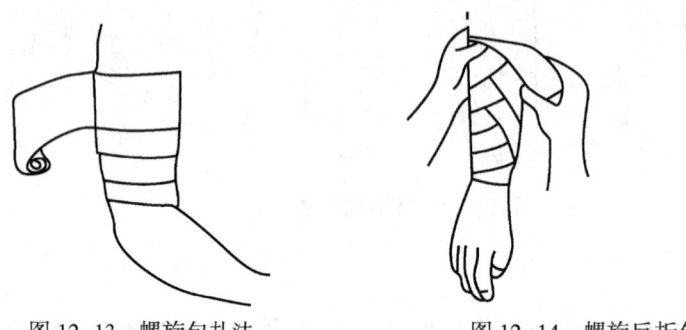

图 12-13　螺旋包扎法　　　　图 12-14　螺旋反折包扎法

2. 三角巾包扎法

使用三角巾时，注意边要固定，角要抓紧，中心伸展，敷料贴实。在应用时可按需要折叠成不同的形状，用于不同部位的包扎。

1) 头顶帽式包扎法

头顶帽式包扎法的操作要点如下：

（1）将三角巾的底边叠成约两横指宽，边缘置于伤员前额齐眉，顶角向后位于脑后（图12-15）；

（2）三角巾的两底角经两耳上方拉向头后部交叉并压住顶角；

（3）再绕回前额相遇时打结；

（4）顶角拉紧，掖入头后部交叉处内。

2) 肩部包扎法

（1）单肩包扎法。

单肩包扎法的操作要点如下：

① 三角巾折叠成燕尾式，燕尾夹角约90°，大片在后压小片，放于肩上；

② 燕尾夹角对准侧颈部；

③ 燕尾底边两角包绕上臂上部并打结；

④ 拉紧两燕尾角，分别经胸、背部至对侧腋下打结（图12-16）。

（2）双肩包扎法。

双肩包扎法的操作要点如下：

① 三角巾折叠成燕尾式，燕尾夹角约 120°；
② 燕尾披在双肩上，燕尾夹角对准颈后正中部；
③ 燕尾角过肩，由前往后包肩于腋下，与燕尾底边打结。

图 12-15　头顶帽式包扎法　　　　　　图 12-16　单肩包扎法

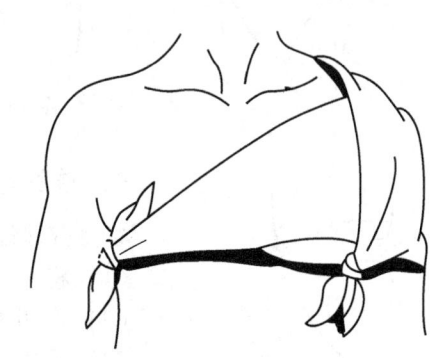

3）胸部包扎法

胸部包扎法的操作要点如下（图 12-17）：
（1）三角巾折叠成燕尾式，燕尾夹角为 100°；
（2）将燕尾置于胸前，夹角对准胸骨上凹；
（3）两燕尾角过肩于背后；
（4）将燕尾顶角系带，围胸在背后打结；
（5）将一燕尾角系带拉紧绕横带后上提，再与另一燕尾角打结。

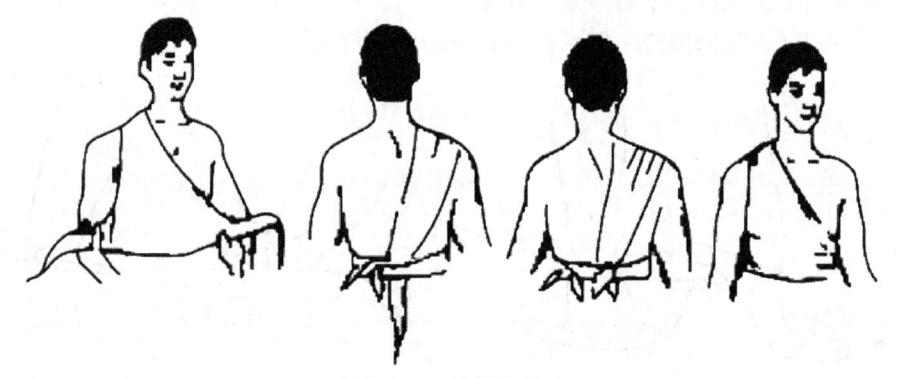

图 12-17　胸部包扎法

4）腹部包扎法

腹部包扎法的操作要点如下（图 12-18）：
（1）三角巾底边向上，顶角向下横放在腹部；
（2）两底角围绕至腰部后打结；
（3）顶角由两腿间拉向后面与两底角连接处打结。

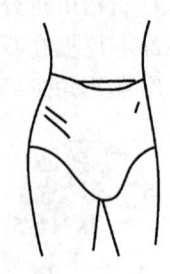

图 12-18 腹部包扎法

5）单侧臀部包扎法

单侧臀部包扎法的操作要点如下（图 12-19）：
（1）将三角巾叠成燕尾式，夹角约 60°朝下对准外侧裤线；
（2）伤侧臀部的后大片压着前面的小片；
（3）顶角与底边中央分别过腹腰部到对侧打结；
（4）两底角包绕伤侧大腿根打结。

6）手（足）包扎法

手（足）包扎法的操作要点如下（图 12-20）：
（1）将三角巾展开；

图 12-19 单侧臀部包扎法

（2）将手掌或足趾尖对向三角巾的顶角；
（3）将手掌或足平放在三角巾的中央；
（4）指缝或趾缝间插入敷料；
（5）将顶角折回，盖于手背或足背；
（6）两底角分别围绕至手背或足背处交叉；
（7）再在腕部或踝部围绕一圈后在手背或足背处打结。

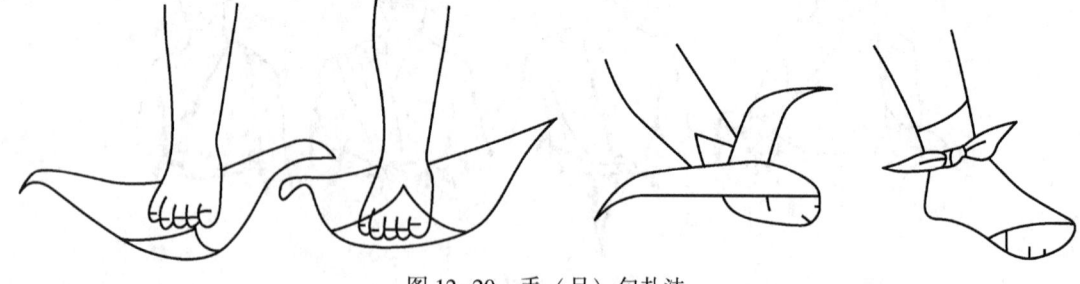

图 12-20 手（足）包扎法

7）膝部带式包扎法

膝部带式包扎法的操作要点如下（图 12-21）：
（1）将三角巾折叠成适当宽度的带状；
（2）将中段斜放于受伤部位，两端向后缠绕，返回时两端分别压于中段上、下两边；
（3）包绕肢体 1 周后打结。

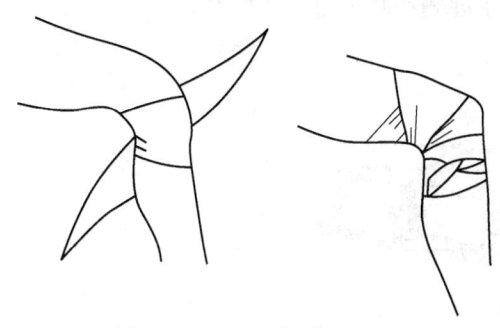

图 12-21　膝部带式包扎法

三、骨折固定

1. 前臂骨折固定法

前臂骨折可用两块木板或木棒等，分别放于掌侧和背侧，若只有一块，先放于背侧，然后用三角巾或手帕、毛巾等，叠成带状绑扎固定，进而用三角巾或腰带，将前臂吊于胸前（图 12-22）。

2. 上臂骨折固定法

在上臂外侧放一块木板，用两条布带将骨折上下端固定，将前臂用三角巾或腰带吊于胸前（图 12-23）。

图 12-22　前臂骨折固定　　　　图 12-23　上臂骨折固定

3. 大腿骨折固定法

大腿骨折时，先将一块长度相当于从脚到腋下的木板或木棒、竹片等，平放于伤肢外侧，并在关节及骨突出处加垫，然后用 5~7 条布带或就便材料将伤肢分段平均固定，若与健侧同时固定效果更佳（图 12-24）。

4. 小腿骨折固定法

小腿骨折时，将木板平放于伤肢外侧，如可能，内外各放一块更好，其长度应超出上下两个关节之间的距离，并在关节处加垫，然后用 3~5 条包扎带均匀固定。如果没有木板等固定材料，也可直接固定于健侧小腿上（图12-25）。

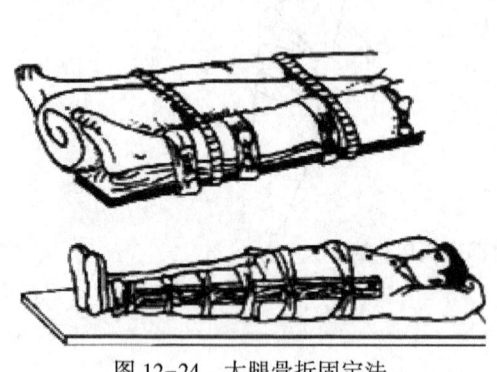

图 12-24　大腿骨折固定法

图 12-25　小腿骨折及木板固定

5. 骨折固定的注意事项

（1）伤口有出血时，应先止血后包扎，然后再行固定；

（2）大腿和脊柱骨折应就地固定，不宜轻易搬动；

（3）固定要牢固，松紧要适宜，不但要固定骨折的两个近端，而且还要固定好骨折部位上下的两个关节；

（4）固定四肢时，应先固定好骨折部的上端，然后固定骨折部的下端；

（5）要仔细观察供血情况，如发现指（趾）苍白或青紫，应及时松开，另行固定；

（6）固定部位应适当加垫，不宜直接接触皮肤，特别是骨突出部位和关节处更应适量加棉花、衣物等柔软物，防止引起压迫损伤；

（7）离体断肢应及时包好，随伤员一起迅速送往医院施断肢再植手术。

第三节　心肺复苏

一、心搏骤停判识

1. 判定病人意识是否存在

现场发现危重病人，应大声喊病人的名字或者高声喊"喂，喂，你怎么了！"并轻拍病人的面颊或肩部及掐人中（"一喊二拍三掐"），如无睁眼、呻吟、肢体活动反应，即可确定意识丧失，已陷入危重状态。此时应保持病人呼吸畅通，谨防窒息。不能猛烈摇晃患者，特别是对脑外伤、脑出血、脊柱损伤的患者。如患者神志清醒，应尽量记下其姓名、住址、家人联系方式、受伤时间和受伤经过等情况。

2. 判断病人呼吸是否停止

判断病人呼吸是否存在，要用耳贴近伤员口鼻，听有无气流声音；头部侧向病人胸部，观察病人胸部有无起伏；用手指和面部感觉病人呼吸道有无气流呼出。如胸廓有起伏，并有气流声音及气流感,说明尚有呼吸存在。反之,即呼吸已停止。判断有无呼吸要在3~5s内完成。如无呼吸,应立即进行人工呼吸。

3. 判定病人心跳是否停止

正常人的心跳为60~100次/min。严重的心律不齐、急性心肌梗死、大失血以及其他急危重症患者,常有胸闷、心慌、气短、剧烈胸疼等先兆出现,这时心跳多不规则,触摸脉搏常感到脉细而弱、不规则。若患者出现口唇发绀、意识丧失,则多说明心脏已陷入严重衰竭阶段,可有心室纤维性颤动(室颤)。如患者脉搏随之更慢,迅速陷入昏迷并倒地,脉搏消失,预示发生心搏骤停。如有心跳停止,应马上进行胸外心脏按压。

1) 触摸颈动脉

因颈总动脉较粗,且离心脏最近,又容易暴露,便于迅速触摸,所以常用触摸颈动脉的方法来判断患者心跳是否停止。

施救者一手放在病人前额,使其头部保持后仰,另一手的食指、中指尖并拢,置于病人的喉部,由喉结向下滑动2~3cm,感知颈动脉有无搏动。

此处应注意:

(1) 触摸颈动脉不能用力过大,以免影响血液循环。

(2) 不要用拇指触摸,触摸时间一般不少于5~10s,禁止同时触摸两侧颈动脉。无心跳者应立即实施胸外心脏按压术。一旦确认伤员心跳呼吸停止应立即施行心肺复苏。

(3) 正确判断有无心跳很重要,因为对有心跳的病人进行胸外心脏按压会引起严重的并发症。

2) 直接听心跳

有时病人心跳微弱,血压下降,脉搏摸不清楚,尤其当怀疑病人出现严重情况,心跳发生显著变化时,救护人员可以用耳朵贴近其左胸部(左乳头下方)倾听有无心跳。特别是衣着较少时,用此法十分方便。如果无法听清或听不到心音,则说明心跳停止,应立即进行心肺复苏。

二、人工呼吸

1. 口对口人工呼吸

(1) 人工呼吸首先是在呼吸道畅通的基础上进行;

(2) 用按在前额一手的拇指与食指,捏闭伤员的鼻孔,同时打开伤员口腔;

(3) 抢救者深吸一口气后,贴紧伤员的嘴(要将伤员的嘴全部包住);

(4) 用力快速向伤员口内吹气,观察其胸部有无上抬;

(5) 一次吹气完毕后,应立即与伤员口部脱离,轻轻抬起头部,面朝伤员胸部,吸入新鲜空气,准备下一次人工呼吸,同时松开捏鼻子的手,以便伤员呼吸,观察伤员胸部向下恢复原状(图12-26)。

注意事项:在抢救开始后,首次人工呼吸应连续吹气两口,每次吹入气量约为800~1200mL,不宜超过1200mL,以免造成胃扩张。同时要注意观察伤员胸部有无起伏,有起伏,人工呼吸有效;无起伏,人工呼吸无效。吹气时不要按压胸部。

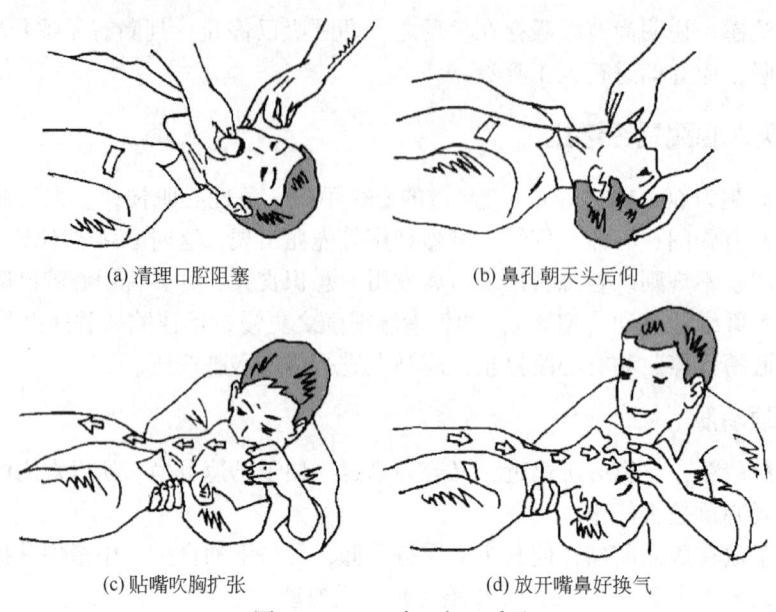

(a) 清理口腔阻塞　　　　　　　　(b) 鼻孔朝天头后仰

(c) 贴嘴吹胸扩张　　　　　　　　(d) 放开嘴鼻好换气

图 12-26　口对口人工呼吸

2. 口对鼻人工呼吸

当伤员牙关紧闭、不能张口、口腔有严重损伤时，可用口对鼻人工呼吸。具体方法为：首先开放伤员气道，捏闭口部，然后深吸气并用力向伤员鼻孔吹气，再打开伤员口部，以利于伤员呼气。

三、胸外心脏按压

胸外心脏按压是对心脏骤停病人实施的急救方法，目的是恢复心跳，抢救生命。心脏按压是利用人体生理解剖特点来进行的，通过外界施加的压力，将心脏向后压于脊柱上使心脏内血液被排出，按压放松时，胸廓因自然的弹性而扩张，胸内出现负压，大静脉血液被吸进心房内，如此反复进行，推动血液循环。

1. 胸外心脏按压技术

1) 病人体位

病人应仰卧于硬板床或地上。

2) 快速确定按压位置

首先触及病人两侧肋弓交点，寻找胸骨下切迹，并以切迹作为定位标志，然后将食指及中指横放于胸骨下切迹上方，食指上方的胸骨正中部即为按压区。再以另一手掌根部紧贴食指上方，放在按压区。之后，定位手取回，掌根重叠放于另一掌之上，两手手指交叉抬起，使手指脱离胸壁（图 12-27）。

3) 抢救者的身体姿势

抢救者双肩应绷直，双肩位于伤员胸骨上方正中，垂直向下用力。按压时，利用上半身重量和肩、臂部肌肉的力量进行。

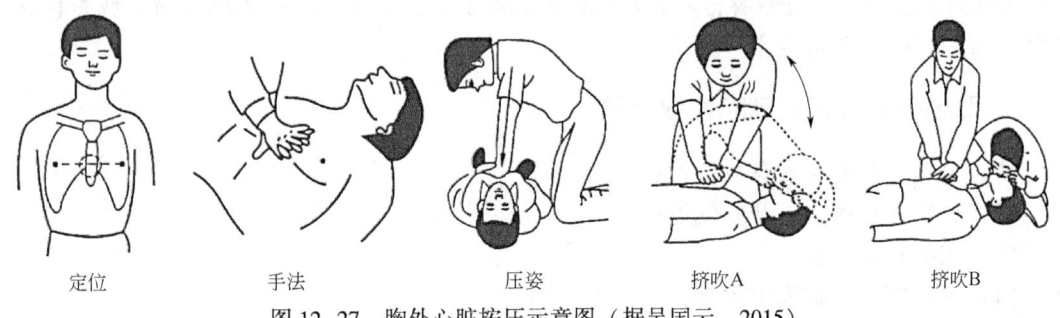

图 12-27　胸外心脏按压示意图（据吴国云，2015）

4）按压的用力方式

按压应平稳有规律地进行，不能采用冲击式的猛压。下压及向上放松时间应相等；按压至最低点处，应有明显的停顿；用力要垂直，不要前后、左右摆动；放松时，定位的手掌根部不要离开胸骨定位点，应尽量放松，使胸骨不受任何压力。

5）按压频率及深度

按压的频率应保持在每分钟80~100次之间。成人按压深度一般4~5cm。

6）按压的有效指标

按压时能试到大动脉的搏动；面色、口唇、指甲床及皮肤等色泽转红润；扩大的瞳孔再度缩小。在按压时，要不断检查有效指标，以判断按压的效果。

2. 胸外心脏按压常见并发症

1）颈或脊柱损伤

开放气道时，对于疑有颈或脊柱损伤的伤员必须慎重进行，否则会加重其损伤程度。

2）骨折及脏器破裂

按压时手指与掌根同时贴在胸骨上，如用力过猛或按压用力不垂直，容易引起肋骨骨折、胸骨骨折。按压定位不正确，向下易使剑突受压折断而导致肝破裂，向两侧易使肋骨或肋软骨骨折，导致血气胸、肺挫伤等。

四、现场心肺复苏技术的步骤和方法

心肺复苏（CPR）是指对心跳、呼吸骤停的患者采取紧急抢救措施（人工呼吸、心脏按压、快速除颤等），使其循环、呼吸和大脑功能得以控制或部分恢复的急救技术。

脑细胞是神经系统最主要的细胞，其耐氧性最差。在常温下，心跳停止3s病人即感头晕；10~20s即发生昏厥；30~40s出现瞳孔散大、抽搐、呼吸不规则或变慢，呈叹息样呼吸；60s可出现呼吸停止、大小便失禁；4~6min脑细胞发生不可逆转的损伤。因此，心跳、呼吸骤停的病人，必须在停止4~5min内进行有效的CPR，以便心跳呼吸恢复后，神志意识也能得到恢复。复苏开始越早，成功率越高。临床实践证明，4min内进行CPR者约有一半人被救活；4~6min开始CPR者，10%可被救活；超过6min者存活率仅1%；而超过10min者存活率接近于0。

由此可见，心跳、呼吸骤停对神经系统的影响极大，直接危及病人的生命。现场有效的 CPR 就意味着时间就是生命。

1. 现场单人心肺复苏的抢救步骤

（1）呼叫，判断病人有无意识；
（2）放置适宜体位，开放气道；
（3）判断有无呼吸；
（4）无呼吸时，施人工呼吸；
（5）判断有无心跳；
（6）无心跳时，立即实施胸外心脏按压；
（7）每按压 15 次，做 2 次人工呼吸；
（8）开始 1min 后，检查一次脉搏、呼吸、瞳孔，以后每隔 4~5min 检查一次，检查时间不超过 5s，最好由协助者检查；
（9）如用担架搬运伤员，心肺复苏中断不能超过 5s。

2. 双人心肺复苏的抢救方法

双人抢救是指两人同时进行心肺复苏术，即一人进行心脏按压，另一人进行人工呼吸。
（1）两人协调配合，吹气必须在胸外按压松弛时间内完成。
（2）按压频率为每分钟 80~100 次。
（3）按压与呼吸比例为 5:1，即 5 次胸外心脏按压后进行 1 次人工呼吸。
（4）为配合默契，由按压者数口诀"1234、2234、3234、4234、5234"，然后再从 1234 开始，周而复始。"12"为向下按，"34"为向上松，当"52"按完后，在"34"松弛时间内，由人工呼吸者吹气。
（5）人工呼吸者除通畅呼吸道、吹气外，还应经常触摸动脉、观察瞳孔等（图 12-28）。

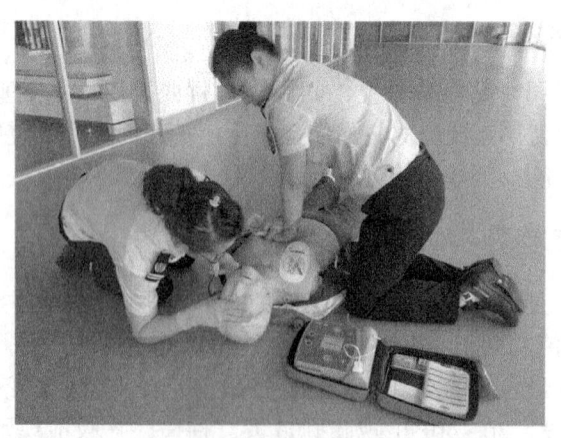

图 12-28　双人心肺复苏（据海口网，2017）

3. 现场 CPR 的注意事项

（1）吹气不能与向下心脏胸外按压同时进行。
（2）数口诀速度要均匀，快慢要一致。

（3）人工呼吸者和心脏按压者可互换位置，互换操作，但中断时间不能超过 5s。

（4）第二抢救者到场后，应首先检查颈动脉搏动情况，然后再开始人工呼吸。如心脏按压有效，则应触及搏动，如不能触及搏动，应检查操作方法是否正确，必要时应增加按压深度或重新定位。

第四节　现场常见伤害事故急救处置

一、烧伤

烧伤是由火焰、蒸汽、热水、钢水、电流、放射线或强酸、强碱等化学物质作用于人体组织而引起的损伤。烧伤不仅是皮肤损伤，可深达肌肉、骨骼，严重者能引起一系列的全身变化，如休克、感染。若处理不当，很容易造成死亡。

1. 急救处置

烧伤急救的首要措施是使伤员迅速脱离伤因。在现场急救中，要使伤员迅速脱离火场，并设法使伤员镇静、止痛，保护创面，并防止进一步遭受损伤。对于引起烧伤的不同原因应采取不同的急救措施，以迅速消除伤因。

火焰烧伤，要立即脱去着火的衣服或就地慢慢打滚扑灭火焰，不可滚得太快，切勿奔跑，以免火借风势而烧得更旺，加重烧伤；切勿呼喊，以免火焰被吸入引起呼吸道烧伤；也不要用手扑火，以免双手烧伤。他人救助时，应使用大量清水或其他灭火材料将火扑灭。凝固汽油烧伤时，应以湿布覆盖。

蒸汽或热水烫伤，要迅速将烫湿衣服脱下，但注意不要强行撕脱，烫伤后立即用身边的无害液体浸泡或冲洗伤处，分秒必争，至少持续 20min 以上，以不再有剧痛为止。牛奶、盐水、自来水等都是很好的浸泡或冲洗材料，可随机取用。急降温后轻伤处应保持干燥清洁，有必要时可间断涂碘伏消毒；重伤者应送医院救治。

化学物质烧伤时，最简单、最有效的处理方法是，脱离现场后即刻脱去被化学物质沾染或浸透的衣服、手套、鞋袜等，用大量清洁冷水冲洗烧伤处，时间不得少于 20~30min，还要特别注意检查病人的眼睛，如有损伤应予冲洗。

电烧伤时，立即切断电源，再接触患者。电弧烧伤者，切断电源后，按火焰烧伤处理。

2. 保护创面

对创面用清洁的被单或衣服简单包扎，避免污染和再次损伤。

3. 镇痛、止痛

烧伤后伤员都有不同程度的疼痛和烦躁不安，应予以镇痛。可选用哌替啶或吗啡（伴有呼吸道烧伤和颅脑损伤者禁用）静脉注射。对持续躁动不安的患者，要考虑是否有休克，不可盲目镇静。

4. 补液支持，防止休克

当烧伤面积达到一定程度时，患者可能发生休克。伤员如果出现烦渴要水的早期休克症状，可给淡盐水、淡盐茶水或烧伤饮料（1000mL 水中加氯化钠 3g，碳酸氢钠 1.5g，葡萄糖 50g）少量多次饮用，一般一次口服成人不宜超过 200mL，小儿不宜超过 100mL，防止呕吐。不要单纯喝白开水或糖水，更不可饮水太多，以防发生胃扩张或脑水肿。如有条件，应尽早输液。

二、电击伤

电击伤是指人体直接接触电源或雷击，电流通过人体造成的损伤。交流电比直流电的危险性大 3 倍。电压越高，电流越强，电流通过人体的时间越长，损伤也越重。电击伤严重者会因为心跳、呼吸停止而立即死亡。

1. 症状表现

（1）轻型：触电时伤员感到一阵惊恐不安，脸色苍白或呆滞，接着由于精神过度紧张而出现心慌、气促、甚至昏厥，醒后常有疲乏、头晕、头痛等症状，一般很快恢复。

（2）重型：肌肉发生强直性收缩，因呼吸肌痉挛而发生尖叫。呼吸中枢受抑制或麻痹，可表现为呼吸浅而快或不规则，甚至呼吸停止。受伤者的心率会明显增快，心律不齐，以致心室颤动、血压下降、昏迷，甚至造成很快死亡。

（3）局部烧伤：主要见于接触处和出口处，局部呈焦黄色，与正常组织分界清楚，少数人可见水疱，深层组织的破坏较皮肤伤面广泛，以后可形成疤痕。如果损伤局部血管壁可致出血或营养障碍，如果损伤腋动脉、锁骨下动脉等血管而致出血，有致命危险。

2. 急救处置

（1）立即使触电者脱离电源，立即关闭电源开关，并用绝缘物品挑开电线等。

（2）脱离电源后，要立即检查心、肺，如触电者呼吸、心跳无异常，仅有心慌、乏力、四肢发麻症状，可安静休息，以减轻心脏负担，加快恢复。

（3）如触电者呼吸、心跳微弱或停止、瞳孔散大，须立即作心肺复苏处理，直至复苏或者尸斑出现才停止。

（4）心跳、呼吸恢复后，伴有休克者给予相应处理。

（5）对局部烧伤创面及局部出血予以及时处理。

三、骨折

骨的完整性或连续性中断称为骨折。对骨折进行临时固定，可以有效地防止骨折断端损伤血管、神经及重要脏器，减少伤员疼痛，防止休克，同时也便于搬运伤员到医院进行进一步救治。

1. 症状表现

1) 局部表现

（1）骨折的专有体征：畸形、反常活动、骨擦音或骨擦感，以上三种体征只要发现其中之一，即可确诊。但未见此三种体征时，也可能有骨折，例如嵌插骨折、裂缝骨折等。畸形是指骨折段移位后，受伤体部的形状改变；反常活动是指在肢体没有关节的部位，骨折后可有不正常的活动；骨擦音或骨擦感是指骨折端互相摩擦时，可听到骨擦音或感到骨擦感。

（2）骨折的其他表现：主要有疼痛与压痛、局部肿胀与瘀斑、肢体活动功能障碍等。

2) 全身表现

多发性骨折、股骨骨折、骨盆骨折、脊柱骨折和严重的开放性骨折时，伤员多伴有广泛的软组织损伤、大量出血、剧烈疼痛或并发内脏损伤，并往往引起休克等全身表现。

2. 急救处置

1) 一般处理

骨折病人处理一切动作要谨慎、轻柔、稳妥，疑似骨折的病人，均应按骨折处理。处理时不必脱去骨折病人的衣服、鞋袜等，以免过多搬动患肢，增加疼痛。若患肢肿胀较剧，可以剪开衣袖或裤管。

2) 创口包扎

如骨折病人伴有创口出血，应用绷带压迫包扎止血，除止血外，还应注意防止创口再污染。若骨折端已戳出创口并污染，但未压迫血管、神经时，不应立即复位，以免将污物带进创口深处，可待送医院后再作处理。若在包扎创口时，骨折端自行滑回创口内，则需在送医院后向医师说明。

3) 妥善固定

妥善固定是骨折急救处理时最重要的一项。固定时不要尝试复位，因为此时不具备复位条件，若有明显畸形，可用手力牵引患肢，使之挺直，然后固定。固定时如备有特制夹板则使用夹板，如没有特制夹板则应就地取材，树枝、木棍、木板等都适于夹板制作。若无物可用，也可以将受伤的上肢绑在胸部，将受伤的下肢同健肢一并绑起来。妥善固定后应迅速送医。

第五节 空气呼吸器的使用

在处置灾害事故过程中，良好的个人防护是救援人员顺利完成抢险任务的重要保障。呼吸保护器具是一线救援人员必不可少的基本防护装备，适用于抢险救援人员在有毒或有害气体环境、含烟尘等有害物质及缺氧等环境中使用，能够为救援人员提供有效的呼吸保护（图12-29）。

空气呼吸器主要由高压压缩空气瓶、气瓶阀、减压阀、中压供气管系、供气软管、压力显示装置、全面罩、供气调节阀、气笛警报器和背架等组成。其工作原理为：压缩空气由高压气瓶经高压快速接头进入减压器，减压器将输入压力转为中压后经中压快速接头输入供气阀；当人员佩戴面罩后吸气时，在负压作用下供气阀将洁净空气以一定的流量进入人员肺部；

图12-29 空气呼吸器

当人员佩戴面罩呼气时，供气阀停止供气，呼出气体经面罩上的呼气活门排出，从而形成一个完整的呼吸过程。

一、空气呼吸器的使用方法

1. 使用前检查

1) 检查系统气路密闭性

检查高压导气管表面有无裂痕、划伤等缺陷。若无缺陷则关闭供气阀，逆时针慢慢旋转气瓶阀手轮直至完全打开，随着管路、减压系统中的压力上升，会听到警报器发出的短暂声响。气瓶开足后，检查空气储存压力，一般应在 28~30MPa 之间。关闭气瓶开关，观察压力表读数，在 5min 内，压力降不大于 5MPa 为合格，否则表明供气管高压气密不好。

2) 检查报警器

打开气瓶阀，然后关闭，缓慢按下供气阀外罩中央，使供气阀排气，观察压力表读数，当压力表值在 5.5±0.5MPa 时，报警器应开始报警。

3) 检查瓶箍带是否收紧

用手沿气瓶轴向上下拨动瓶箍带，瓶箍带应不易在气瓶上移动，说明箍带已收紧，如果未收紧，应重新调节调节瓶箍带的长度，将其收紧。

2. 佩戴使用

（1）将气瓶底部朝向自己，然后展开肩带，并将其分别置于气瓶两边。两手同时抓住背架体侧，将呼吸器举过头顶；同时，两肘内收贴近身体，身体稍微前倾，使空气呼吸器自然没落于背部，同时确保肩带环顺着手臂滑落肩膀上，然后站立身体向下拉下肩带，将空气呼吸器调整到舒适的位置，使臀部承重。

（2）松开面罩头带和颈带，从上向下把面罩套在头上，使下巴进入面罩凹形处，调整面罩位置，收紧头带和颈带。使面罩密封件与脸部紧密贴合，使外界气体不能进入面罩。

（3）将供气阀的接口插入面罩上相对的接口，打开气瓶阀和供气调节阀，深呼吸几次检查供气调节阀的性能，感觉呼吸舒畅（无不适感觉）。

（4）关闭气瓶阀，做深呼吸数次，随着管路中余气被吸尽，面罩应向人体面部移动，并感到呼吸困难，证明面罩和呼气阀气密性良好。完成上述检查后，即可打开气瓶开关，投入使用。

（5）在使用过程中应注意观察压力表。当压力降到 4~4.5MPa 或 5~5.5MPa 时，或当报警器发出报警时应及时撤离。

3. 使用后处理

呼吸器使用后应及时清洗，先卸下气瓶，擦净器具上的油污，用中性消毒液洗涤面罩、口鼻罩，擦洗呼气阀片，最好用清水擦洗，洗净的部位应自然晾干。最后按要求组装好，并检查呼气阀气密性。使用后的气瓶必须重新充气，充气压力为 2~30MPa。

二、空气呼吸器的维护

1. 呼气阀的保养

呼气阀应保持清洁，呼气阀膜片每年需要换一次，更换后应检查呼气阀气密性。

2. 传声器和供气阀连接口的保养

不能让一些物质进入内部，堵塞里边的小孔和撞击使塑胶材料破裂损坏，导致通话不清晰或与供气阀的连接不牢固。全面罩尽量在每次使用后用消毒剂进行消毒，避免各种疾病的交叉传染，待晾干后用专用布套存放。

3. 面罩的清洗、消毒

先用温水（最高温度43℃）和中性肥皂水或清洁剂清洗，然后用干净的水彻底冲洗干净；消毒后，用饮用水彻底清洗面罩，清洗方法可用喷水枪喷或轻柔的流动水。摇晃面罩，去除水迹，或用干净的不含皮棉的布擦干，或用清洁干净纱布擦除表面脏迹；用海绵蘸70%异丙醇溶液擦洗面罩，进行消毒；用清洁干燥0.2MPa或以下压力的空气吹干；用清洁干净纱布擦除表面脏迹或用海绵或干净的软布擦除表面脏迹；检查供气阀内部如果已变脏，请被授权的人员来清洗。用70%异丙醇溶液擦洗供气阀连接口。晃动供气阀除去水分。在冲洗之前允许消毒液与零件接触10min；用饮用水清洗供气阀，清洗方法可用喷水枪喷或轻柔的流动水冲洗；内部清洁应由授权的专业人员来清洗。若发现供气阀密封垫圈已损坏，应重新更换垫圈。

4. 供气阀和中压软导管的维护保养

空气呼吸器的主要作用是用来向使用者提供空气，供气阀的作用在于开关供气阀，而应急冲泄阀的作用是用来辅助供气，除却面镜积雾和排放余气的。在使用时，要按说明书中的操作要求正确使用，不要把各连接口的"O"形圈损坏或丢失，不能在阳光下暴晒和与腐蚀物品接触，以免损坏。

5. 减压阀、报警哨、快速插头的维护保养

减压阀、报警哨、快速插头，在使用前后必须做认真的检查，看其装置是否完好有效，特别是被水浸湿后，要在干燥通风处晾干。对于快速插头还得加注一定的润滑油，保证完整好用。应定期用高压空气吹洗或用乙醚擦洗一下减压器外壳和"O"形密封圈，如密封圈磨损、老化应更换。

6. 压缩空气瓶的保养

压缩气瓶主要用来存放压缩空气，目前有钢质和碳纤维2种。在充气时应注意：充入空气不能超过额定的安全气压，空气湿度不能太大，湿度太大，会导致钢瓶内壁氧化腐蚀；在使用时不能激烈碰撞和与尖锐物摩擦，否则，轻则导致气瓶损坏，重则导致爆炸；必要时给气瓶（尤其是碳纤维气瓶）制作一个保护套，防止摩擦损坏；钢制气瓶还应刷一层防锈漆，避免气瓶外部受到氧化；充满气体的气瓶不能在阳光下暴晒和高温处存放，避免损坏或引起爆炸。

三、空气呼吸器常见故障与排除

1. 面罩内持续供气

（1）冲泄阀处于打开状态：关闭冲泄阀。
（2）脸和面罩之间密封处泄漏：重新佩戴。
（3）供气阀供气口泄漏：多次打开和关闭冲泄阀。
（4）供气阀开启杠杆没很好地位于正压杠杆组件之下：
将节气开关按到底，如仍有持续气流存在，则应更换新的供气阀。

2. 吸气时没有空气或阻力过大

（1）气瓶阀未开足：完全打开瓶阀。
（2）中压软管阻塞：更换新的供气阀。
（3）供气阀故障：用正常的供气阀来更换，如吸气仍发生过量阻力，则应更换减压器。
（4）减压器故障：用正常的减压器来更换。如吸气仍存在过量阻力，应更换供气阀。
（5）压力显示装置、中压安全阀与减压器连接处泄漏：从减压器上取下安全阀罩，用开口扳手拧紧安全阀和压力显示装置连接处的螺母。
（6）报警器与减压器连接处泄漏：将装具作好标记，由被授权人员修理。
（7）压力表和压力表管泄漏：将装具作好标记，由被授权人员修理。
（8）减压器处泄漏：将装具作好标记，由被授权人员修理。
（9）呼气阀发黏：检查并清洁呼气阀组件。

3. 气瓶关闭时，气瓶内空气流失

阀座、安全阀、瓶颈处泄漏：更换新的气瓶总成，由被授权人员按气瓶阀修理程序进行修理。在进行任何修理步骤前，应保证先放空气瓶的剩余空气。

4. 系统泄漏

（1）减压器和气瓶阀接口处泄漏：检查连接处"O"形圈，若有异物将异物去除干净，若"O"形圈损坏，更换新的"O"形圈。
（2）中压管与减压器连接处泄漏：用开口扳手旋下螺纹接头，检查接头上垫圈，如有缺口或老化则更换垫圈。
（3）快速接头处泄漏：检查软管上的插头是否有损伤、变形等，若有则更换供气阀，若插头完好，则是插座泄漏，更换新的中压管。

5. 面罩泄漏

（1）面罩带在头上调节不当：重新戴上面罩，并调节带子。
（2）面罩与供气阀连接处泄漏：从面罩上取下供气阀，清洁橡胶垫圈，并加以润滑，重新装上面罩。如果泄漏仍很明显，则应更换新的供气阀。
（3）面罩与密封圈之间泄漏：更换面罩组件。

第六节　应急处置实训

一、项目一　心肺复苏

1. 目的

掌握单人心肺复苏基本动作要点，学会使用自动体外除颤仪。

2. 要求

（1）回顾心搏骤停判识依据，掌握人工呼吸及胸外心脏按压操作要点。
（2）爱护实习设备。

3. 内容

（1）单人徒手心肺复苏；
（2）自动体外除颤仪（AED）使用。

4. 准备

实训设备：教学用模拟人（图12-30），自动体外除颤仪（AED）（图12-31）、一次性CPR屏障消毒面膜，医用消毒酒精。

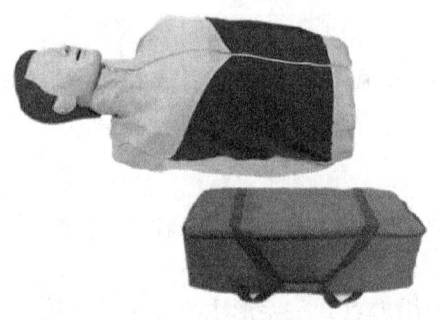

图12-30　教学假人　　　　图12-31　自动体外除颤仪

5. 方法及步骤

1）确认环境安全

进行现场环境评估，口述"危险因素已排除，现场安全；做好个人防护（去除手上戒指、手表或装饰品）"。跪在患者身边快速定位：双膝打开与肩同宽，膝盖位置跪在患者肩膀距离一拳头距离。

2）判断意识

（1）轻拍患者双肩，双耳边呼唤："先生/女士，你怎么了？"两耳都要试并且声音要大些。

(2）头下移靠近（5~8cm）患者鼻子和嘴巴中间，眼睛看向胸口位置（是否有呼吸）。10秒内快速判断有无意识（默读1001，时间刚好一秒）："1001、1002、1003、1004、1005、1006、1007……"。口述：患者没有呼吸心跳，无意识（图12-32）。

图12-32　患者意识判断

3）大声呼救

（1）"快来人啊，这里有人晕倒了！"；
（2）"我是救急人员/（我学过急救），请大家为我作证。"；
（3）指定一个人员"这位女士/先生，请帮忙拨打120，打完后告诉我。"；
（4）指定一个人员"这位先生/女士，请帮我取来最近的除颤器（AED）。"；
（5）"请现场有会救护的赶紧过来帮忙。"。

4）摆放体位

确认患者姿势正常，保护颈部作整体翻动，仰卧位。确定患者放置在平坦的硬地面/硬纸板上。

5）胸部按压

（1）解衣及口述：解开衣物，充分暴露胸壁，并口述"开始急救"。
（2）定位：胸部正中两乳头连线水平。
（3）手法：双手交叉互扣，掌根（掌根为用力点）一字形重叠，手指上抬。
（4）姿势：双臂绷紧垂直，上半身前倾垂直向下用力按压，双肩连线中点在按压点正上方，连续快速有力，确保胸廓充分回弹。
（5）深度：成人4~5cm。
（6）频率：100~120次/min。
（7）次数：按压30次/循环（时间15~18s最佳）。
（8）边按压边数数：01、02、03、……、30，按压同时观察患者面部情况（如有好转立即停止；面色回血，指压回血红润（图12-33）。

6）开放气道

（1）检查是否有口鼻异物（双手大拇指按住下巴确保把拇指按住下嘴唇并在下颚牙齿上），头向后一点查看是否有异物。
（2）清除口鼻异物（双手护在患者耳朵位置，轻轻向一边倾斜；扣住下巴打开口腔，将手指伸入口中清除异物，头部归位）；仰头举颏法，置气道开放状态（一手五指并拢，放在额头位置；一手食指和中指并拢，放在下巴硬骨位置，双手同时用力将气道打开）。

7）人工呼吸

（1）手法：拇指、食指捏住鼻翼两侧（放在额头的手，另一手不变动），轻吸一口气。张嘴完全包住患者双唇，缓慢，用力吹气（做好个人防护：口罩、薄衣物等，正常吸气吹气），观察胸廓是否起伏（眼睛余光），再松口、松鼻。

（2）次数：2次/循环

8）五个循环后评估

（1）重复胸部按压、人工呼吸，每个循环比例为30∶2进行；5个循环后重新快速评估、判断意识："1001、1002、1003、1004、1005、1006、1007、1008"复苏成功送医院继续抢救、CT检查等。

（2）合上衣物，和患者说"你好，你刚才晕倒了，我已为你做了急救措施并拨打120，在救护车来临之前我都会陪伴着你，直到救护车到来。"

（3）复苏不成功继续心肺复苏。

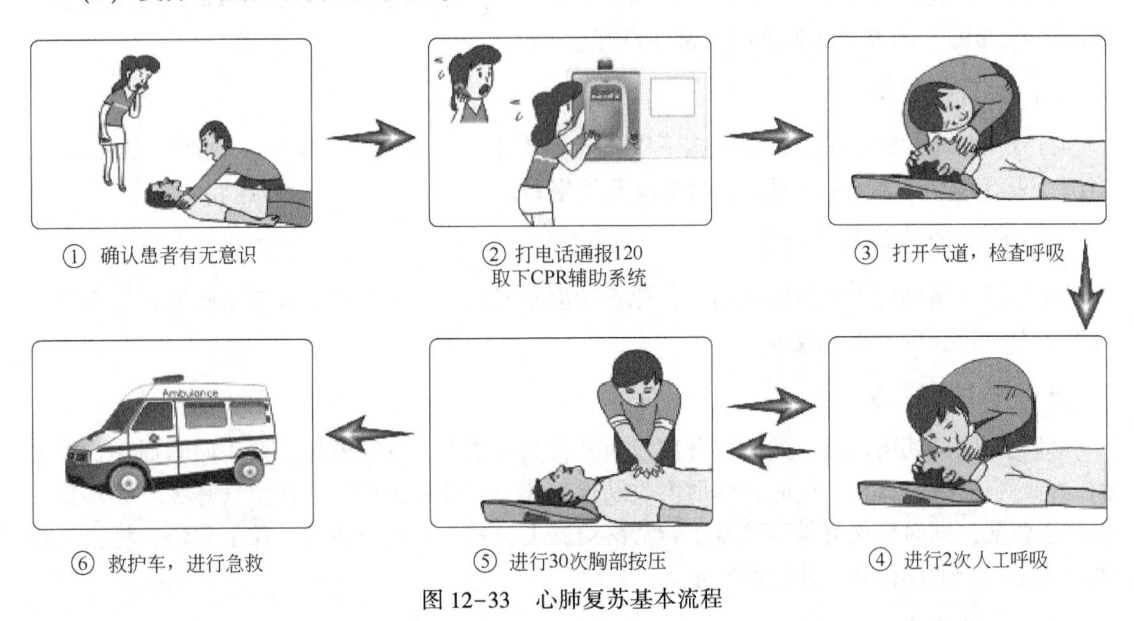

① 确认患者有无意识　　② 打电话通报120 取下CPR辅助系统　　③ 打开气道，检查呼吸

⑥ 救护车，进行急救　　⑤ 进行30次胸部按压　　④ 进行2次人工呼吸

图 12-33　心肺复苏基本流程

二、项目二　空气呼吸器使用

1. 目的

熟练掌握空气呼吸器的使用方法。

2. 要求

（1）回顾空气呼吸器气密性检查方法，并学会使用；

（2）爱护设备。

3. 内容

（1）空气呼吸器气密性检查；

（2）空气呼吸器穿戴。

4. 准备

实训设备：空气呼吸器，医用消毒酒精棉。

5. 方法及步骤

1）开箱检查

检查气瓶压力；检查高压导气管表面有无裂痕、划伤等缺陷，若无缺陷则关闭供气阀，逆时针慢慢旋转气瓶阀手轮直至完全打开，10s后观察压力表，其计数应≥28MPa。

2）检查系统气密性

顺时针慢慢旋转气瓶阀手轮至气瓶阀完全关闭，然后观察压力表，在1min内压力表读数降低≤2MPa，则说明呼吸器的气密性良好。

3）检查报警器

打开气瓶阀，然后关闭，缓慢按下供气阀外罩中央，使供气阀排气，观察压力表读数，当压力表值在5.5±0.5MPa时，报警器应开始报警。

4）检查瓶箍带是否收紧

用手沿气瓶轴向上下拨动瓶箍带，瓶箍带应不易在气瓶上移动，如果未收紧，应重新调节调节瓶箍带长度，将其收紧。

5）背上呼吸器

将气瓶底部朝向自己，然后展开肩带，并将其分别置于气瓶两边。两手同时抓住背架体侧，将呼吸器举过头顶；同时，两肘内收贴近身体，身体稍微前倾，使空气呼吸呼吸器自然没落于背部，同时确保肩带环顺着手臂滑落肩膀上，然后站立身体向下拉下肩带，将空气呼吸器调整到舒适的位置，使臀部承重。

6）收紧腰带

将腰带上的腰扣扣好，将腰带收紧。

7）佩戴面罩

把头罩上的带子翻至面窗外面，一只手将面罩罩在面部，同时用另一只手外翻并后拉将头罩戴在头上。带子应平顺无缠绕。

8）检查面罩密封性

将供气阀的接口插入面罩上相对的接口，并伴有"喀喀"声。此时，供气阀已连接完毕，用手指堵住插头孔，深吸气并屏住呼吸5s，应感到面窗始终向面部贴紧，说明面罩是与脸部的密封应良好。否则需要重新收紧头带或重新佩戴面罩。

9) 打开气瓶阀

关闭供气阀，逆时针方向旋转气瓶阀手轮，至少 2 圈。

10) 检查呼吸器呼吸性能

供气安装好后，深吸一口气打开供气阀，随过程式中将有空气自动供给，吸气和呼气都应舒畅，而无不适应感。可通过几次深呼吸来检查供气阀的性能。

附录　实训注意事项

1. 进入实训室，需按规定穿戴工作服，佩戴安全帽，女生须将头发扎好纳入帽内。

2. 实训前应充分了解实训设备或工具的性能、结构及正确使用方法，严禁实训期间使用工具做与实训无关的事情。

3. 实训期间，未经指导老师许可，不得擅自动用任何设备、电闸、开关和操作按钮，以免发生安全事故。

4. 设备运行过程中，严禁随意碰触，以免发生不必要的事故。

5. 实训过程中，设备出现异常，应及时与指导教师联系，不得擅自处理。

6. 实训期间严禁嬉戏打闹、大声喧哗、随意攀爬。

7. 实训结束后，应将各设备开关复位，恢复至初始状态，清理工作场所和设备，实行文明作业，待指导教师许可后，方能离开。

参考文献

北京市劳动保护科学研究所安全环保培训中心，2013. 空气呼吸器使用管理指南：AQ/T 6110-2012《工业空气呼吸器安全使用维护管理规范》解读［M］. 北京：中国质检出版社，中国标准出版社．
陈鸿璠，1993. 石油工业通论［M］. 北京：石油工业出版社．
陈家庆，2005. 石油石化工业环保技术概论［M］. 北京：石油工业出版社．
邓礼正，2011. 石油钻采地质生产实习指导书［M］. 北京：地质出版社．
董燕，代晓东，2021. 虚拟仿真技术在石油工程实习教学中的应用［J］. 实验科学与技术，19（03）：112-116.
杜民，2005. 石油企业 HSE 管理体系及标准研究［D］. 北京：清华大学．
杜文，2012. 巨灾型突发事件应急救援体系研究．焦作：河南理工大学．
冯叔初，郭揆常，2006. 油气集输与矿场加工［M］. 北京：中国石油大学出版社．
郭揆常，2010. 矿场油气集输与处理［M］. 北京：中国石化出版社．
韩晓霞，2008. QHSE 管理体系及其在石油企业安全管理中的应用研究［D］. 北京：北京交通大学．
胡绪尧，姜鸣，李智平，等，2016. 空气呼吸器的使用与维护方法［J］. 山东化工，45（6）：68-69，72.
李海，2011. 钻井作业 HSE 风险管理研究．西南石油大学学报（社会科学版），13（6）：7-11，16.
李继超，2018. 石油井下作业 HSE 风险管理研究［D］. 北京：中国石油大学（北京）．
李巍，张霞，闫毓霞，2005. 油田生产环境安全评价与管理［M］. 北京：化学工业出版社．
李志刚，2009. 中国石油 HSE 信息系统的设计与实现［D］. 成都：电子科技大学．
林建平，赵国春，程捷等，2015. 北戴河地质认识实习指导书［M］. 中山：中山大学出版社．
柳广弟，2009. 石油地质学［M］. 4 版. 北京：石油工业出版社．
邱雅梦，2018. HSE 管理在石油企业中的应用与改进［D］. 深圳：深圳大学．
胜利石油开发技工学校，1994. 采油基本操作训练指导书［M］. 北京：石油工业出版社．
宋媛媛，2008. 钻井井下事故建模与仿真处理研究［D］. 青岛：中国石油大学（华东）．
王秀坤，1994. 消防空气呼吸器的应用特性、使用方法、维护保养及其专用充气装置［J］. 消防技术与产品信息（12）：16-22.
王延江，柴勤忠，1993. 钻井模拟仿真系统中动态过程的动画显示［J］. 石油大学学报（自然科学版），4：107-111.
邬国英，李为民，单玉华，2006. 石油化工概论［M］. 北京：中国石化出版社．
吴国云，罗晓惠，2015. 石油工程生产实习教程．采油分册［M］. 北京：石油工业出版社．
闫方平，2012. 采油模拟仿真系统实训操作指导书［M］. 东营：中国石油大学出版社．
杨绍平，赵正宝，2016. 地质认识实训指导书［M］. 北京：中国水利水电出版社．
张继红，李士斌，冯福平，2014. 石油工程生产实习指导书［M］. 北京：石油工业出版社，2014.